序

伊纳吉·阿巴罗斯曾是我学生时的偶像。1998年我第一次穿越大洋来到欧洲，第一次接触到《建筑素描》（*El Croquis*）杂志，进入西班牙当代建筑的奇妙世界，知道了他们的事务所和他的作品。源于对其作品的感悟，我认定他是一个有着巨大好奇心和爆发力的人。他的建筑作品不断尝试各种形式，变幻各种语言，唯一不变的或许是作品的力量。我想象他应该是一个孔武有力的人，是一个野性、想象力和强大形式操控能力的混合体。

从建筑的形式上，他的作品或许可以分作两类：一种是来自对现代主义理性传统的微微修正，在规整的方格网、垂直向塔楼的重复叠加、转角变化的一些圆弧线和平面、立面的微微扭转中形成他特有的形式逻辑，从他以前出版的关于高层办公塔楼的研究中可见一斑；另一种来自西班牙建筑传统和部分源自这个传统的景观都市主义，建筑以复杂多变的不规则形体向环境示好，甚至消融成为整个景观的一部分。后者在他近期的作品中越来越多地见到。西班牙洛格罗尼奥高速列车站公园和城市设计项目是我非常喜欢的作品，也是今年的密斯凡德罗奖的参赛项目。这是一个功能异质复合、复杂交织的动线和景观完美融合的典型案例，具有打动人的力量。

在近年与伊纳吉·阿巴罗斯的交往中，我逐渐体会到他借以让我惊奇地将以上两种相距甚远的形式发展脉络链接在一起的，其实是一种形式背后的内在发生器——能量的流动和转化。伊纳吉把这种理解当代建筑的独特维度命名为“热力学”的建筑和城市。正如路易斯•费尔南德斯•伽里安诺指出的“19世纪最激进的方法论是将能量作为世界阐释的核心”。如果建筑的形式是追随能量流动、储热效能优化、身体感知而变化，甚至建筑室内、室外的空间边界概念也随之被重构，那么基于不同热力学效应而导致的截然不同的形式之间其实也就有了一种共通的逻辑基础——它关乎形式，更关乎温度、皮肤感知、材料、舒适度。劳吉耶创造的原始小屋的原型所提示的“建筑包被”、“庇护”的功能事实上，融入了物质和能量转换的新的范式，即使是当代炙手可热的参数化设计方法也可以从环境和能量的角度衍生出全新的认识论维度。

近年来在哈佛大学设计研究生院，以伊纳吉为首的研究团队从热力学角度研究当代建筑和城市的新方法论范式受到了广泛的关注，同时通过联合研究和出版，也将这种思考的方式传播到了中国。几个月前《时代建筑》杂志专门出版了一期专辑，讨论热力学如何作为建筑设计的引擎，或许可以作为热力学建筑研究方法对中国影响的一个注脚。

现在大家手头的这本书，实际上汇集了伊纳吉本人的写作、研究和部分设计实践的案例，但这绝不是一本简单的作品集。它分四个部分，分别以“身体主义”、“垂直主义”、“唯物主义”和“怪物聚集”为题，将他的研究、思考和实践串联起来。近年来，伊纳吉也尝试在中国参与实践热力学建筑和城市研究、设计和建造：既有义乌中福广场、南京综合街区项目这样的高层综合体，也有珠海华发艺术馆这样充满对文化他者异国想象的起伏多变的形体。我们希望在不久的将来能看到这些作品的落成，为我们例证一种有深度和批判性的建筑方法论范式。在书中设计作品同时也被作为写作和思考的一部分，甚至是自我映射的对象。伊纳吉的写作绝非索然无味的设计说明，也不是絮絮叨叨、生僻难懂的学究式论述。阅读这本书是一个智力和知识的探险，既有跨越时空的建筑之旅，也有奇幻怪诞的文化解读。读者一旦打开了这本书，就像被安全带捆绑在了过山车上。你准备好了吗？Go!

李翔宁 教授
同济大学建筑与城市规划学院副院长

本书之所以分为“身体主义”“垂直主义”“物质主义”和“怪物聚集”四个章节，是因为它们是建筑学定义所投射出的不可或缺的内容。

在当代文化的背景下，身体主义是如何重新描述建筑主体（subject）的？

社会、技术和文化上的变革催生出怎样的垂直主义，而它作为建筑学的原型（prototype），是如何被定义的，以及为什么如此定义？

是怎样的物质文化（material culture）使得热力学唯物主义，这一兼备科学与文化双重基础的新建造工艺成为可能？

以何种设计技术（design techniques）拓宽既有的经验，并设计未来？

身体主义

垂直主义

唯物主义

怪物聚集

身体主义
垂直主义
唯物主义
怪物聚集

整本书中采用了四种颜色来组织内容、提供指示。
这些颜色融入四个章节中，共同描绘了一张有关概念、关系与计划的地图。我们希望对这本书的体验形同阅读一篇描述未来建筑图景的短文，那么这些颜色与指示必不可少。

黑色是线条与文字的颜色，它代表了仔细研究过的经验，是我们表达方法的基础。

橙色用来区分章节，强调感知。

蓝色则是从学术领域中发展而来的实验性提案。

银色是启发的颜色，涵盖了参考文献、图像和引用，关乎知识、纯粹的思想，也是我们的绮丽幻想。

身体主义

垂直主义

唯物主义

怪物聚集

身体主义
垂直主义
唯物主义
怪物聚集

身体主义

©伊纳吉 · 阿巴罗斯

神经科学依据现象学的不同参数重新描述了“人”这一主体。幸福、恐惧、痛苦、喜欢和厌恶激起了从皮肤到大脑的神经机制，这是身体对空间的反应，控制着每一个人的行为，也控制着人们在社会和群体中的行为：我们称这种现象为“大众文化”或“流行文化”，它反映在与其相关的物质文化的某些方面。从原材料内部结构的毫米级到建筑要素的米级，再到影响类型学的十米级，以及影响城市环境的百米级，这些不同尺度的物质结构都具备自发校准能力。因此热力学和神经科学走到一起，借此重新描述环境（无论是空间环境或是社会环境、文化环境）。人们所认识的空间，或者说人们借以认识自己的空间有着特定的模式，但也是自同构的。历史上的乡土建筑中反复出现的特征，包括使用的材料、装饰图案、独特的类型和城市肌理，都充分说明了这点。总而言之，每一特定的尺度具有相近的拓扑结构类型和参数。主体、文化和材料不能视作各自独立的范畴：它们永远处在物理和化学的张力中。这种张力正在使我们的身体成为“身体主义”（somatism）。

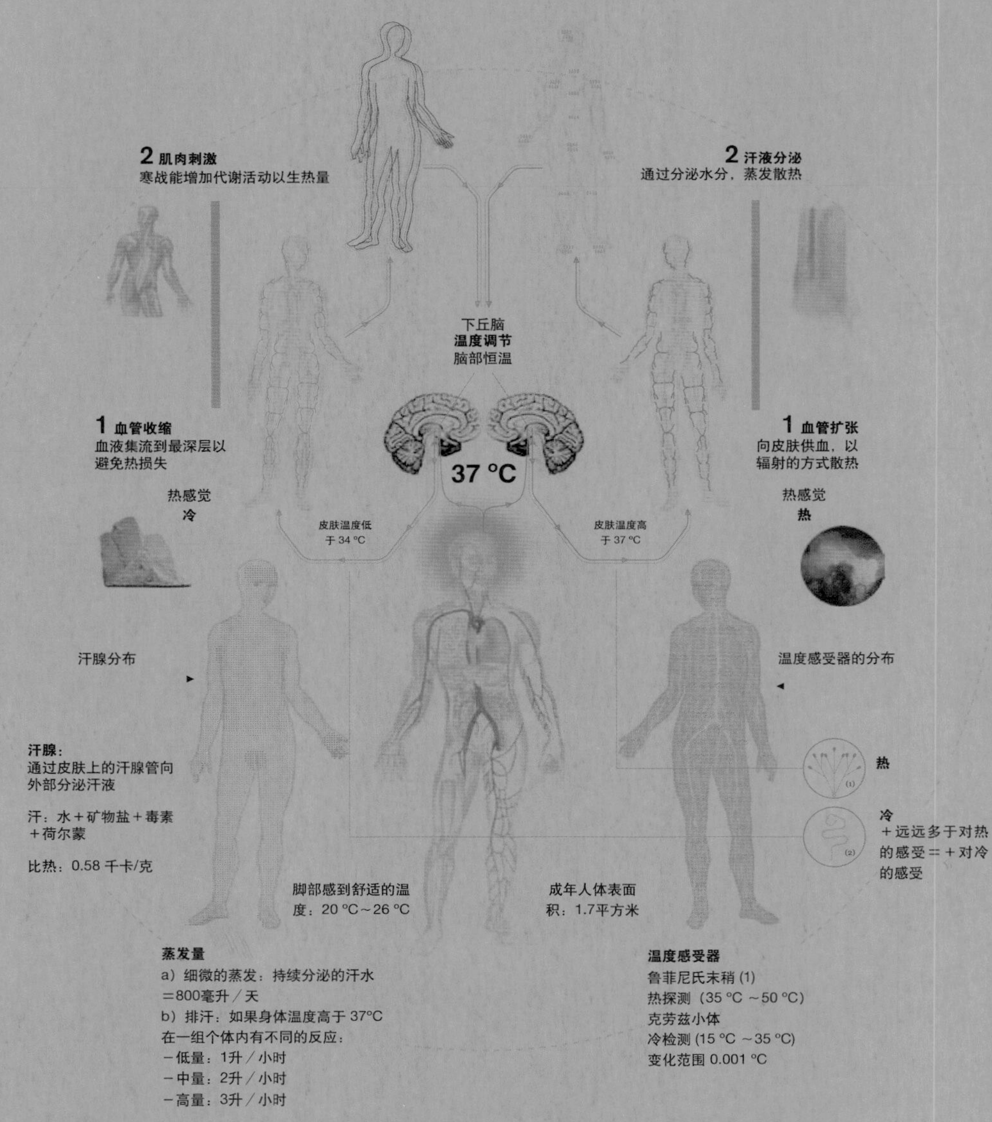

每个时代都会创造出一个建筑的“主体”，通过它将文化建构投射到空间与人类之间。
神经科学为解释人类的行为打开了意想不到的领域，这绝不是偶然。我们目睹了一批建筑主体的涌现，它们的新陈代谢，与内、外界环境的能量交换，对不同热刺激的生理激活等，都以最基础的功能出现，这使得人体的反应通过神经接受器与第二层皮肤相互关联，形成介于“外部”世界（自然）与“内部”世界（文化）之间的界面。
我们将物理与建筑的距离拉得越近，对我们情绪连接，恐惧与刺激中存在的身体或动物的本性的理解就越充分；总而言之，那就是我们文化中的生物天性。

佩平 · 范罗因 （Pepin van Roojen）《人类：艺术家和设计师的源泉》（*The Human Figure: A Source Book for Artists and Designers*）

人体能够模拟成不同的圆柱体，不同的层对热刺激的反应不同，这与用来研究人类行为的部分参数模型相呼应。

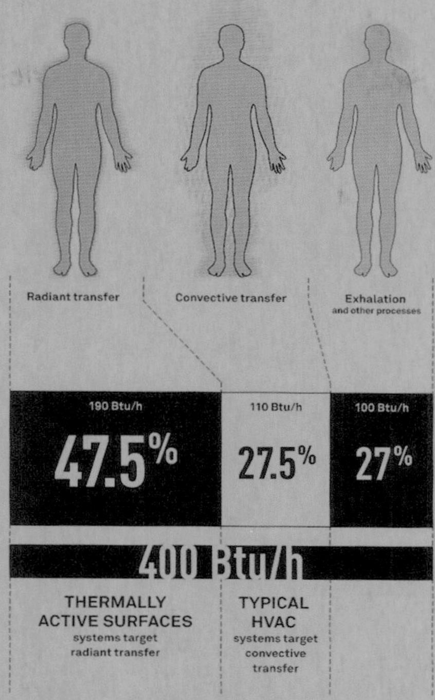

人体采用辐射传递的方式交换大部分的热能。基于这个逻辑，现有的建筑能量消耗模式能得到显著改善，人体的舒适度亦是。

基尔·默（Kiel Moe）

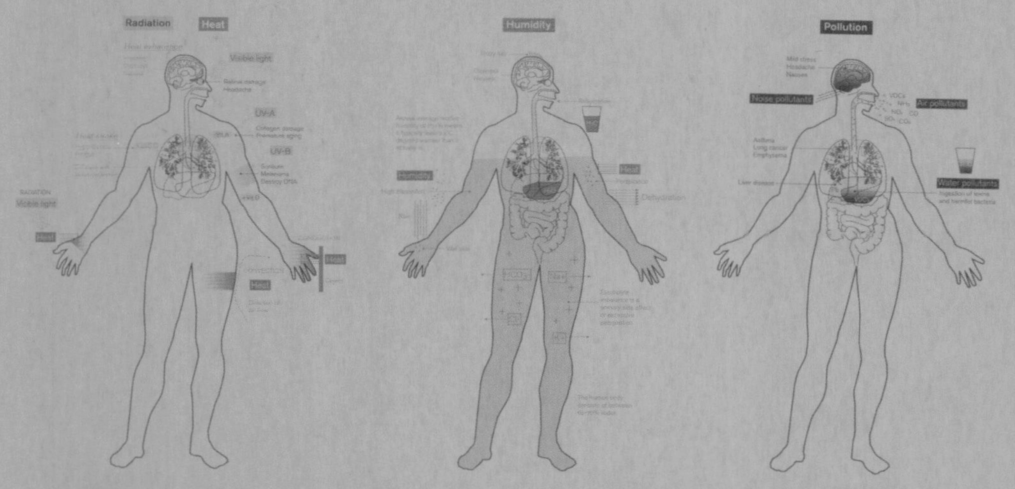

菲利普·拉姆建筑事务所（Philippe Rahm architects）城市环境对人体的不利影响。

$$T_{mrt} = \sqrt[4]{\frac{1}{\sigma}(a_k \cdot E_{sd} \cdot F_{sd} + a_k \cdot E_{sf} \cdot F_{sf} + \varepsilon_p \cdot E_a \cdot F_a + \varepsilon_p \cdot E_g \cdot F_g)}$$

$$T_{mrt} = \sqrt[4]{\frac{1}{\sigma}(a_k \cdot E_{sd} \cdot F_{sd} + a_k \cdot E_{sf} \cdot F_{sf} + \varepsilon_p \cdot E_a \cdot F_a + \varepsilon_p \cdot E_g \cdot F_g)}$$

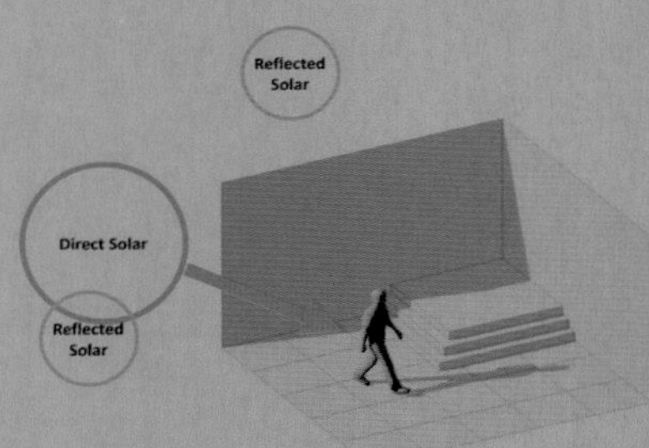

$$T_{mrt} = \sqrt[4]{\frac{1}{\sigma}(a_k \cdot E_{sd} \cdot F_{sd} + a_k \cdot E_{sf} \cdot F_{sf} + \varepsilon_p \cdot E_a \cdot F_a + \varepsilon_p \cdot E_g \cdot F_g)}$$

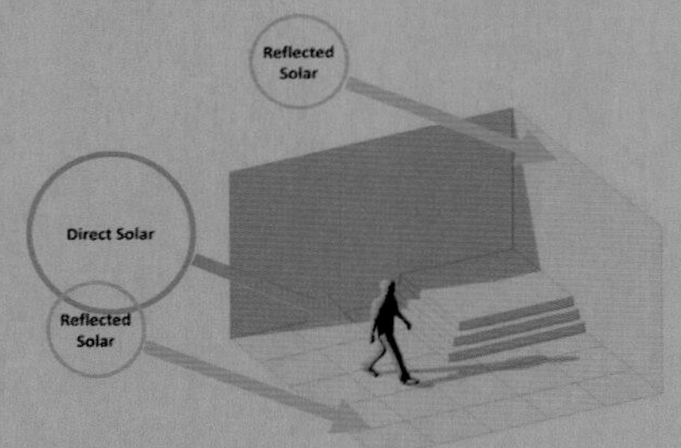

$$T_{mrt} = \sqrt[4]{\frac{1}{\sigma}(a_k \cdot E_{sd} \cdot F_{sd} + a_k \cdot E_{sf} \cdot F_{sf} + \varepsilon_p \cdot E_a \cdot F_a + \varepsilon_p \cdot E_g \cdot F_g)}$$

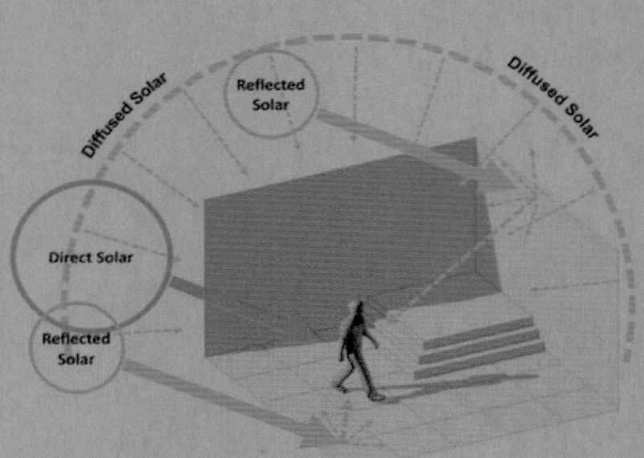

$$T_{mrt} = \sqrt[4]{\frac{1}{\sigma}(a_k \cdot E_{sd} \cdot F_{sd} + a_k \cdot E_{sf} \cdot F_{sf} + \varepsilon_p \cdot E_a \cdot F_a + \varepsilon_p \cdot E_g \cdot F_g)}$$

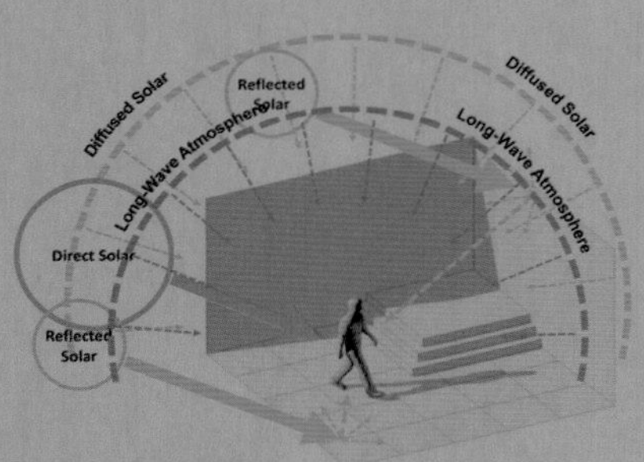

$$T_{mrt} = \sqrt[4]{\frac{1}{\sigma}(a_k \cdot E_{sd} \cdot F_{sd} + a_k \cdot E_{sf} \cdot F_{sf} + \varepsilon_p \cdot E_a \cdot F_a + \varepsilon_p \cdot E_g \cdot F_g)}$$

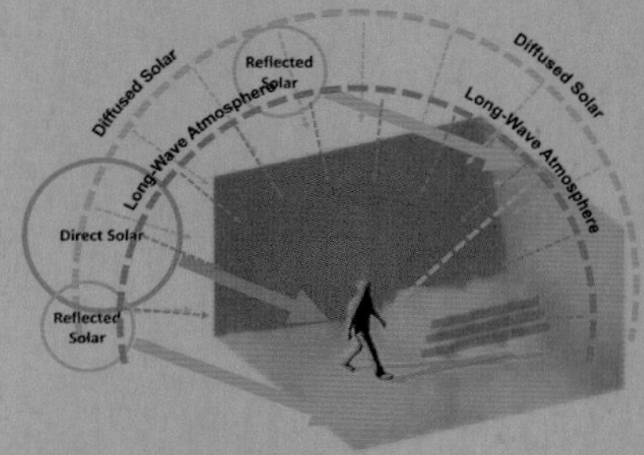

$$T_{mrt} = \sqrt[4]{\frac{1}{\sigma}(a_k \cdot E_{sd} \cdot F_{sd} + a_k \cdot E_{sf} \cdot F_{sf} + \varepsilon_p \cdot E_a \cdot F_a + \varepsilon_p \cdot E_g \cdot F_g)}$$

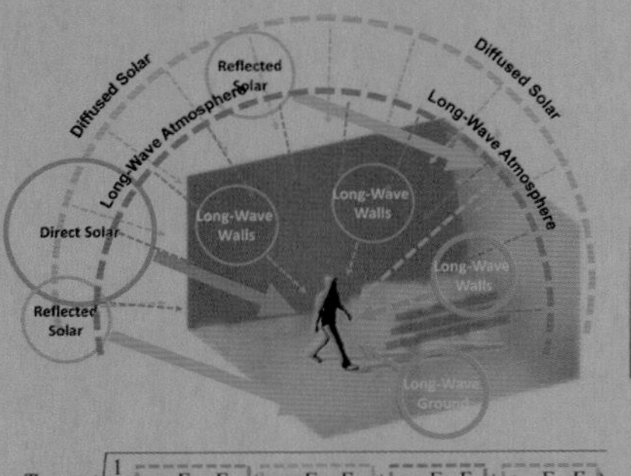

$$T_{mrt} = \sqrt[4]{\frac{1}{\sigma}(a_k \cdot E_{sd} \cdot F_{sd} + a_k \cdot E_{sf} \cdot F_{sf} + \varepsilon_p \cdot E_a \cdot F_a + \varepsilon_p \cdot E_g \cdot F_g)}$$

城市环境与公共空间中的热互动方式及其图解

黄健翔

合理的热舒适指标

单节点模式

PMV-PPD

预测的平均值（Fanger，1972）从物理传热与对感官的实证适应相结合而来。

COMFA

COMFA模型（Brown & Gillespie，1995）基于个人的热平衡在景观领域中提出一个快捷的舒适指标。

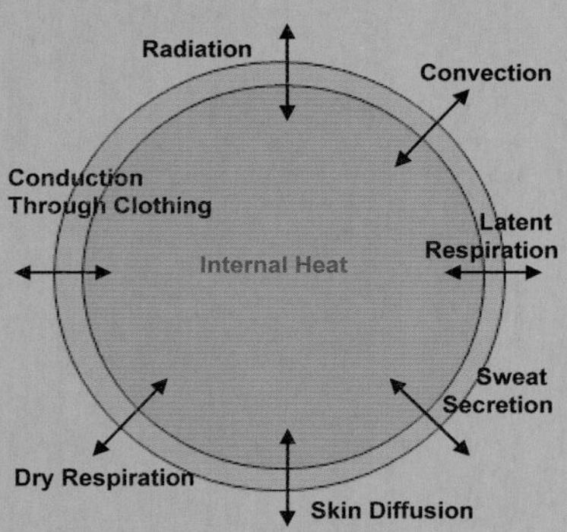

双节点模型

标准有效温度与有效温度

SET & ET

标准有效温度（Standard Effective Temperature，SET）（Gagge，1971，1986）是在50%RH等温环境下的等效空气温度，个体在这个环境下穿着与活动量相匹配的标准衣着，与实际的环境有相同的热应力与体温调节应变。

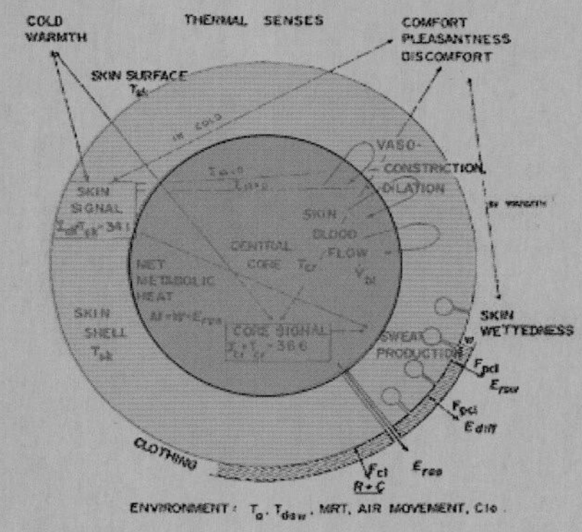

多节点模型

通用热气候指数

UTCI

通用热气候指数（Universal Thermal Climate Index ，UTCI）是参考条件下的空气温度，其引起的生理反应与实际条件下的反应相同。指数所基于的UTCI-Fiala人体生物气象模型相较之前所有模型而言是最复杂的。

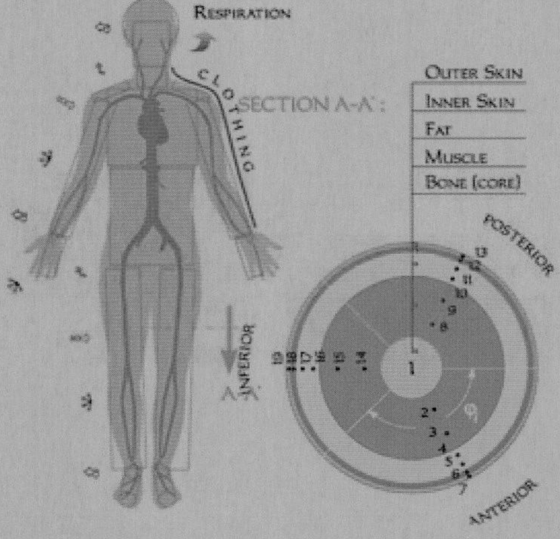

当我发现五个火山洞的时候，惊讶的感觉远远超出想象……正是在那里，在那些洞里，我知道自己能够把它们变成适合人类生活的空间，从而进一步计划我未来的住宅；因为我明确地看到了它们的魔力，它们的诗意，还有它们的功能性。当再一次从它们的亲密与巨大的沉默中浮出的时候，我发现自己很难再回到那个已经远去的现实。

西塞·曼里克（César Manrique）

超越单一温度

©萨尔曼·克雷格（Salmaan Craig）[1]2014

我们的皮肤是异乎寻常敏感的器官。进化使得它具备应对无数刺激中最细微信号的能力。我们的福祉也就是我们的惩罚；因为愉悦抑或痛楚的感受均来自于此。只要问问我们的“近亲”——那些生活在长野寒冷山区日本猕猴，就会得到答案。对它们来说，当地的温泉既是温度愉悦感的来源，同时也是强化社会阶级的手段。处在社会金字塔顶端的猕猴强迫较低层的猴子到寒冷的外界觅食。愉悦与痛楚两者之间的界线一如既往地清晰。

起决定作用的并不是温度，而是温差的大小。换句话来说，是热交换的程度。在进入泳池之前，身体本身是冷的——更确切地说，身体处于冷却的过程中。一进入泳池，体感温度被打乱。大脑是另一个引擎，它能够准确地计算出温度差异，身体核心温度随之迅速上升到合适的温度。猴子这样的享乐主义者就利用这点。它们调节浸入温泉的身体部分以维持这种温差，进一步加强舒适感。在水面以下是温暖与黏腻；水面以上是冰冷、犀利与雾气缭绕。热量的传递构成某种结构；热量的传递带来愉悦。

作为温度的受体，我们一直在寻找改变。建造这样的建筑，让它们和我们一样敏感；离开温度的单一，温度的无差；迈向一种温度的结构。

欧洲新闻图片社（European pressphoto agency）

巴塞罗那保罗公园（Parc de la Pau）Xurrent系统

城市处于自然与人工的融汇处。城市是动物的聚集，他们在自己的小世界里丰富着生物学历史，每一个有意识、理性的动作都影响了城市最终性格的形成。城市的形式如同它的起源，城市拥有生物繁殖、有机进化和美学创造的各种直接元素。它既是自然客体，又是需要陶冶教化的事物；它既是个体，也可以是组群；它是活生生的，也可以是想象的。总之，城市是最杰出的人造物。

克劳德 · 列维-斯特劳斯（Claude Levi-Strauss）《忧郁的热带》（*Tristes Tropiques*）

西班牙大加那利岛（Gran Canaria）拉斯帕尔马斯（Las Palmas）韦尔曼塔楼（Woermann Tower）

西班牙吉普斯夸（Guipuzkoa）伊扎镇（Itziar）伊萨西之家（Isasi House）

杰·鲍德温（Jay Baldwin）圆顶小屋里的夫妇；来源：杰克·福尔顿（Jack Fulton）
亚历杭德罗·德·拉·索塔（Alejandro de la Sota）的阿尔库迪亚（Alcudia）住宅，西班牙马略卡岛（Mallorca），1983—1984年

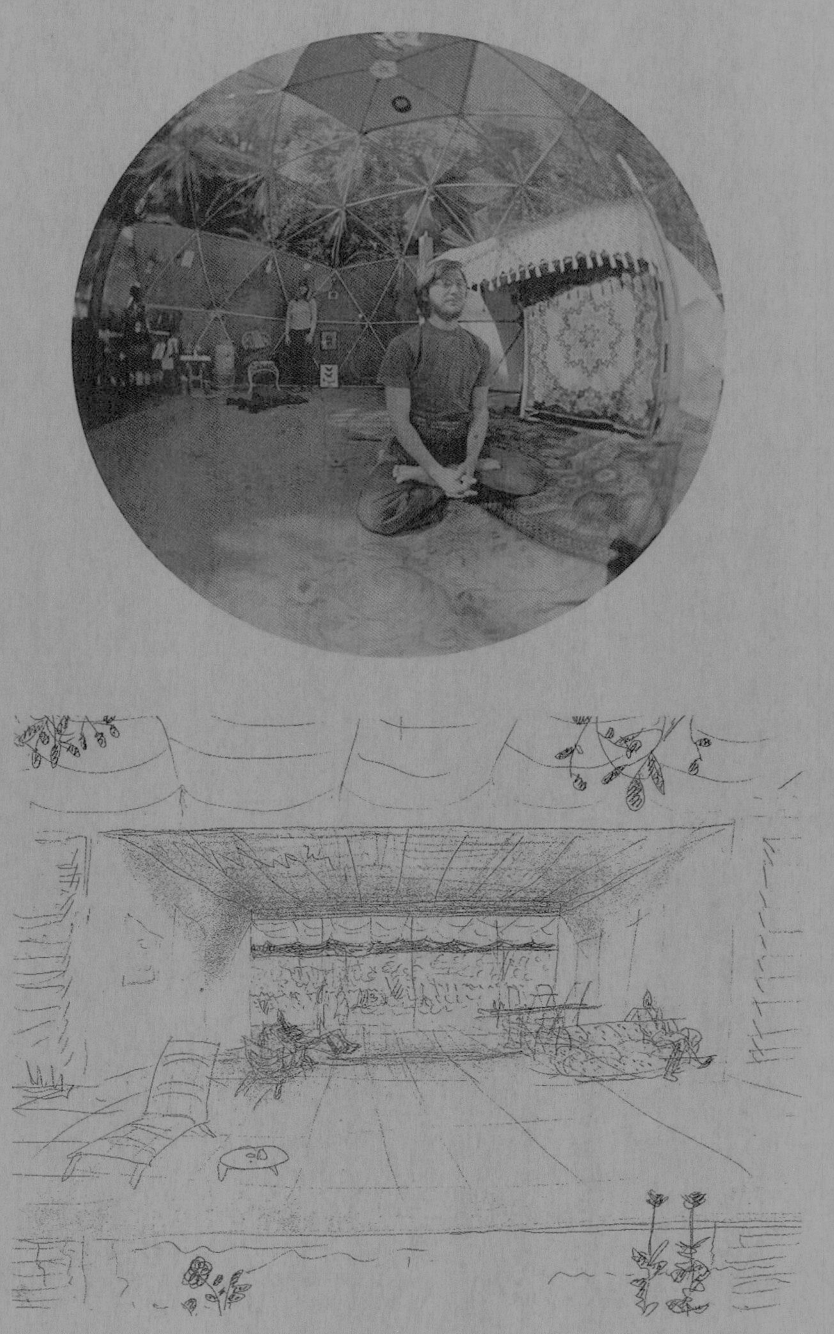

热力学之美

©伊纳吉 · 阿巴罗斯

如果检视、部署上述方法中所运用的设计技巧，很容易分辨以可持续美学为目标的两种设计模型。正因为有两种不同的气候、两种原型，也就有与之相关联的两种操作方法。

前一种操作方法在盎格鲁-撒克逊文化圈中备受推崇，即技术化、参数控制与创造人工氛围。依靠机械手段及人工调控舒适程度，是典型的根据季节轮换提出的环境策略。另一种模式则根植于热带与亚热带圈（包括地中海），是与阳光有关的地理学。这种模式的手段更基本，也基于更有技巧、更感官化的控制（克劳德 · 列维-斯特劳斯称之为“拼装”（bricolagiste））。这样的热动力周期并非季节性的，而是每天都在发生。显然，在这两种操作中存在着许多不同层面的方法（比如以西班牙大部分区域的大陆性气候为例），但它们总的特质（或者变相）使我们仍能认出最原始，也是终极的类型：暖房与遮阳棚。

更进一步来说，马克-安托内 · 劳吉耶（Marc-Antoine Laugier）的“原始小屋”的升级版正是巴克明斯特 · 富勒的小玻璃圆顶和阴影下的海滩酒吧——这两种原始小屋尽管乍看之下并无新意，但是它们根植于文化，各自精确地回应了对实体环境与建筑之间关系的理解。

它们同样帮助我们理解这个世纪经历的两场学科上的突变。一方面是新学科（以自然和生态为主）的兴起，随之而来的是设计工具中置入的参数设计软件（这确保了对动态现象的系统分析）。另一方面，现代学院体系基于图底二元的构成方法，无论是在项目上、地域上，还是社会－政治上都不再发挥任何作用。但正是现代学院训练中传承下来的建构知识与生物知识的结合，我们才得以见证了景观设计传统的蓬勃发展。

查拉图斯特拉之宅

©伊纳吉· 阿巴罗斯

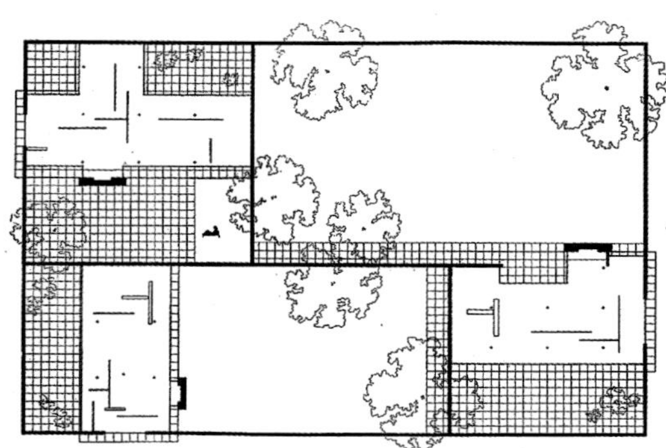

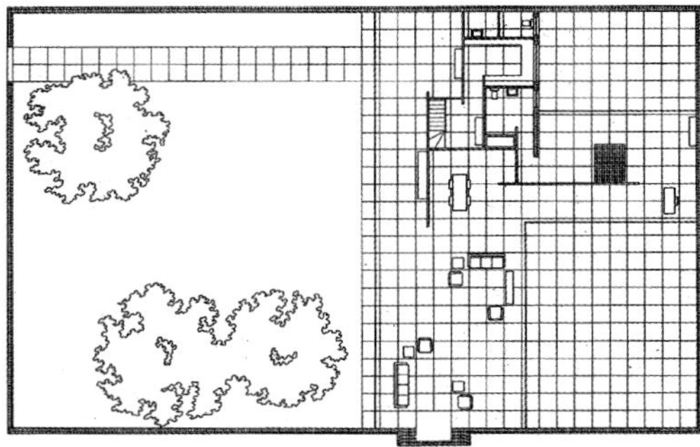

三院住宅（House with Three Pations），密斯·凡·德·罗（Mies van der Rohe），1934（绘制于1939年）

我们都知道密斯在一段时间内曾经历过个人生活与公共关系上的纠葛。因此1921年他为何回归自己曾经组建的家庭，显得颇为神秘；国家社会主义的崛起又迫使他在颇具声望的时候重新思考个人和职业生涯。当时密斯的周围已经有一群朋友，并形成一定的文化氛围，足以巩固他的创造力。特别介绍一下密斯的主顾阿洛伊斯·李格尔[1]（Alois Riegl），他是第一位以尼采为主角写书的作者，该书将尼采称作是艺术家和思想家。李格尔将密斯介绍给彼时很有影响力的知识分子，包括古典语言哲学家瓦尔纳·耶格尔（Werner Jaeger）、艺术史学家海因里希·沃尔夫林（Heinrich Wölfflin）。这段时间密斯还结识了汉斯·李希特（Hans Richter）、瓦尔特·本雅明（Walter Benjamin）和罗马诺·瓜尔蒂尼（Romano Guardini）。在弗里茨·纽迈耶（Fritz

1. 阿洛伊斯·李格尔（Alois Reigl, 1858—1905），19世纪末20世纪初奥地利著名史学家，维也纳艺术史学派的代表人物，现代西方艺术史的奠基人之一。早年密斯曾为李格尔夫妇设计自宅，两人因此结识，往来频繁。年轻的密斯在思想上受李格尔及他所活跃着的团体的影响颇多。译者注

Neumeyer）、弗兰茨·舒尔茨（Franz Schultze）和弗朗西斯科·达尔·科（Francesco Dal Co）三篇关于密斯的文章里，分别提到了这段时间对其知识结构的完善和系统化有着重要的影响。他们也都提到了伟大的反实证主义思想家尼采，以及神学家罗马诺·瓜尔蒂尼（Romano Guardini）。他们两人的作品是密斯认为最深刻，也是感触良多的读物。1927年，密斯说，“只有通过哲学知识，才能发现我们所行之事的正确秩序；也只有这样才能揭示我们生存的意义和尊严”。这也解释了密斯对这次再教育的理解，这是一个远离实证主义的过程，继而解释了这些现代项目里弥漫的独特的精神气质。这种距离和独立于世不仅造就了他独一无二的杰作，同时也在很大程度上造就了密斯本人。

如果我们研究这一时期密斯设计的房屋的尺寸，会更明白这一研究的出现与“温饱住宅”（Existenzminimum）[1]理念背道而驰。这些住宅面积在200～300平方米，加上主要的内院和更私密的内院，整个地块面积将近1000平方米。只需通过这些内院类型，就可以发现密斯的研究与功能主义的观点或者现代正统性相去甚远。无论庞贝的内院式住宅有启发的观点正确与否，至少就强调距离、强调差异而言，这样的印象是合乎情理的，继而演化出不同的前提和不同的目标：这些房屋是为谁服务的？它们期待的是谁？是何种形式的生活？私人空间内传达出的是怎样的价值，公共空间内又怎么样？——尽管这只能通过相反的证据证明，对象是谁，针对哪一类人来设计的这些房屋？

必须证实这样的观察，那就是无论何时内院住宅里都不考虑家庭。这些住宅里没有家庭生活，服务家庭的功能被放到一边。当密斯希望以最高的抽象性来设计这些住宅时，他迈出了不寻常的一

1.Existenzminimum是对Wohnung für das Existenzminimum的简称，英文作the Minimum Subsistence Dwelling，直译为“最低生活住宅”，在此译作“温饱住宅”。这个概念是在国际现代建筑协会（CIAM）第二次大会时提出的主题，目的是以工人阶层为使用对象，设计出满足最低限度生活要求的住宅，以应对当时日益上涨的房租。译者注

步，停止思考任何有关家庭的事情。他停止了对传统琐碎、复杂的家庭功能的思考；停止了对隐私和再现家庭结构的思考；也放弃了道德要求中最起码的认识。他清楚如果想要理解现代生活的本质，弃绝有关房屋本身的传统至关重要，而家庭则永远在重复着完全相同的模式。这些住宅中的“卧室”不会多过一间，更确切地说，床的数量不会多于一张。更确切地说，不存在我们可以称为卧室的围合空间。相反，这些住宅被当成是由片段组成的连续环境，物件和少有的家具也以这样的方式布置，这些片段保证了孤立，可以轻而易举地指认出每个角落的私密性和它将来的用途。单身公寓是一种范式的场所，能发展出一套基于连续性和连接性的拓扑关系的住所，而不同于基于区域规划或划分隔离中所采用的几何手段。空间的连续性成为“系统”的一部分，一种前所未见的探索的序列。如果只依靠自己这一个体，现代人该如何生活?

一旦我们聚焦于1934年的三内院住宅，无疑会碰到这批内院式住宅中最完美的产物。就像我们看到的其他所有房子那样，得用完全陌生的眼光来看待这个方案。我们会注意到尽管上文中提到了连续性，但在这个方案中，正常功能的不同空间还是被明显地区分出来。它们的分布是功能化的，空间是满足需要的，床也接近正常尺寸。它可以是一对年轻夫妻的住所，或者没有孩子的家庭的住所。但是我们知道方案不该是这样的，或者只是临时以这种方式处理；这所住宅的设计并未考虑传统家庭的结构，或者说它根本不是为了家庭设计的，哪怕是家庭最初期的形式。

看住宅方案整体的话，它高高的花园围墙和花园空间在整体的巨大体量下几乎式微，当我们开始想象在这样的住宅里会过着怎样的生活，很快能意识到这个住宅是为独居者设计的。因为在所有元素中，墙并不是用来限定地块或者支撑建筑转角的山墙，更不可能是要创造一个小气候来适应地理环境，以产生环境控制机制——光、温度、湿度、通风——所有的内院不外乎是这样的功能。这里的墙是为了确保私密性，把生活在其中的人保护起来，让一种更自由的生活得以在住宅内展开。这种自由游走在任何道德和传统的边缘，在所有社会与政治控制的边缘；最后，是加尔文主义道德观加诸其现代支持者与他们的实证主义建筑所无法忍受的可见性的边缘。

墙因为这样一个对象的存在——我们假设这是个男人：因为很难想象密斯这样的厌恶女人者会把女性设想为内院式住宅的居住者——从公共生活中逃离，渴望隔绝自己，以绝对的独立面对任何道德审判，完善自己。他希望完全拒绝道德审判的可能，来肯定自己的独立性，来确认房屋就是自己的帝国。把这样激进的选择看作是对尼采“超人”的回应并不牵强。尼采笔下的人物开始重建自己与世界的关系，以及在世界中的位置，放弃了所有对陈规的顺从，对犹太基督教的顺从，对柏拉图创立的形而上思想的顺从。

密斯想象的住户需要隔绝的生活，需要在与他人身体上的远离来重塑自己。他必须有能力利用这个世界的机会，利用维系自我与世界之间不同的关系——对时间观念革命性的认识，持续出现的令人晕眩的强度诱发了新的直觉和广阔的明晰性。

让我们花点时间想一想这个人的形象会对密斯产生多大的影响，会使得他渴望通过阅读尼采，渴望通过结交知识分子来获得更多的了解？这样的想法能否反映密斯自己在这个世界的位置，他个人为获得一种完整的个体性所做的挣扎？墙保护着这位急于隔绝自己的人物，这位人物似乎与尼采的思想、与超人、与查拉图斯特拉有某种密切的关系。

在尼采看来，超人不依赖于法律或法则这样远离生活的力量出现，而必须经历一个严酷的自我建设过程中的动物阶段（像骆驼、狮子），最终达成孩童般的、激烈的精神，与超越性的传统关联成为一个整体。他是属于贵族的“主人道德”，而不是由宗教和哲学提倡的“奴隶道德”；是向生活、教养的回归；是对激情的保有。

住宅室内的边界由玻璃连廊界定。现在让我们从室内以外和以上的角度看看密斯规划的住宅的整体性。在我们面前的是一个围合的空间，一个充满景观的内院，它既是对住宅的延伸，也是对自然的再现。因为被其余的高墙阻隔，所以在内院中的并不是全然的自然，而是对自然的人工建造，对世界的人工再现。我们能从这个空间中分辨出的是几棵茂盛的树木打破了一片匀质的、水平的草地。一条铺装的小径将草地一分为二，与其中的一面高墙平行，通往住宅。这位住客看到了什么？为什么他会选择这样一种自然、世界之间与自己的关系？这一定是一种属于冥想的空间：没有留给小厨房花园的空间，没有草木生长的空间，或者没有留给家用物品的空间，没有喷泉或泳池，这些设备才是一个在现代家庭中生活的人昭示自己与自然环境密切关联的证据。要是我们能坐在住宅内的一张巴塞罗那椅上，坐上一段时间思考一下这样的景观，就像电影中的框景一样，我们能窥知一二：自然时间中存在着这样永恒的相同相继，循环复始；草坪上的积雪之后是雨，然后树木生长又凋零，这样的景观周而复始，如同在舞台中上演。天空和花园（或者说自然）是一种时间循环的比喻，前方的巨大玻璃成为一幅用来凝视的杰出透视画，从视线中抹去了所有其他可能的意义。

没有比这些玻璃连廊能更好地解释密斯对内院式住宅的设计和漫长的研究。如此静谧和空旷，在这样的空间里我们通过对自然轮回的思考来认清时间的轮回，在“我们的内心漫步”。这句引用表明了密斯有意在自己与现代主义建筑中的实证主义之间拉开距离，还有与后者以功能为导向的方法论拉开距离。内院式住宅是一个创造物——一个机器吗？用来逃开高歌猛进的现代性；逃开实证主义中过于简化的本质；用来退避到尼采个人化的深渊中。“超人”在完全自我肯定的基础上，把自己的生活当作艺术品一样建构。但不只有这样，如果我们能在这样的语境中用“只有”这个词的话。内院式住宅的研究也是对完全规划策略的尝试。这样的策略由一条异端思想的线索而来——最早由表现主义确立，后来几乎被更正统的建筑师的标准和组织的力量消灭。后者多数与技术科学的进步联系在一起。这种设计技巧发源于对空间和城市组织观念，还有外在的外观和物体化、装饰化的文化；有着建立在尼采理论，即他对时间纪念性和轮回观念上的明确的工作计划—— 一个规划系统。

但是这个住宅——三内院住宅，绝不可能出现在城市之外的乡村里。想象一个穿着乡村化，哪怕是穿着休闲的人住在这所房子里都是如此不合时宜，只可能是密斯式的人物——穿着优雅高级、手工缝制的皮鞋。这种打扮属于常常漫步在那些精致铺地上的人，缓缓踱步，离开住宅去城市里的咖啡馆、去剧院、去商店和大道上拜访朋友。像波德莱尔（Baudelaire）的“游荡者”（flâneur）或者乔治·西美尔（Georg Simmel）的“厌倦”

（blasé）[1]那样，他是属于世界的人，也是有着强烈社会习性的人。这也是尼采在谈到超人时最爱用的主题：他没有像隐士一样从这个世界退避，但是他内在的禁欲主义使得他从巨大的愉悦中获取一部分自我建设的过程，这种愉悦来自于把自己从外加道德束缚中释放出来。这种倍增、弥漫的喜悦导致了对世界强烈的满足感，也创造出一个能够凌驾于其他事物之上的全新头脑。

与时间感同样重要的是住宅的内在性。不能用任何密集的、带重力感的、简单的灯具打破他的建筑，取而代之的是由激进的水平性联想到对神圣性、对任何垂直联想的压抑。它是对生活本身愉悦的表达，对主体重要性的肯定。

为了做到这一点，密斯采用了两种不同的光学策略：其一是对光反射的研究，以便给地板和天花同样强度的光照，巴塞罗那德国馆也有同样的特点。通过反射，密斯获得了一种没有重量感、非物质化的光，打破了最明显的垂直性，那就是太阳的光线。另一种补充的策略与空间感知有关，还有纯粹的元素构成。正如罗宾·埃文斯（Robin Evans）指出的那样，密斯用一种水平性代替了古典的垂直对称，在那里眼睛的移动形成一种新的对称面。所以密斯把房间的净高设定在3.20米左右，也就是把视点设定在与地板和天花的对称面上，通过基本又非常微妙的构成工具，达到视觉和空间的重构。所有事情的规划都与这个反重力设备相符，将传统的、被动的主体转变成一个主动的主体。

整体的或是系统的抗拒所有垂直性都凸显了水平性。密斯创造的不是轻盈的图像，而是在重力上无差别的图像，还有光线和水平对称一起造成的效果与穿过巴塞罗那德国馆情绪上的反应完全不同。这种感觉像是置身于一座庙宇，一个冥想的场所，又怀着这样的信念：庙宇并不是为了任何神圣性而建，而是把人奉为绝对的主角、演员、主体。尼采知道如何去定义这种概念，但只有密斯知道怎样把它变成物质形式。

1.西美尔所写的“厌倦”是一种态度。他认为在大都会不停变动的环境中，个体很容易产生对价值差异变得麻木，所以东西看来都无趣又灰暗，无法唤起个体的激情，因而产生厌倦的心理状态。译者注

让·查尔斯·阿尔方（Jean-Charles Alphand），法国巴黎比茨肖蒙公园(Grotto of Buttes-Chaumont Park)洞穴，1867

怪诞－身体

©伊纳吉· 阿巴罗斯

所谓的“当下”并不能涵盖欧洲文化，更无法涵盖古老的甚至原始的文明；它反而应当探索史前与未来的思想；它必须渗入那些遥远的过去与遥远的未来交汇的地方。

罗伯特·史密森（Robert Smithson）
《罗伯特·史密森文集》（*The Writings of Robert Smithson*）

岩洞是建筑室内的终极形式。18世纪英国风景如画派经验主义者的想象开启了它的复兴。岩洞持续地散发出这样一种魅力，不知不觉地贯穿着现代性，总是与以外部至上的想法一争高下，后者无时无刻不以逃出为乐，也主导着物体全景的视点。事实上，岩洞代表了建筑非常核心的本质，是对内在力量的需求；是一个模糊的、返祖的中心，与透明性、可见性和轻盈性之类的概念抗拒、对立、背道而驰。这种魅力所传达出的普遍吸引力甚至超越了专业上的争论。洞穴是人类最初发现的室内，它持续地发挥着它的影响，被视为身体感受到的最原始的动力。让·查尔斯·阿尔方（Jean-Charles Alphand）[1]的成功在于将柏特休蒙矿山的长廊转化为巴黎第一座伟大的如画风景公园的洞穴。他将岩洞带离了它最初隐秘的所在（这里指18—19世纪英国的乡村住宅），把它变成一种新的公共空间。岩洞看起来固然引人好奇，但这个举措的成功之处一定不止于此。在岩洞，在室内，人的身体唤起了它与外部世界最传统的关系。从技术的角度来说，人的身体从辐射的受体变成了辐射体。通常情况下，太阳给予人类对冷暖的感知，且这种感觉比温度计上的数值变化更为强烈，但此时是人体而非太阳向外辐射能量，电磁波沿着反向运动；我们的身体，我们躯体的终端激发了与土质、湿度和地貌起伏的一场对话，这些在“外面”是无法感受到的。当尼采说，“我们希望将自己转化成岩石、植物，我们希望在内心漫步……”，他所说的正是通过原始冲动唤起对立感知的需要，以此来获得知识（见《格言280：求知者的建筑学》（（*aphorism* 280: *Architecture for the Search for Knowledge*），引自《欢愉的科学》（*The Gay Science*））。

1.让·查尔斯·阿尔方（Jean-Charles Alphand, 1817—1891）是一位法国工程师，曾参与奥斯曼的巴黎改造计划中的多个重要项目，其中包括本文中提及的柏特休蒙矿山，以及香榭丽舍花园等。译者注

就像其他人类一样，当建筑师臻于成熟，他时常会感受到岩洞的魅力，来自地壳深渊处的召唤。我能历数这些名字和案例：比如汉斯·波尔兹克（Hans Poelzig），还有参与“乌托邦通信”（Die Gläserne Kette，又称“水玻璃链”（Crystal Chain））的其他建筑师们，从表现主义或者虚无主义的角度发掘这条风景如画的浪漫脉络。然后墨西哥的胡安·奥戈尔曼（Juan O'Gorman），从早年里维拉（Diego Rivera）和卡洛（Frida Kahlo）现代主义的轻盈性到成熟期建造的自宅中熔岩般的室内，是一种彻底的转变。其他人也遵循了同样的路线，从凯斯勒（Frederick John Kiesler）的“无尽之屋”（Endless House）到西塞·曼里克（César Manrique）[1]在兰索罗特岛（Lanzarote）的住宅。对这些建筑师而言，洞穴代表了解放，是从分配合理、繁文缛节的世界中的逃离。因为洞穴带给我们一种自然的环境，犹如大地的力量创造出来的腔体，完全超然于各种循规蹈矩。洞穴是一种地形的构造，不带任何文化的烙印，不会将例行仪式转化成平庸的物体。岩洞在一定程度上代表了无罪，它让一种不可见的状态成为可能。在那里人变成自然的身体，与其他共存的自然元素——熔岩、土地与火的力量、空气、光与湿度，建立亲密的对话。建筑师们一再使用岩洞这个粗野的元素将自然时间引入空间，使空间中能构建出一个由图像和幻想组成的奇妙世界，一股脑地涌入我们的脑海，让我们看到平时不可见的东西。它将建筑的三维变化成四维，时间的展开和我们的过往得以显现。

尽管这种对原始的呼唤难以找到年轻的回应，柯布西耶还是完美地诠释了这点：因为被轻盈与飞翔的能力所吸引，建筑师一开始是伊卡洛斯[2]，然

1. 西塞·曼里克（César Manrique, 1919—1992）是西班牙的艺术家与建筑师，对文中提及的兰索罗特的城市发展有重大影响。1982年他和友人共同成立西塞·曼里克基金会，1992年曼里克逝世后他的故居被改造成基金会所在地。译者注

2.伊卡洛斯（Icarus）是希腊神话中的人物，在和他的父亲代达罗斯（Daedalus）一起逃离克里特岛时，身背的蜡制翅膀因为太接近太阳，坠海而死。这个名字常被寓意为追求高度。译者注

西塞·曼里克，兰索罗特岛曼里克住宅

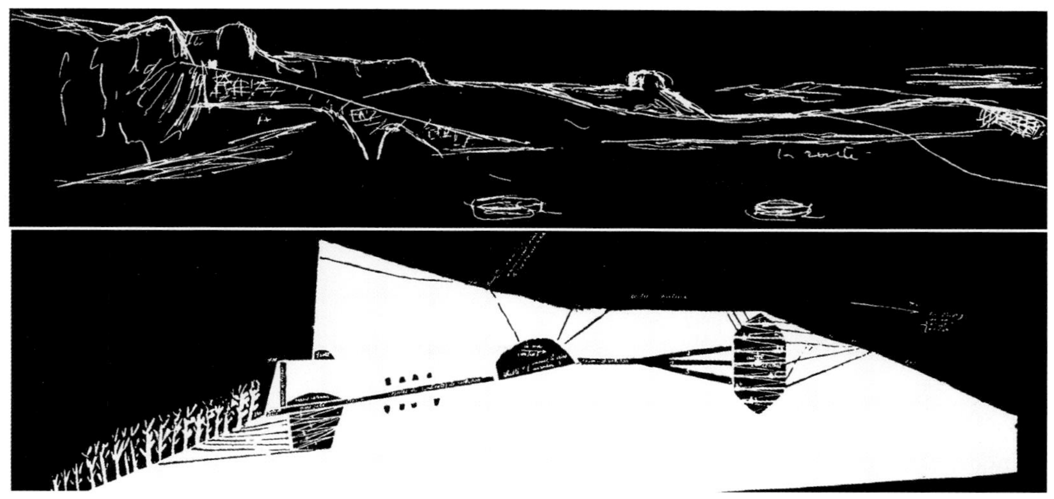

后，他们往往突如其来地重新回归土地，不由自主地开始在土地的内部工作。柯布西耶的青年时代被机械、泰勒主义理论、新工业材料的尺度与力量所吸引，凭借想象飞翔的物体开启了他的职业冒险。这些物体轻盈、上升，主宰着观看的风景；他因此发明了带状长窗，水平向的展开如同窗中映射的风景。一开始，柯布西耶只是在他的摩天楼周围画上起伏的树木，以调和机械时代与如画风景的冲突。20世纪20年代末期，他在海滩上漫步时开始收集形状各异的物体，石头、浮木、骨头和贝壳，这些捡拾物被他称为“唤起诗意的物体”（objects of poetic reaction）。可能是这些物品与纯粹主义、立体主义形式的相似性引起柯布西耶的注意，这个习惯很快变成对混凝土和材料特性的迷恋，同时他对阴影的兴趣也愈发浓烈。遮阳棚代替了他以往纯粹的玻璃棱柱；一开始有机的形式只是局限于内部隔墙，继而占据了整个建筑。60岁刚过的柯布西耶迈出了关键的一步，开始表现山体和宗教信仰，具体的项目是一座在圣博姆（Sainte-Baume）的教堂（1948）。他创造了一种大桥式的结构，将信徒从平原引领到圣维克多山岩体的中段坡道上，最终走向一个像约拿鲸鱼[1]肚子那样挖空的大山洞。这个项目标志着柯布西耶看待空间的重大转变，指引着他所有成熟时期的作品，对现代性的转向产生了重大的影响，同时也伴随着他个人的觉醒。朗香教堂是这个阶段的杰作，如若不是在圣博姆教堂的基础上，这样一个建造的洞穴是不可

1.约拿与鲸鱼的故事记录在《约拿书》中：上帝命约拿去亚述国大城市尼尼微宣告该城将遭灾难，但他不认为这座民众罪恶深重的城市应得解救，所以将船朝反方向驶离。当这艘船受到暴风雨的威胁行将摧毁时，他忏悔自己的过错，要求船员将他丢出船外。约拿被鲸鱼吞吃，但在其腹中祷告三天三夜，最终被鱼吐到旱地上得救。之后约拿去往尼尼微传达上帝的教诲。 译者注

勒·柯布西耶，法国圣博姆教堂，1948

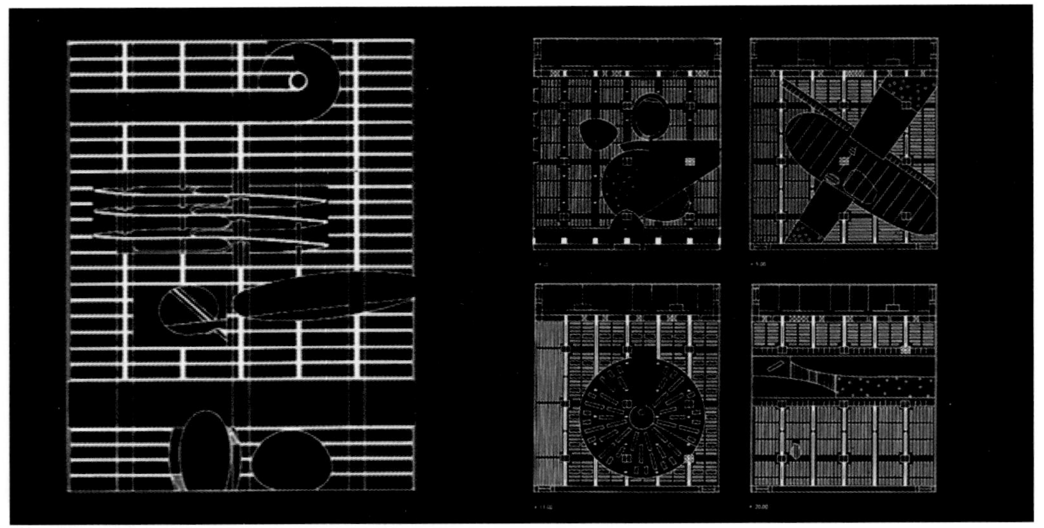

能实现的；如果没有朗香教堂，我们也无法理解建筑学在之后几十年内发生的事情。

在这里，我们要快进一些看看大都会建筑事务所（OMA）为法国图书馆（Bibliothèque de France，1989）所做的方案，这个方案中的剖面可以视作当代建筑的重要概览。无需赘述剖面与它的参考的关联；相反，有意思的是这个方案为洞穴和高层的诠释提供了新的可能，完全反转了建筑外部的常规，即摩天楼理所当然是封闭的类型。方案中存储知识的立方体设定了剖面的体量，基本上是完全人工的环境中形成的巨型档案高层。在这里，一系列串联的空间穿过空间服务于公共的功能，既像“散步的建筑”，又像如画风景中的洞穴，在知识的“羊水”中漂浮。所有自然和人工的关系被反转了，无论是内部还是外部的体验都像是在探索我们的身体主义到底能在何种程度上适应实体环境的完全转变；曾经沉入地底的类型（洞穴）浮出地面，隐藏在一个中性的、纯粹的体块里；曾经身体与自然环境之间频密的对话现在发生在完全人工的环境中；曾经现代性中分离的两极（摩天楼和洞穴）在一个单体中相遇了。不同的身体冲动——一方面是高度的晕眩和全景的视觉；另一方面是身体的体验和时间的激活——被一个怪诞的结构捕捉，这个结构本身就是一个新的、人工的自然。在这里，摩天楼－洞穴的双重性被整合到一个更复杂的整体中，一种全新的、密集的、令人激动的公园原型。岩洞、摩天楼和公园变成“相同”的东西，这种“相同”期待着在创造新“体验”的同时，重新发现我们的主观性。

雷姆·库哈斯（Rem Koolhaas），大都会建筑事务所，巴黎国家图书馆（National Library），1989

通过知识重夺权威。在经由热力学反思材料性的过程中，对所谓的“建筑室内”概念的关注至关重要。在空调的对流模式下，室内意味着一大堆巨大而繁琐的系列“产品”的到来，商业专利迫使建筑师们放弃了应有的创造整体空间设计的能力。随着热增量的传导和（或）对流通道成为建筑概念中不可分割的一部分，“热力学唯物主义”这种全新的观念给那些组织空间所需要的材料和体量，还有结构力的传递带来了新的生命力。热力学唯物主义重新定义的不仅是对物质的实际需求，或是我们对材料和产品的选择，同样改变了我们形成室内空间的方法，以及建立一种崭新、综合的建筑之美的观念所必要的工具和知识。

胡安 · 奥戈尔曼（Juan O' Gorman）住宅，墨西哥城（Mexico City）圣赫罗尼莫（San Jerónimo ）167号，1949—1956

弗洛勒斯人(Homo floresiensis)，印度尼西亚梁布亚（Liang Bua），2007。选自布莱达与罗莎（Bleda Y Rosa）源点系列（*Origen*）

斯派人（*Homo Spyensis*），比利时斯派（Spy），2007，选自布莱达与罗莎（Bleda Y Rosa）源点系列（*Origen*）.

史前形式的生活令我们迷醉不已。第一个人类的房屋，洞穴的遮盖，它们不仅是在回归本源的意义上呈现出的最原初、最激进的姿态，同样是我们在土地中的最终栖身之所——墓穴。这样说来，建筑的想法就是空间的资源，使我们以最快的速度在时间中穿梭，从第一个人到世界末日，到我们本身存在的终结。

所以建筑师从未停止对洞穴的探索，因为在其中，时间会以一种近乎粗暴的方式介入空间，由此在脑海中迅速展开一个充满幻想的美妙世界。它就像布莱达和罗萨（Bleda and Rosa）的照片中所呈现的那样，连同这些照片简洁直白的标题一起，让我们看到一个前所未见的时刻，它从二维的摄影和三维的建筑中打开第四维度——时间。

伊纳吉·阿巴罗斯《有这样一个时刻……》（*Hay un momento...*），2006.

帕布罗·毕加索（Pablo Picasso）《画家与打毛线的模特》（为巴尔扎克《不知名的杰作》所作插图），1927，蚀刻

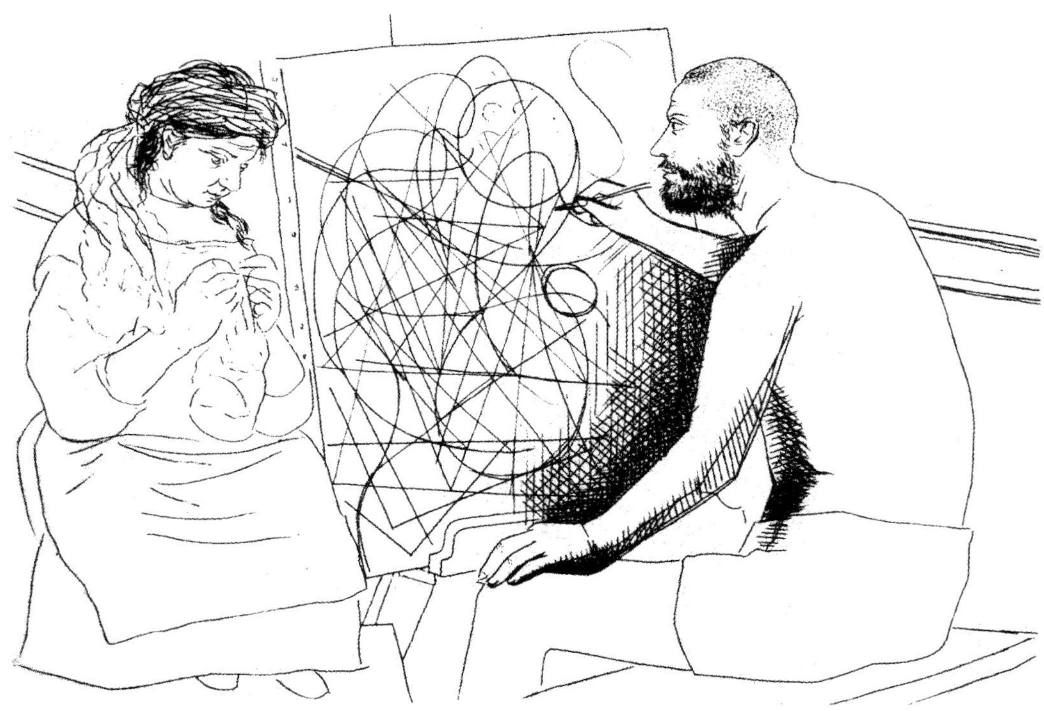

画家只有凭借深思熟虑才能真正地将习惯的感知网格打破，放松线条，任其自由落下，回到像毕加索在1927年为巴尔扎克（Balzac）的《不知名的杰作》（*The Unknown Masterpiece*）所做的蚀刻画插图——《画家与打毛线的模特》（*Painter and Model Knitting*）时那种混沌的状态。画中的画家正在创作中的作品传达出一种无形式的混沌感，这种混沌并不是因为在未知的森林中懵懂地迷路，而是来源于过度，来源于无穷无尽的各种阐释相互叠加、积累所造成的繁复感，遮蔽了画面既无法识别也无法计算，退回到最模糊的开始。我们因此可以认为：这种画面处于振荡中的某个时刻；从混沌中开始，从混沌中诞生，并且最终回归于此。我们从难以辨识的图像中隐约感受到的，以及从中能判断出的确定的形象无非是从巨大的无形中凸显出来的一小部分，并且它始终被黑暗围绕。

胡安·纳瓦罗·巴尔德维（Juan Navarro Baldeweg），《手中的地平线》. 马德里，2003

卡塔朗·罗卡（Català Roca）、安东尼·塔皮埃斯（Antoni Tàpies）《云与椅》（*Cloud and Chair*）的搭建过程，1990年左右

赞美涂鸦

©伊纳吉 · 阿巴罗斯

艺术家把自己画作的线条看作是经由主观过滤的、对现实的抽象，赋予这些线条特定的形式，或者被某些人称作风格。风格通常与强烈程度或者长期坚持有关，但是它也可以被视作一种超越，或者是居于意志之上的套路。它通过一再出现的图案向我们涌来，既不是对现实的复制，也不需要特别的关注。精神状况使得这些线条从实体现实和投射强度中自我释放出来成为涂鸦，一种无心的却高度自主的绘画。这种绘画让人心无旁骛，比如漏接一个电话（或者就让电话这么响着）。涂鸦不带有任何表达的欲望，它通常以一种迭代圆环的形式出现，一种以手部做出最少运动所画的、没有任何不规则的图形，旋转着经过纸面（或者是便笺纸，或者是笔记本上，或者是报纸的边缘），覆盖纸面，创造出一种几乎没有张力、没有压缩过或者加重过的连续体，好像是手在可得的空间内一遍遍扩展圆形带来的舒适感。

同样的，圆形既简单又复杂，以圆形为母题通过不断地重复与叠加创造区域。很多艺术家都被它的二重性所吸引，尝试过并且持续地创作这个主题。从克利（Klee）、毕加索，到波洛克（Pollock）和塔皮埃斯（Tàpies），20世纪见证了各种从涂鸦到绘画的激变，就像在建筑领域中，被公布出来的草图是建筑师思考的至关重要的工具（柯布西耶、阿尔托和西扎（Siza）代表了这种设计工具的价值）。但是，在建筑师眼中，概念的草图更像艺术性的草稿，是对某种即将被建造的现实的初步再现，是在某些强烈的情感下生产出来的，直到最近我们才无愧地称这种感情为“灵感”（我遇见的最近一个讲到缪思的灵感而眼皮都不眨一下的人是理查德·罗蒂（Richard Rorty）[1]，他是一位哲学实用主义者，一群建筑师听众对此都表示很震惊）。乔治 · 阿甘本（Giorgio Agamben）也谈到过仙

1. 理查德 · 罗蒂（Richard Rorty, 1931—2007）是当代美国最有影响力的哲学家、思想家，是美国新实用主义哲学的主要代表之一。译者注

女和缪斯。涂鸦作为建筑的重要形象或者真正的建筑呈现出来或者被看到，可以追溯到19和20世纪之交在柏林兴起的表现主义。门德尔松（Mendelsohn）、布鲁诺·陶特（Bruno Taut）和其他“表现主义者（expressionist）同行”的建筑师将手的动作完全上升到建筑水准的新层面。在寻求个人表达的同时，又是对复杂性和简单性的自然平衡。约翰·伍重稍后在悉尼做的精准的涂鸦可能是20世纪最出名也是最伟大的回响。一个伟大的大都市将它的伟大归功于一个快乐的涂鸦。

现在，涂鸦或者即兴绘制草图，这些方式能赋予相信这种力量的人所谓的“风格”。预言家盖里（Gehry）曾经宣称，草图与数字技术的结合创造了一种新的维度。盖里的努力可以视为人工和数字两个世界之间的转换。这样看来，圆圈是一种“原始”的简易分型，可以被升级形成复杂的系统，有不同的可以程式化的延续。手是唯一可以涂鸦的载体？还是涂鸦已经渗透了电子技术？存在数字涂鸦这样一种东西吗？

复合灯：床头桌灯

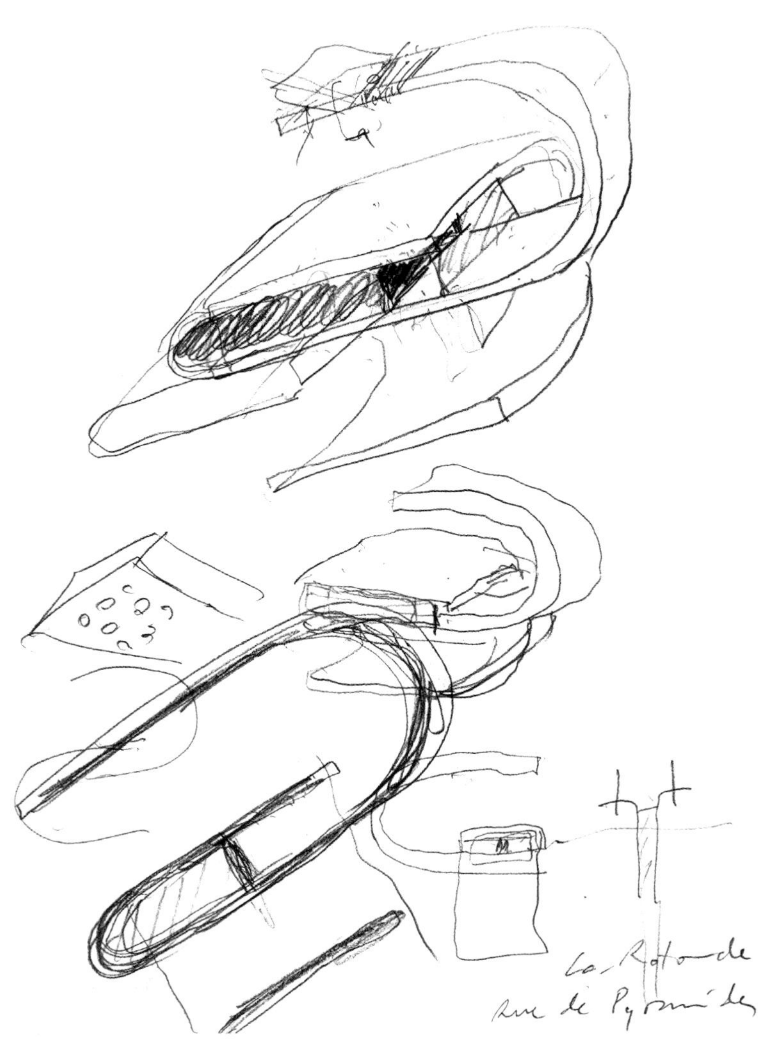

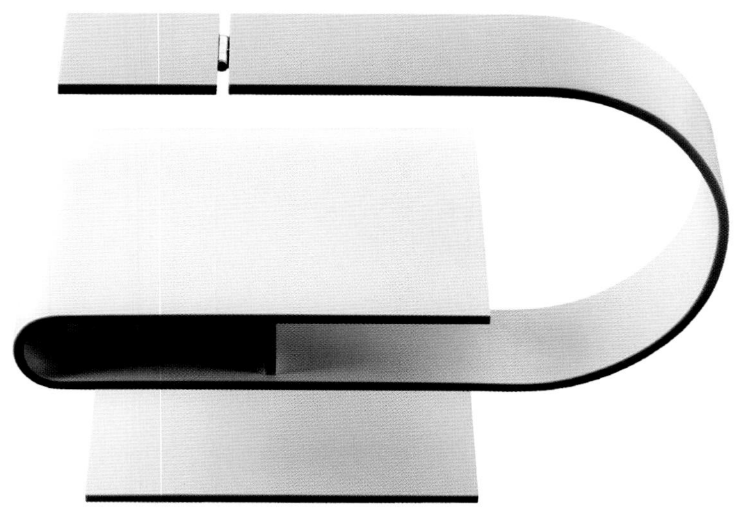

在家庭装修和照明中，床头柜和对应的灯总是被忽视的对象，尽管它们在家居生活中很重要。复合灯将床头柜和灯这两个元素视为一体，以双圆环的形式出现。它既可以固定在墙面上，也可以作为一个独立的床头柜。

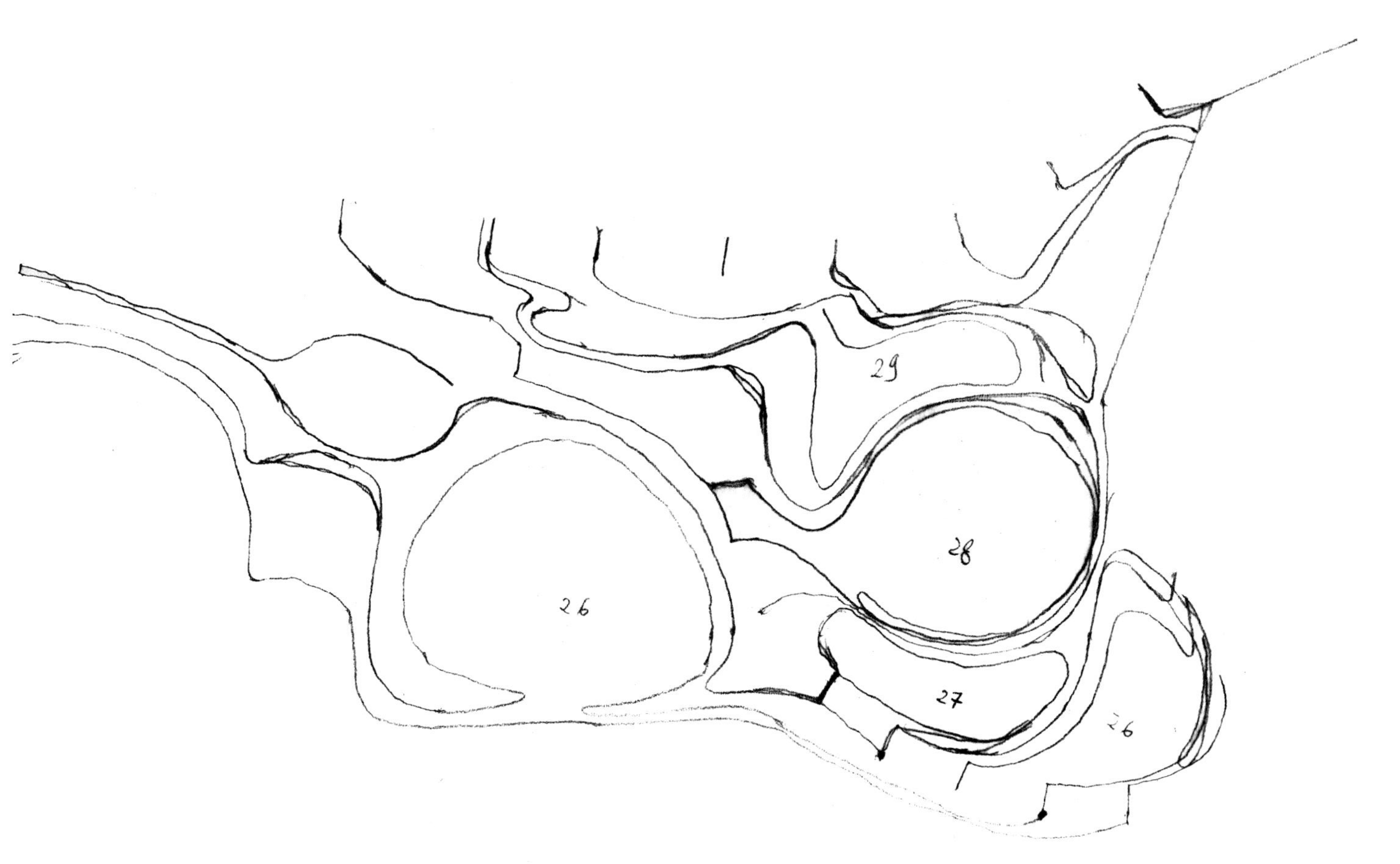
29
28
26
27
26

新克鲁肯（New Kroken）公园

挪威特罗姆瑟市（Tromsø）

在特罗姆瑟市（Tromsø），冬季和夏季的景观截然不同。在一年的大多数时间里，室外被冰雪覆盖。为了充分发掘克鲁肯公园的景观潜力，我们要设计两个公园：一个冬天的公园和一个夏天的公园。

在夏天的公园里，所有植物、铺地和家具都是可见的，因此整个空间的结构都能展现在游客面前。平坦的空间能够充分利用，而当地人在夏季的生活方式很可能给公园带来巨大的使用量。公园所有感官上的品质——颜色和香味，会在这个季节盛放，达到巅峰。

在冬天的公园里，大部分地表会被冰雪覆盖，只有小径和特定平地上的积雪会被有计划地清扫。空间的结构在雪中消失，空间的使用方法也截然不同，彩色的路径在白雪的映衬下会特别显眼。在极地气候下，照明的设计显得尤为重要。落在雪地上的照明的反射线条代替了颜色，以及生机勃勃的植物和铺地。这些线条从公园的一头贯穿到另一头，勾画出小径和房间的边界。

在南边的克鲁肯大楼和北面的建筑之间有一块桦木林，一条尚未明确城市角色的泥泞小道穿过。它在地形上的坡度几乎一致，从西北方向爬升到东北方向的高差大约是7米。由于相邻地块中完全没有公共空间，这块地又是特隆姆瑟当局放出的最大空地，于是它具备了创造全新的高品质公共空间的绝佳契机，既是公园又是广场。

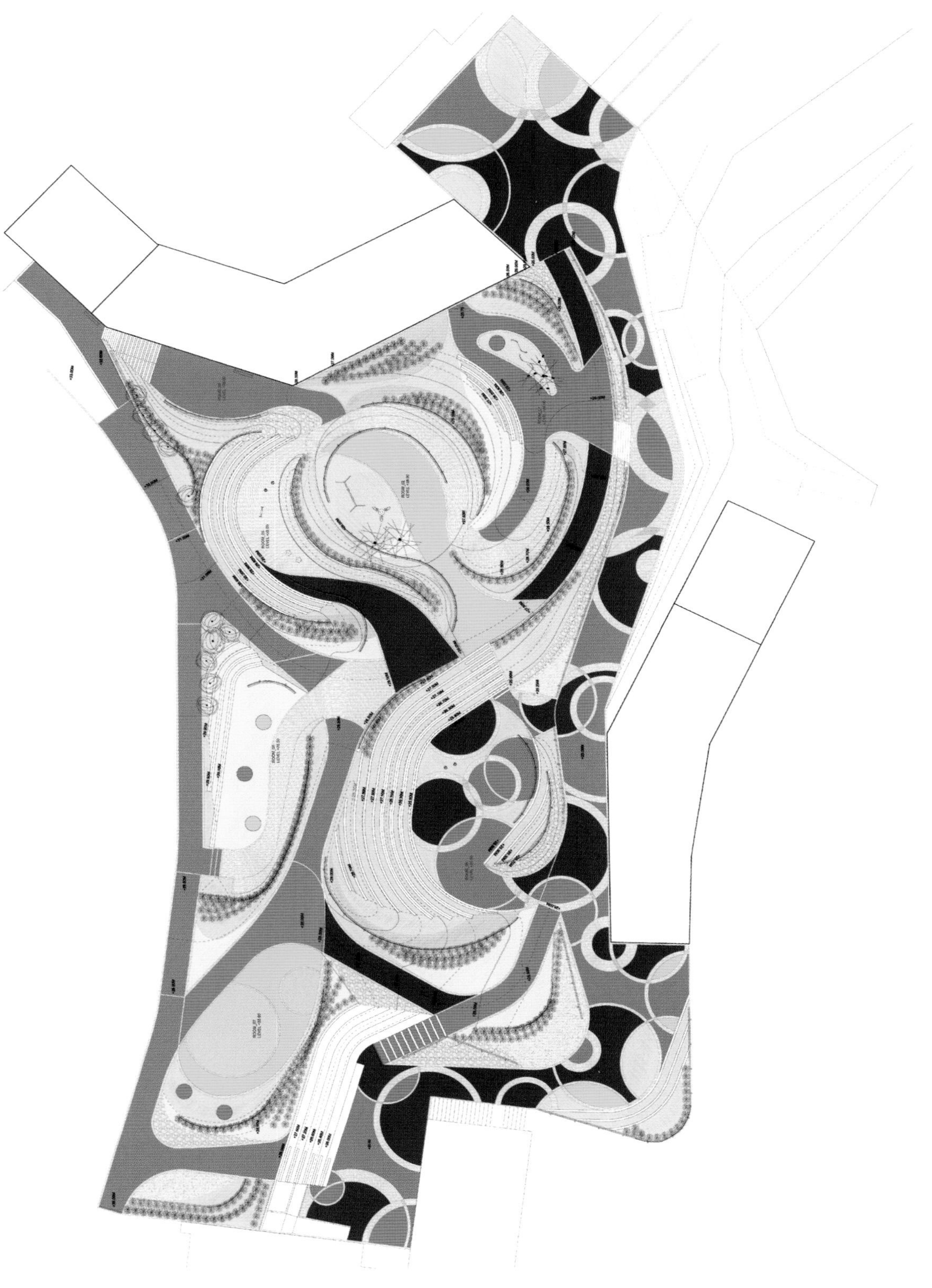

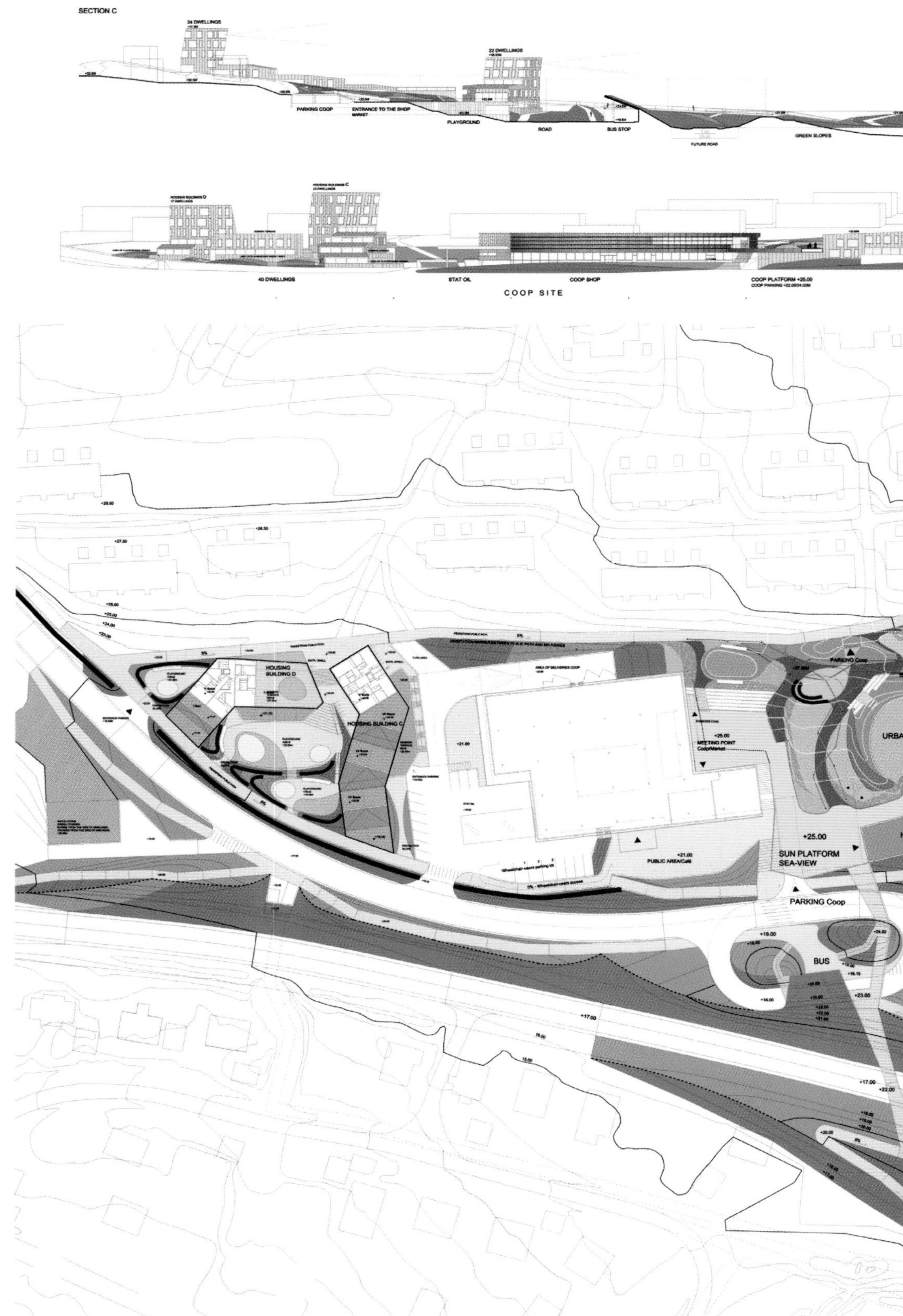

SECTION C
24 DWELLINGS
22 DWELLINGS
PARKING COOP
ENTRANCE TO THE SHOP MARKET
PLAYGROUND
ROAD
BUS STOP
FUTURE ROAD
GREEN SLOPES
40 DWELLINGS
STAT OIL
COOP SHOP
COOP PLATFORM +25.00
COOP SITE
HOUSING BUILDING D
HOUSING BUILDING C
PARKING Coop
+25.00
MEETING POINT
Coop/Market
+21.00
+21.00
PUBLIC AREA/Café
+25.00
SUN PLATFORM
SEA-VIEW
PARKING Coop
BUS
+19.00
+24.00
+23.00
+17.00
+22.00
+29.50
+26.50
+27.50
+26.00
+25.00
+24.00
+23.00

NEW PARK
SCHOOL AND SPORT CENTER
+31.50
ENTRANCE PARKING
HOUSING BUILDING B
+25.00
+25.00
MAIN PATH
ENTRANCE DWELLINGS
+22.00
GREEN SLOPE 4
+22.00
NEW ROUNDABOUT
+17.00
GREEN SLOPE 3

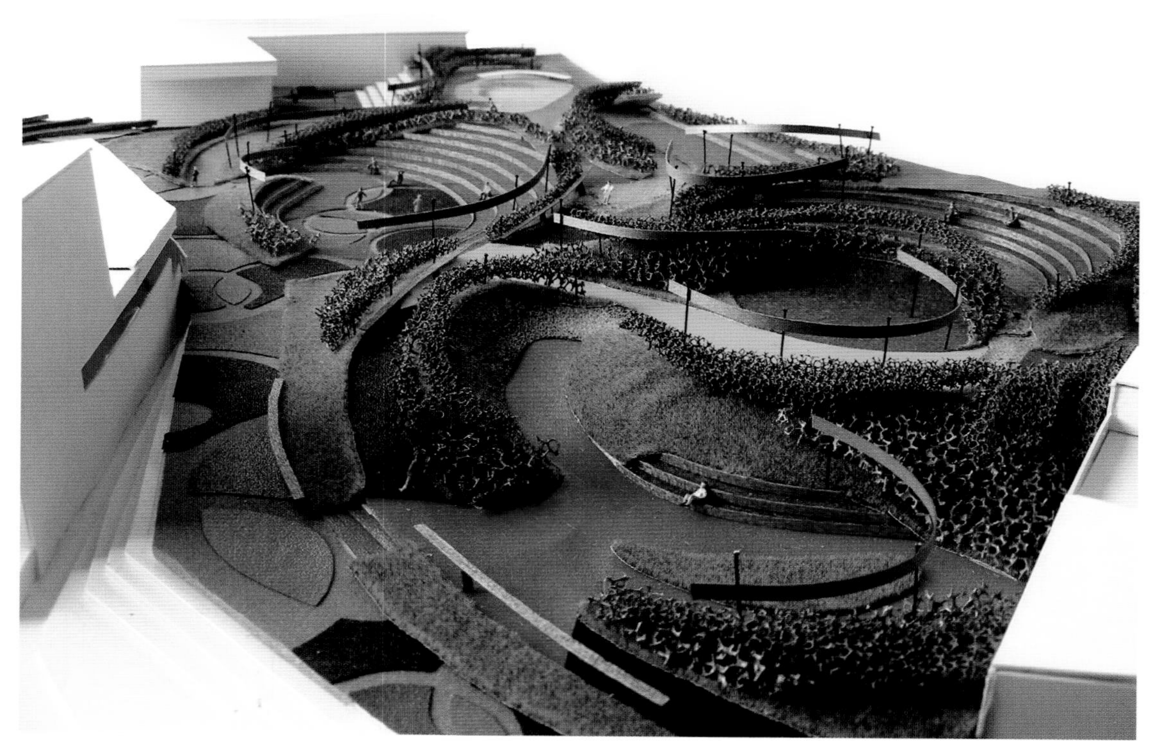

我们同时发展了两套平行的方案。

房间结构：由块面和一系列尺寸、方位、朝向和视线各不相同的曲线空间组成。这些房间建立了一个极为灵活的功能结构。

流线连接：第二个方案由斜切的路径组成，它们在公园内纵横交错，将所有边界联系起来。这些路径的坡度控制在5%以内，既能为残障人士提供服务，对其他人而言也是舒适的步行体验。

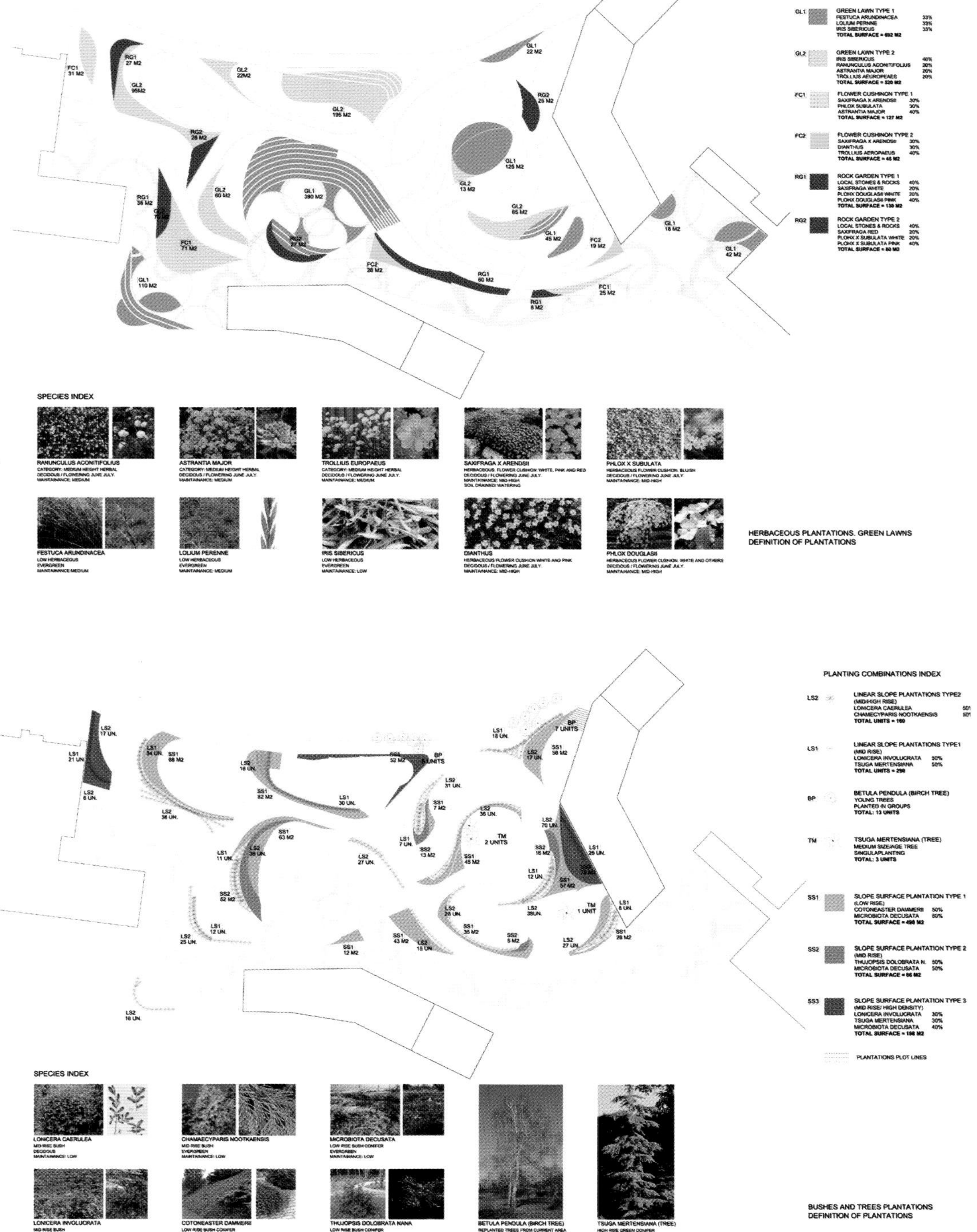

PLANTING COMBINATIONS INDEX
GL1 GREEN LAWN TYPE 1
FESTUCA ARUNDINACEA 33%
LOLIUM PERNNE 33%
IRIS SIBERICUS 33%
TOTAL SURFACE = 692 M2
GL2 GREEN LAWN TYPE 2
IRIS SIBERICUS 40%
RANUNCULUS ACONITIFOLIUS 20%
ASTRANTIA MAJOR 20%
TROLLIUS AEUROPEAES 20%
TOTAL SURFACE = 520 M2
FC1 FLOWER CUSHINON TYPE 1
SAXIFRAGA X ARENDSII 30%
PHLOX SUBULATA 30%
ASTRANTIA MAJOR 40%
TOTAL SURFACE = 127 M2
FC2 FLOWER CUSHINON TYPE 2
SAXIFRAGA X ARENDSII 30%
DIANTHUS 30%
TROLLIUS AEROPAEUS 40%
TOTAL SURFACE = 45 M2
RG1 ROCK GARDEN TYPE 1
LOCAL STONES & ROCKS 40%
SAXIFRAGA WHITE 20%
PLOHX DOUGLASII WHITE 20%
PLOHX DOUGLASII PINK 40%
TOTAL SURFACE = 130 M2
RG2 ROCK GARDEN TYPE 2
LOCAL STONES & ROCKS 40%
SAXIFRAGA RED 20%
PLOHX X SUBULATA WHITE 20%
PLOHX X SUBULATA PINK 40%
TOTAL SURFACE = 80 M2
SPECIES INDEX
RANUNCULUS ACONITIFOLIUS
CATEGORY: MEDIUM HEIGHT HERBAL
DECIDOUS / FLOWERING JUNE JULY.
MAINTAINANCE: MEDIUM
ASTRANTIA MAJOR
CATEGORY: MEDIUM HEIGHT HERBAL
DECIDOUS / FLOWERING JUNE JULY.
MAINTAINANCE: MEDIUM
TROLLIUS EUROPAEUS
CATEGORY: MEDIUM HEIGHT HERBAL
DECIDOUS / FLOWERING JUNE JULY.
MAINTAINANCE: MEDIUM
SAXIFRAGA X ARENDSII
HERBACEOUS. FLOWER CUSHION: WHITE, PINK AND RED
DECIDOUS / FLOWERING JUNE JULY.
MAINTAINANCE: MID-HIGH
SOIL DRAINED/ WATERING
PHLOX X SUBULATA
HERBACEOUS FLOWER CUSHION. BLUISH
DECIDOUS / FLOWERING JUNE JULY.
MAINTAINANCE: MID-HIGH
FESTUCA ARUNDINACEA
LOW HERBACEOUS
EVERGREEN
MAINTAINANCE:MEDIUM
LOLIUM PERENNE
LOW HERBACEOUS
EVERGREEN
MAINTAINANCE: MEDIUM
IRIS SIBERICUS
LOW HERBACEOUS
EVERGREEN
MAINTAINANCE: LOW
DIANTHUS
HERBACEOUS FLOWER CUSHION WHITE AND PINK
DECIDOUS / FLOWERING JUNE JULY.
MAINTAINANCE: MID-HIGH
PHLOX DOUGLASII
HERBACEOUS FLOWER CUSHION. WHITE AND OTHERS
DECIDOUS / FLOWERING JUNE JULY.
MAINTAINANCE: MID-HIGH
HERBACEOUS PLANTATIONS. GREEN LAWNS
DEFINITION OF PLANTATIONS
PLANTING COMBINATIONS INDEX
LS2 LINEAR SLOPE PLANTATIONS TYPE2
(MID-HIGH RISE)
LONICERA CAERULEA 50%
CHAMECYPARIS NOOTKAENSIS 50%
TOTAL UNITS = 160
LS1 LINEAR SLOPE PLANTATIONS TYPE1
(MID RISE)
LONICERA INVOLUCRATA 50%
TSUGA MERTENSIANA 50%
TOTAL UNITS = 290
BP BETULA PENDULA (BIRCH TREE)
YOUNG TREES
PLANTED IN GROUPS
TOTAL: 13 UNITS
TM TSUGA MERTENSIANA (TREE)
MEDIUM SIZE/AGE TREE
SINGULAPLANTING
TOTAL: 3 UNITS
SS1 SLOPE SURFACE PLANTATION TYPE 1
(LOW RISE)
COTONEASTER DAMMERII 50%
MICROBIOTA DECUSATA 50%
TOTAL SURFACE = 498 M2
SS2 SLOPE SURFACE PLANTATION TYPE 2
(MID RISE)
THUJOPSIS DOLOBRATA N. 50%
MICROBIOTA DECUSATA 50%
TOTAL SURFACE = 66 M2
SS3 SLOPE SURFACE PLANTATION TYPE 3
(MID RISE/ HIGH DENSITY)
LONICERA INVOLUCRATA 30%
TSUGA MERTENSIANA 30%
MICROBIOTA DECUSATA 40%
TOTAL SURFACE = 198 M2
PLANTATIONS PLOT LINES
SPECIES INDEX
LONICERA CAERULEA
MID RISE BUSH
DECIDOUS
MAINTAINANCE: LOW
CHAMAECYPARIS NOOTKAENSIS
MID RISE BUSH
EVERGREEN
MAINTAINANCE: LOW
MICROBIOTA DECUSATA
LOW RISE BUSH CONIFER
EVERGREEN
MAINTAINANCE: LOW
LONICERA INVOLUCRATA
MID RISE BUSH
DECIDOUS
MAINTAINANCE: LOW
COTONEASTER DAMMERII
LOW RISE BUSH CONIFER
EVERGREEN
MAINTAINANCE: LOW
THUJOPSIS DOLOBRATA NANA
LOW RISE BUSH CONIFER
EVERGREEN
MAINTAINANCE: LOW
BETULA PENDULA (BIRCH TREE)
REPLANTED TREES FROM CURRENT AREA
DECIDOUS
MAINTAINANCE: LOW
TSUGA MERTENSIANA (TREE)
HIGH RISE GREEN CONIFER
EVERGREEN
MAINTAINANCE: LOW
BUSHES AND TREES PLANTATIONS
DEFINITION OF PLANTATIONS

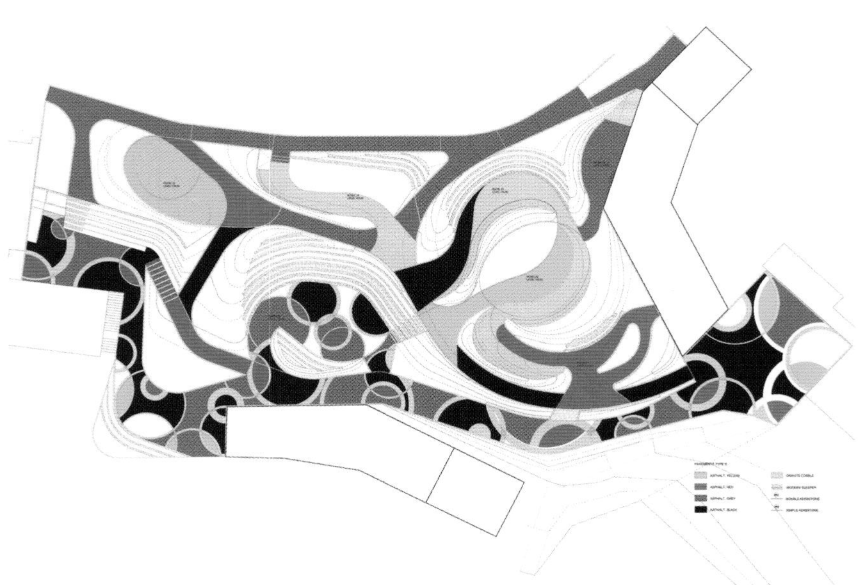

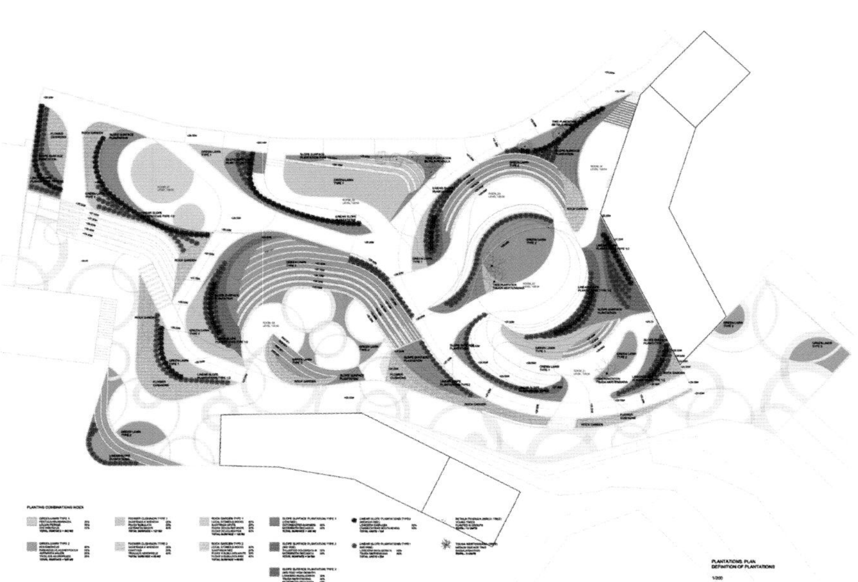

PLANTATIONS PLAN
DEFINITION OF PLANTATIONS

1/200

REFERENCE POINT
PUNTO DE REPLANTEO
ARC CENTER
ALTITUDE
STAIRS INDEX
S1 STAIRS
S2 STAIRS
S3 STAIRS
S4 STAIRS
S5 STAIRS
S6 STAIRS
FURNITURE AND AMPHITHEATRE INDEX
BENCHES TYPE 1
BENCHES TYPE 2
RAILING SIMPLE
RAILING DOUBLE
DUSTBIN
WOODEN SLEEPER SIMPLE (GEOMETRICAL PLOT)
WOODEN SLEEPER DOUBLE (GEOMETRICAL PLOT)
WOODEN AMPHITHEATRE (GEOMETRICAL PLOT)
PLAYGROUND AREA ELEMENTS INDEX
PF1 PLAYGROUND FOR CHILDREN FURNITURE TYPE 1
PF2 PLAYGROUND FOR CHILDREN FURNITURE TYPE 2
PF3 PLAYGROUND FOR CHILDREN FURNITURE TYPE 3
PF4 PLAYGROUND FOR CHILDREN FURNITURE TYPE 4
PF5 PLAYGROUND FOR CHILDREN FURNITURE TYPE 5
PF6 PLAYGROUND FOR CHILDREN FURNITURE TYPE 6
PLAYGROUND FOR CHILDREN SAND AREA

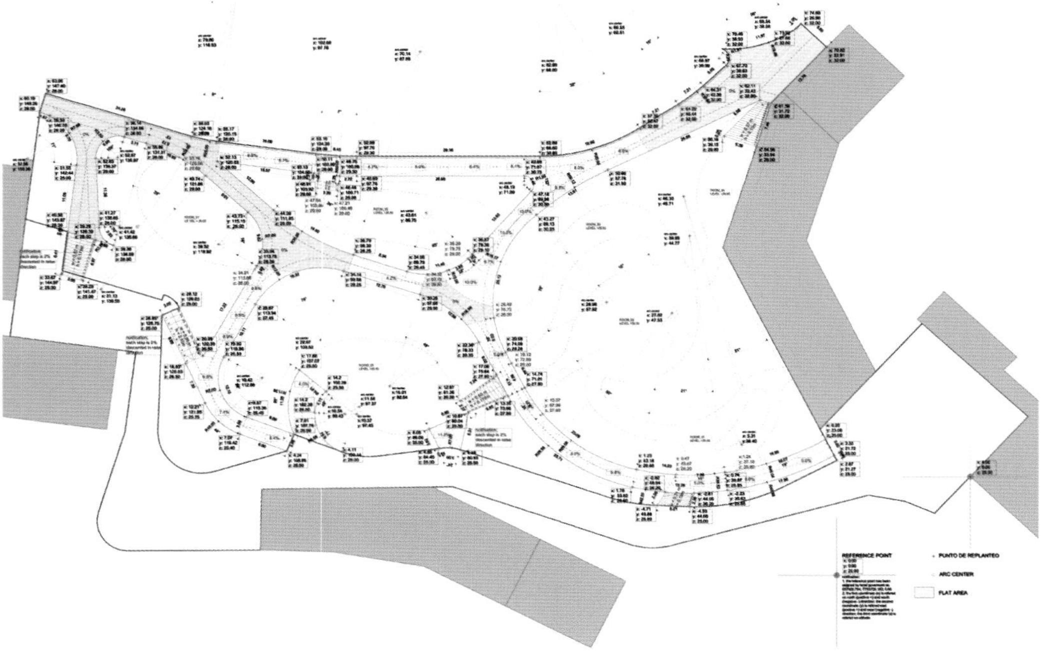

REFERENCE POINT
PUNTO DE REPLANTEO
ARC CENTER
FLAT AREA

DETAIL SECTION A
DETAIL SECTION B
DETAIL SECTION C
DETAIL SECTION D

A
B
C
D

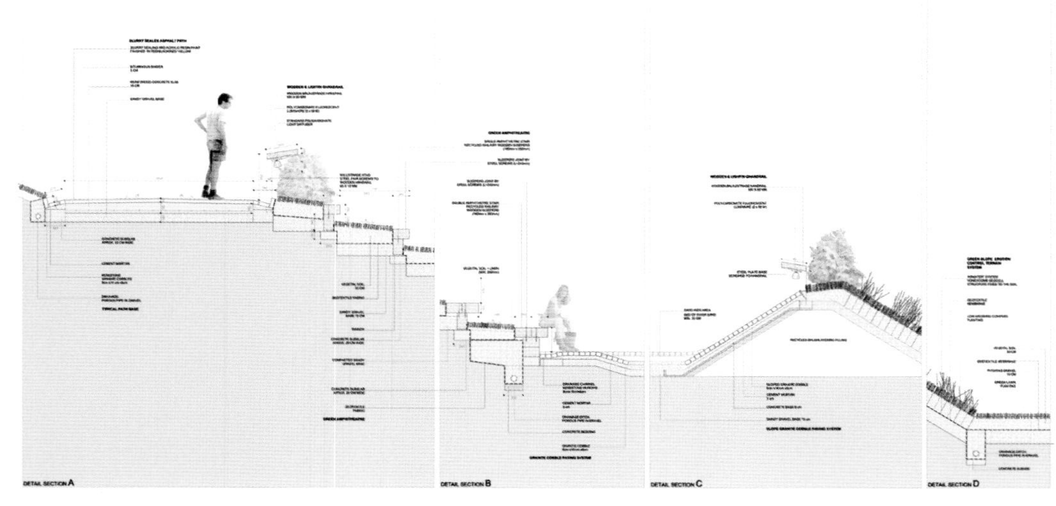

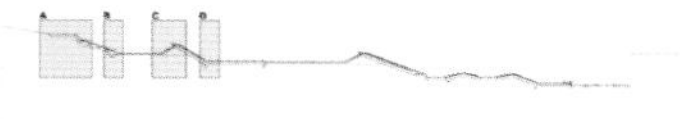

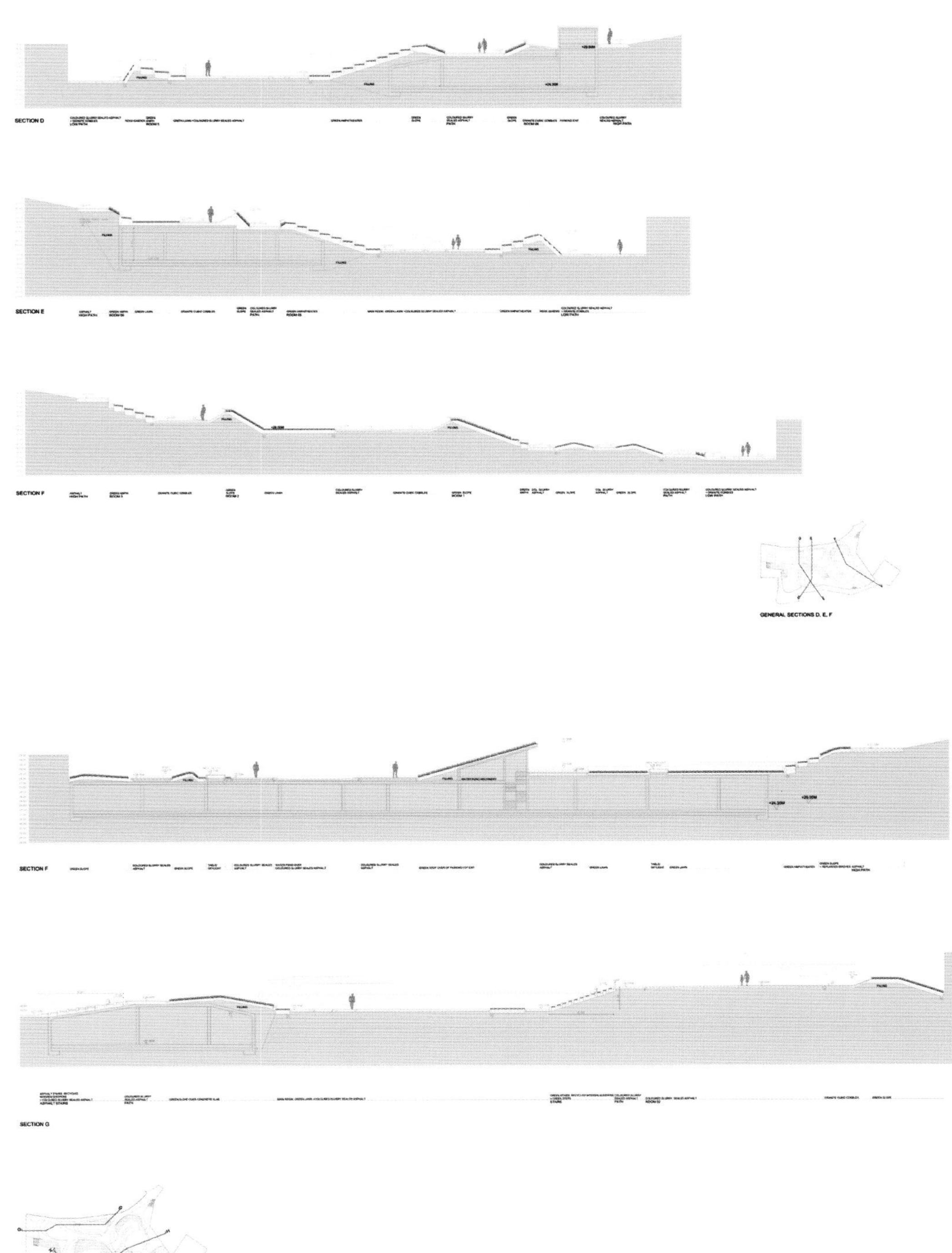

GENERAL SECTIONS G, H

克里斯蒂娜埃内亚（Cristina Enea）公园

西班牙圣赛瓦斯蒂安（San Sebatián）

曼达斯公爵（Duque de Mandas）将建筑师杜卡塞（Ducasse）为自己夏宫设计的花园馈赠给了圣塞巴斯蒂安市。原先私人使用的花园稍作改造就作为克里斯蒂娜埃内亚公园向市民开放，这也暴露了公园在功能、布局和城市关系上最主要的缺陷，它最终能否为市民所用仍有待观察。

这座公园需要一种统一的手段，不仅要有力地将公园内不同的区域连接起来，还能够串联起公园和历史中心，以及各种邻近街区。一种空间序列会在平面和剖面上贯穿干预区域，将各部分整合，呈现给城市，在城市高低变化的地面之间创造一个花园。如画风景美学中最重要的元素——岩洞、水、河面上的桥——加入公园来加强游客对历史场所的体验，进一步延伸了公园的可达性，是一块尊重花园历史的当代地形。

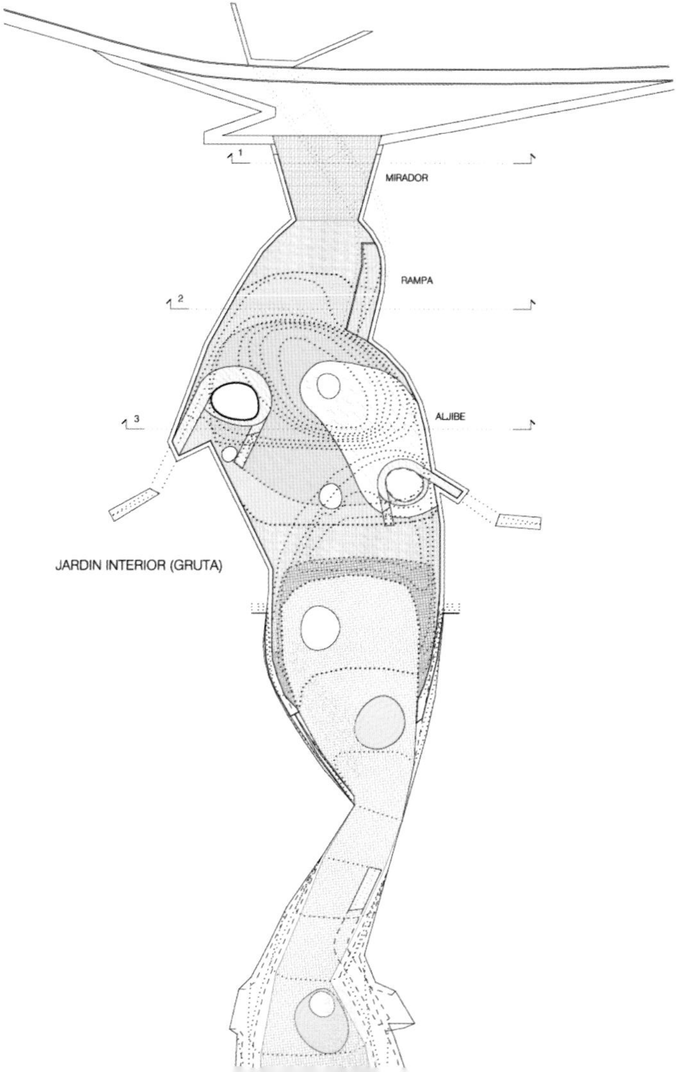

1
MIRADOR
RAMPA
2
3
ALJIBE
JARDIN INTERIOR (GRUTA)

这个序列以半月形的形状适应场地，烘托着洛约拉里韦拉步行桥（Riberas de Loiola），向历史公园打开。一座奇异的公园桥从山体中升起，创造出一个地貌高低不一的岩洞。室内花园里的高潮是城市的全景和新当代艺术中心，穿过一个公共画廊就到了玛利克里斯汀那大桥（María Cristina Bridge），也就是城市中心。公园被划分成三个相互连接的地坪，每层场所都有自己的个性。

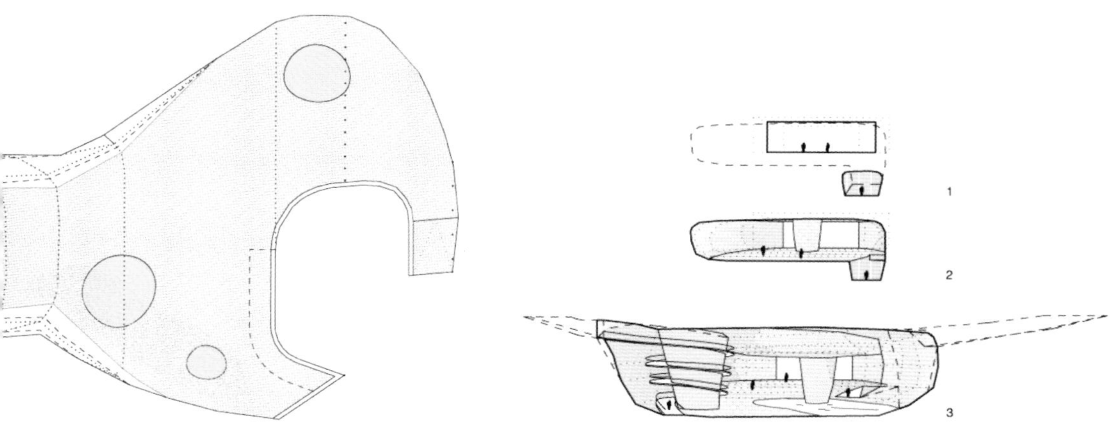

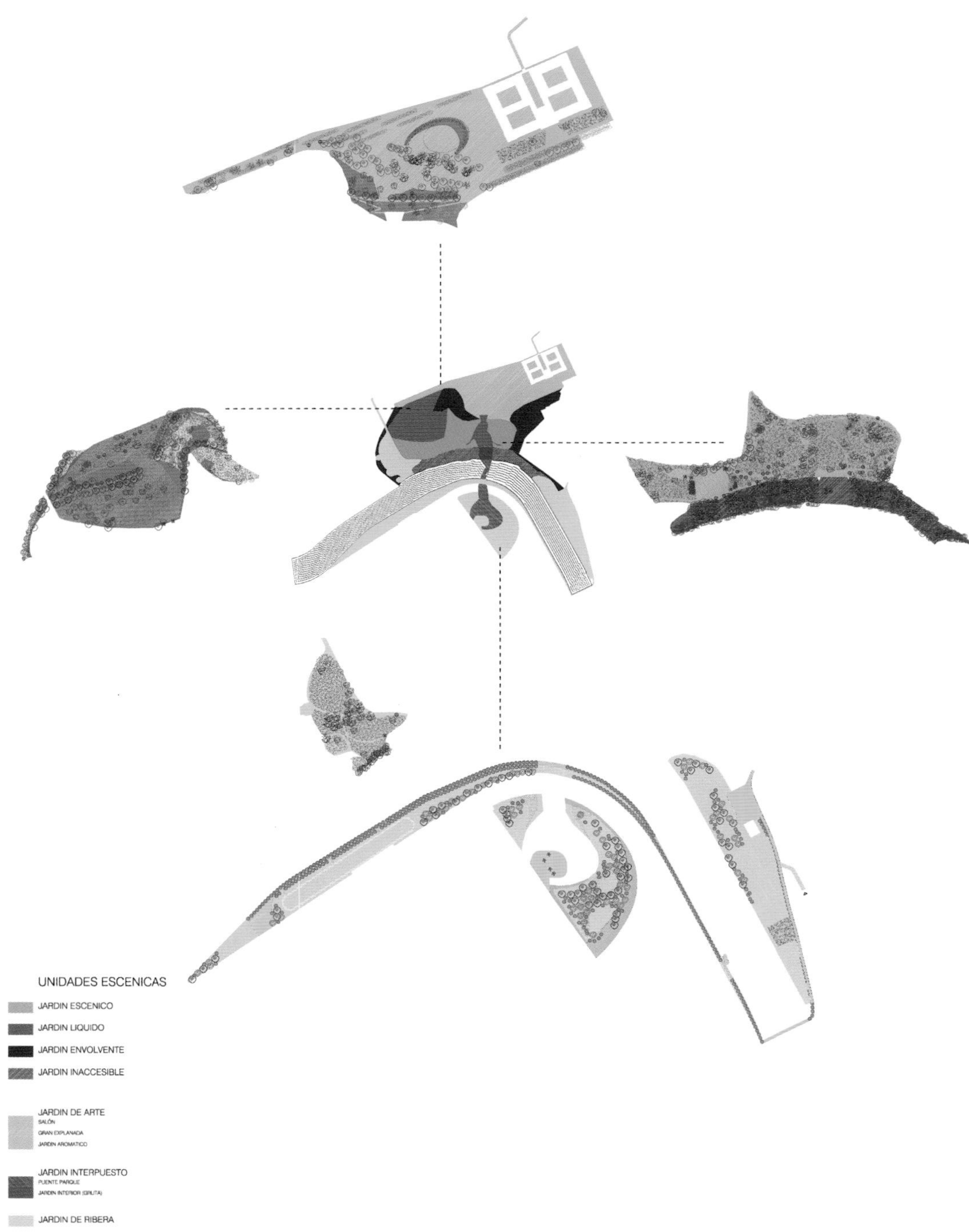
UNIDADES ESCENICAS
JARDIN ESCENICO
JARDIN LIQUIDO
JARDIN ENVOLVENTE
JARDIN INACCESIBLE
JARDIN DE ARTE
SALÓN
GRAN EXPLANADA
JARDIN AROMATICO
JARDIN INTERPUESTO
PUENTE PARQUE
JARDIN INTERIOR (GRUTA)
JARDIN DE RIBERA

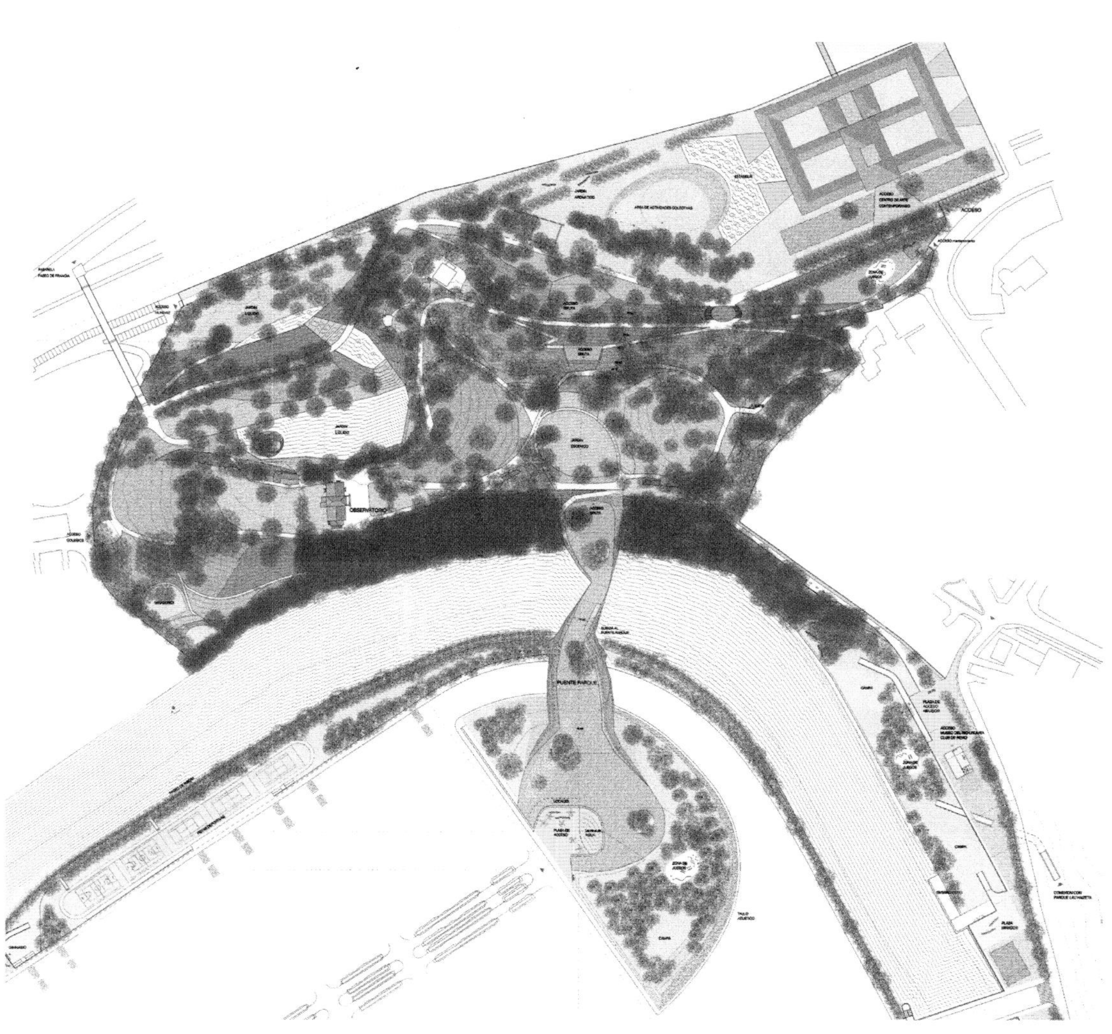
OBSERVATORIO
PUENTE PARQUE

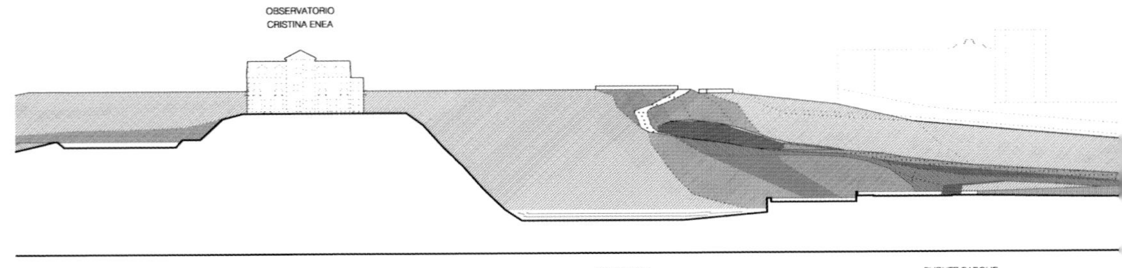
OBSERVATORIO
CRISTINA ENEA
RIO URUMEA
PUENTE PARQUE

MIRADOR
JARDIN DEL ARTE
JARDIN INTERIOR (GRUTA)

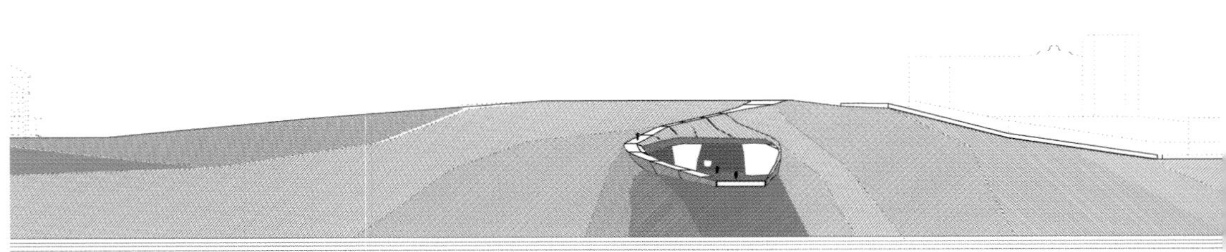
JARDIN INACCESIBLE
JARDIN INTERIOR (GRUTA)

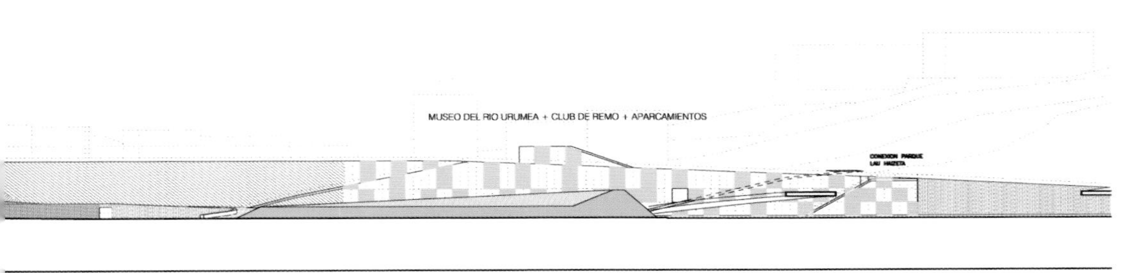

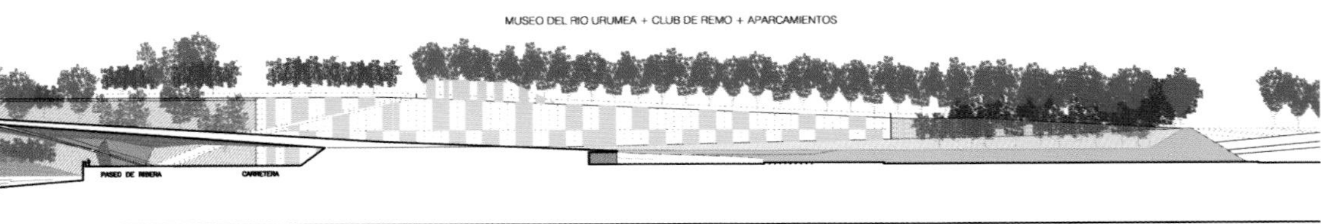

PUENTE PARQUE LOCALES Y PLAZA DE ACCESO DESDE RIBERAS DE LOIOLA TALUD

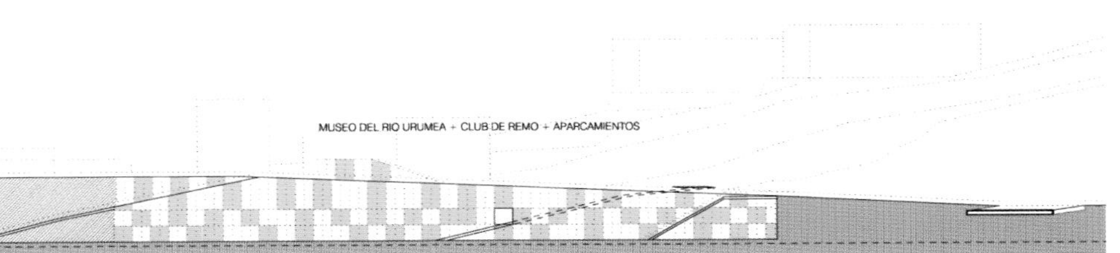

比奥比奥（Biobío）剧院

智利康塞普西翁（Concepción）

这座建筑必须针对所处的矛盾环境给出空间上的回应，它的位置既赋予建筑一种奇异的美感，又与城市生活隔绝。它必须将一份本质上内向、自我的功能转化成一个机遇，来激活公共生活和社会互动。为了达到这个目的，剧院被定位成一个“体验的场所”，将文化与地理框架联系起来。

将屋顶处理成变化的形式，赋予它们动态，以此与景观加强关联，同时增加以此为中心的活动，激励更多自发的创造性。这个波动的、条状的几何形态同样引发了多义的阐释，立即让人联想到剧院幕后的世界，或者剧院俯瞰着的水景，或者与地质活动有关的神秘、黑暗的世界。

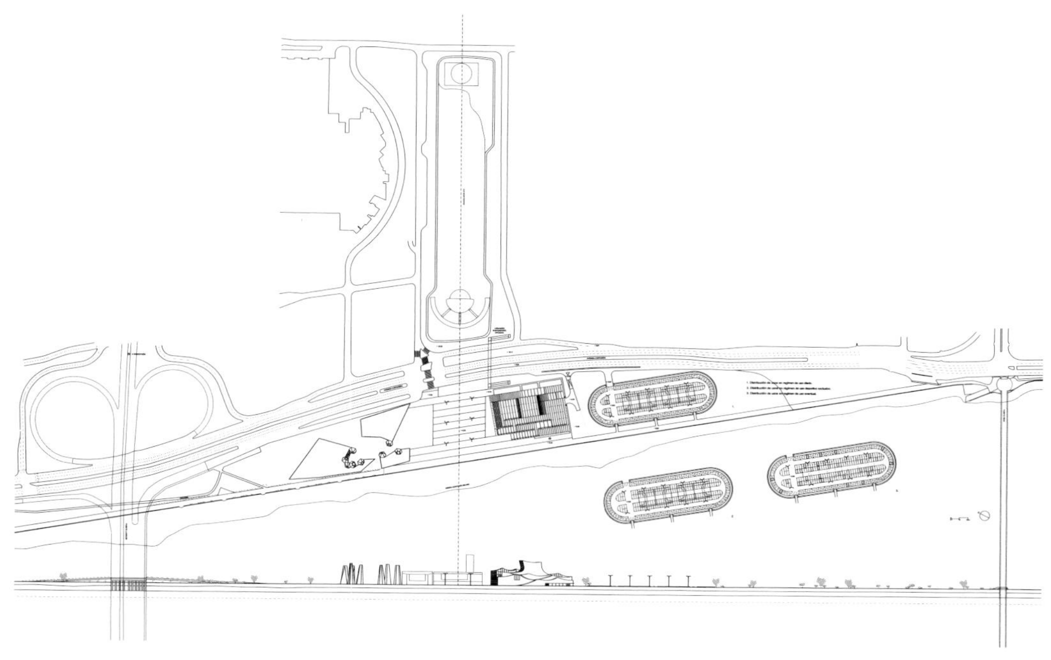

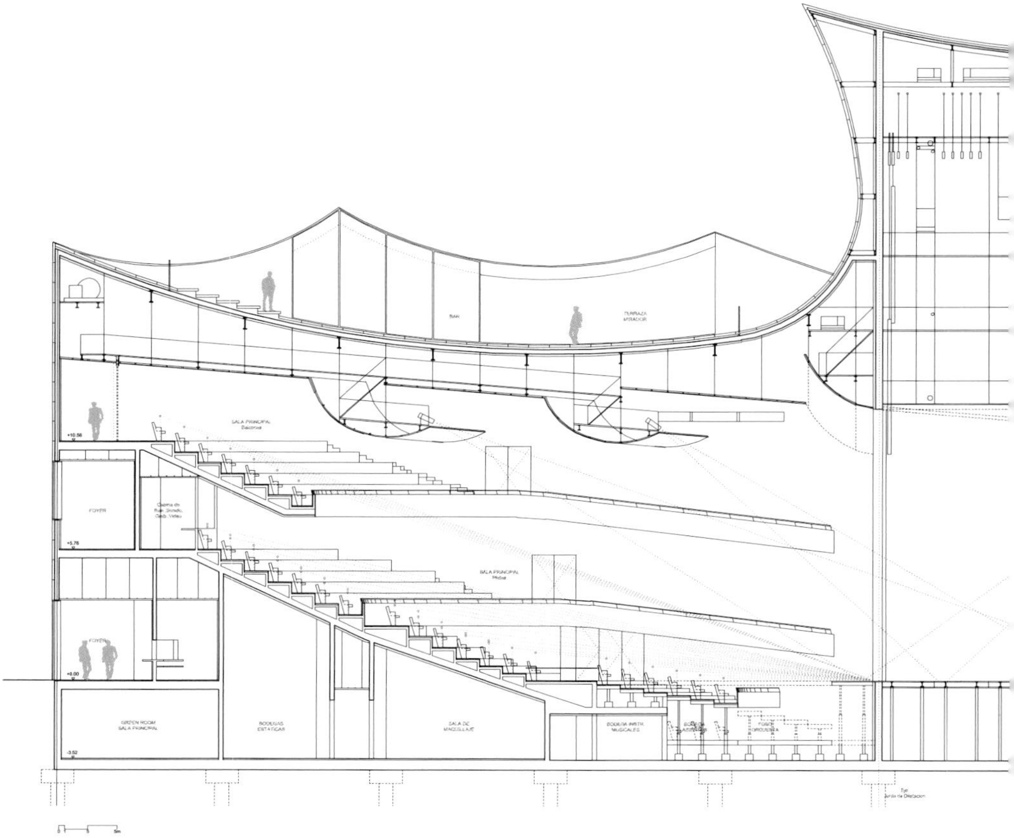

BAR
TERRAZA
MIRADOR
SALA PRINCIPAL
Balcones
+10.56
FOYER
+5.76
SALA PRINCIPAL
Platea
FOYER
+0.00
GREEN ROOM
SALA PRINCIPAL
-3.52
BODEGAS
ESTATICAS
SALA DE
MAQUILLAJE
BODEGA INSTR.
MUSICALES
FOSO
ORQUESTA
5m

Planta cota +14.08m

Planta 3ra

Planta 2da

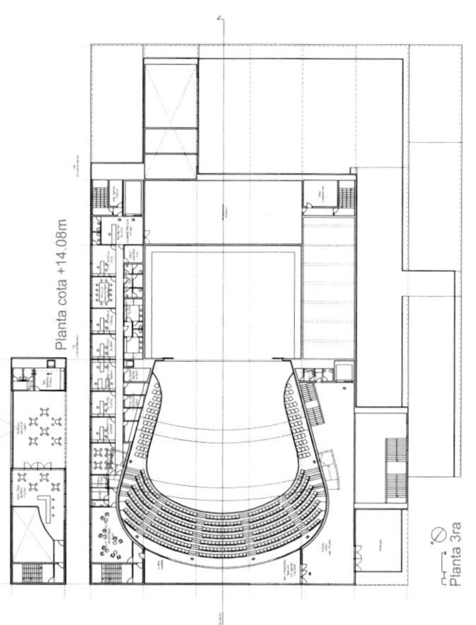

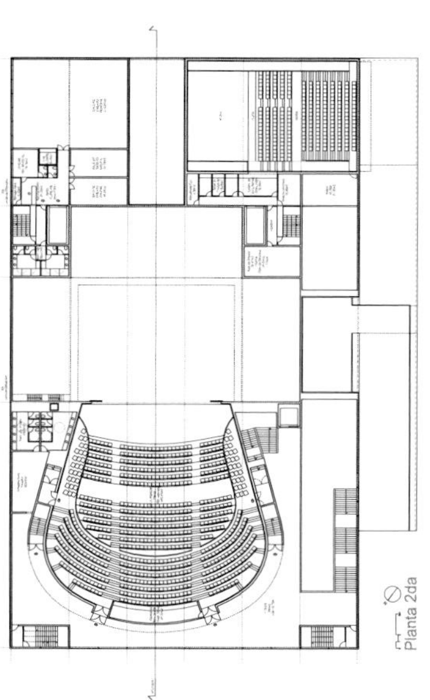

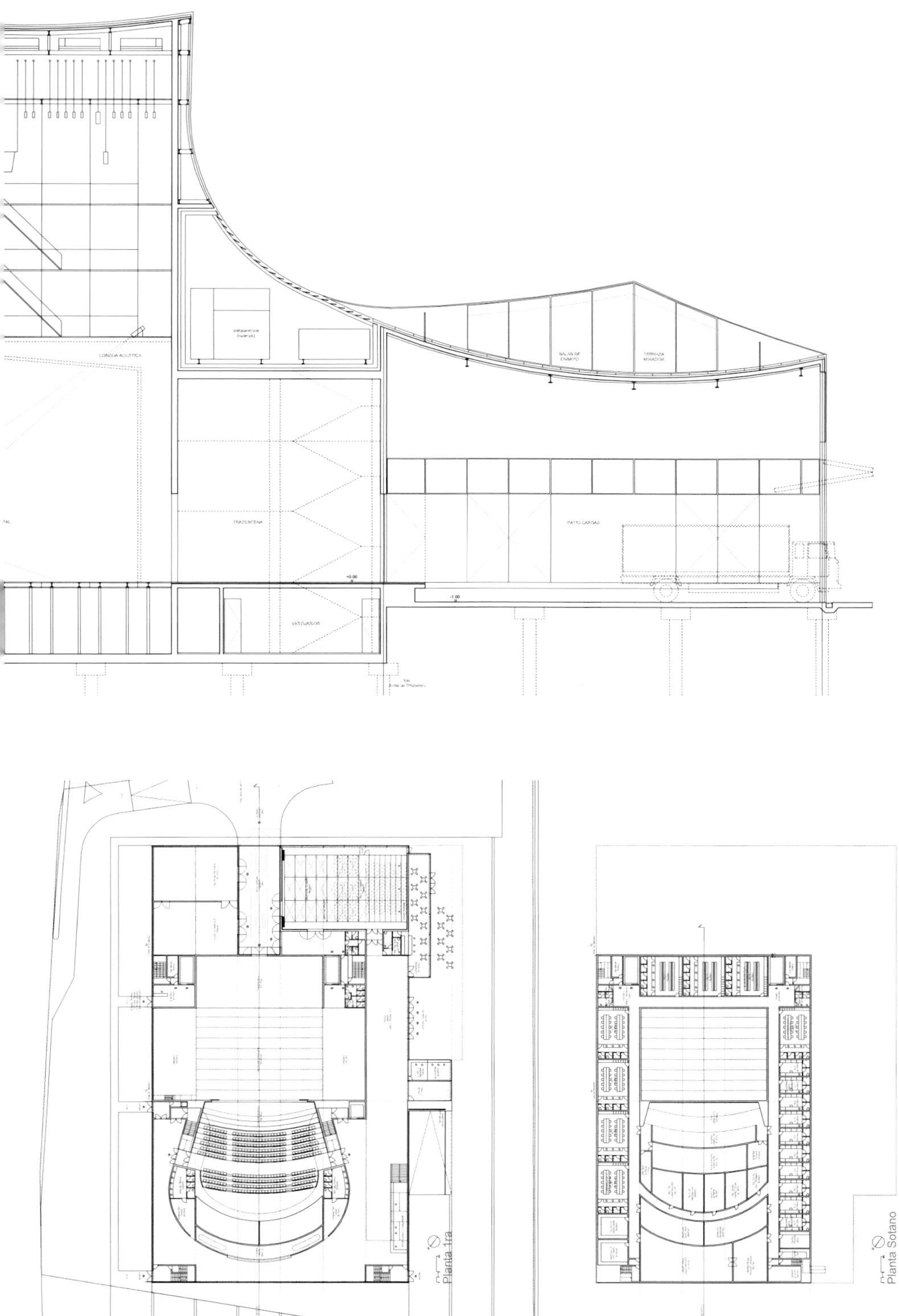

Planta 1ra
Planta Sotano

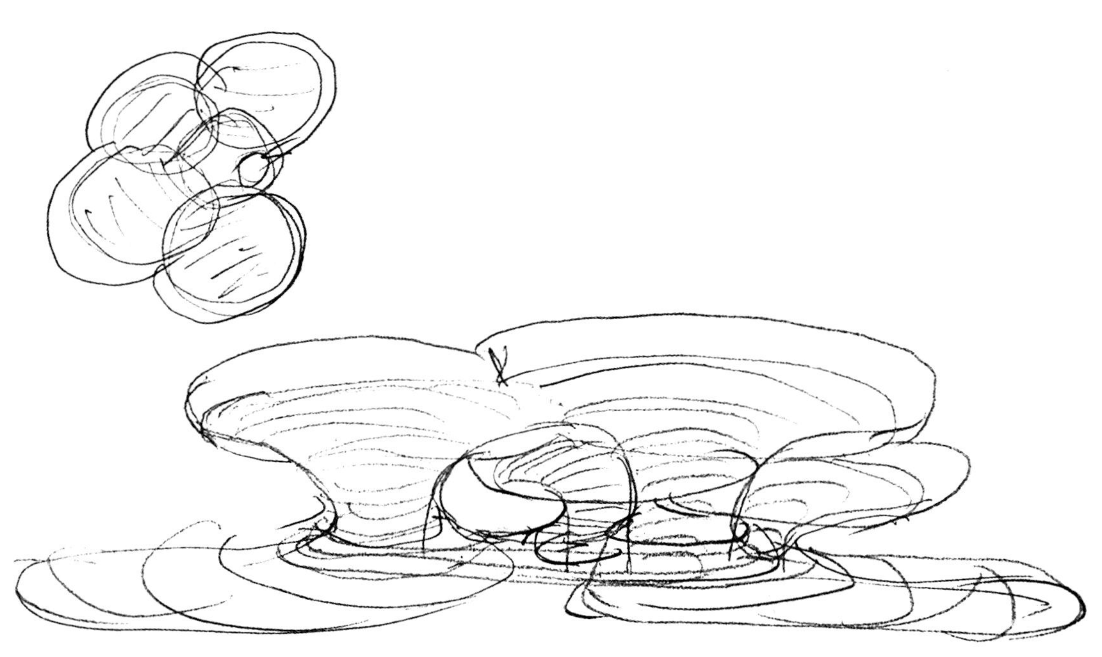

台北演艺中心

中国台北

人类文明伊始，由一群人围绕着另一群或交谈，或唱歌，或舞蹈，或辩论的人形成圆圈——最好是在树阴下——这就是任何表演活动最鲜明的特征。此空间方案保留了这种原始的状况，它们的几何形体贯穿综合体，既可以被看作一个热带雨林，又是一个分层结构，同时是一个功能排布和一个环境策略：

——树上是一种新型的景观，在可上人的屋顶上能饱览城市的景色。

——树干中三座剧院围绕着一座共享舞台的空间展开，分别有一个主门厅和两个次门厅。每个剧院都采用特别的配置，由不同的颜色（金、银、铜）装点区别。

——底层建筑岔开，创造出一个遮阳避雨的公园，底层以下是延续了士林夜市活动的商业综合体。这两个空间都提供了穿越建筑的路线，将地铁线与周边诸多区域相连。

不同于任务书中提出的需要一个主立面和一个背立面的常规要求，这个项目实现了完全的城市同向性，五个立面与文脉息息相关。从能量的角度来看，这样的布局意味着比同体积的立方体体量能接收更少的太阳直射（少20%），这归功于自遮阳与建筑投下的阴影。同时，公共公园里阴影部分的风速加快，使得舒适感进一步加强。综合体采用的建造技术与台湾兴盛的造船业技术完全一致。

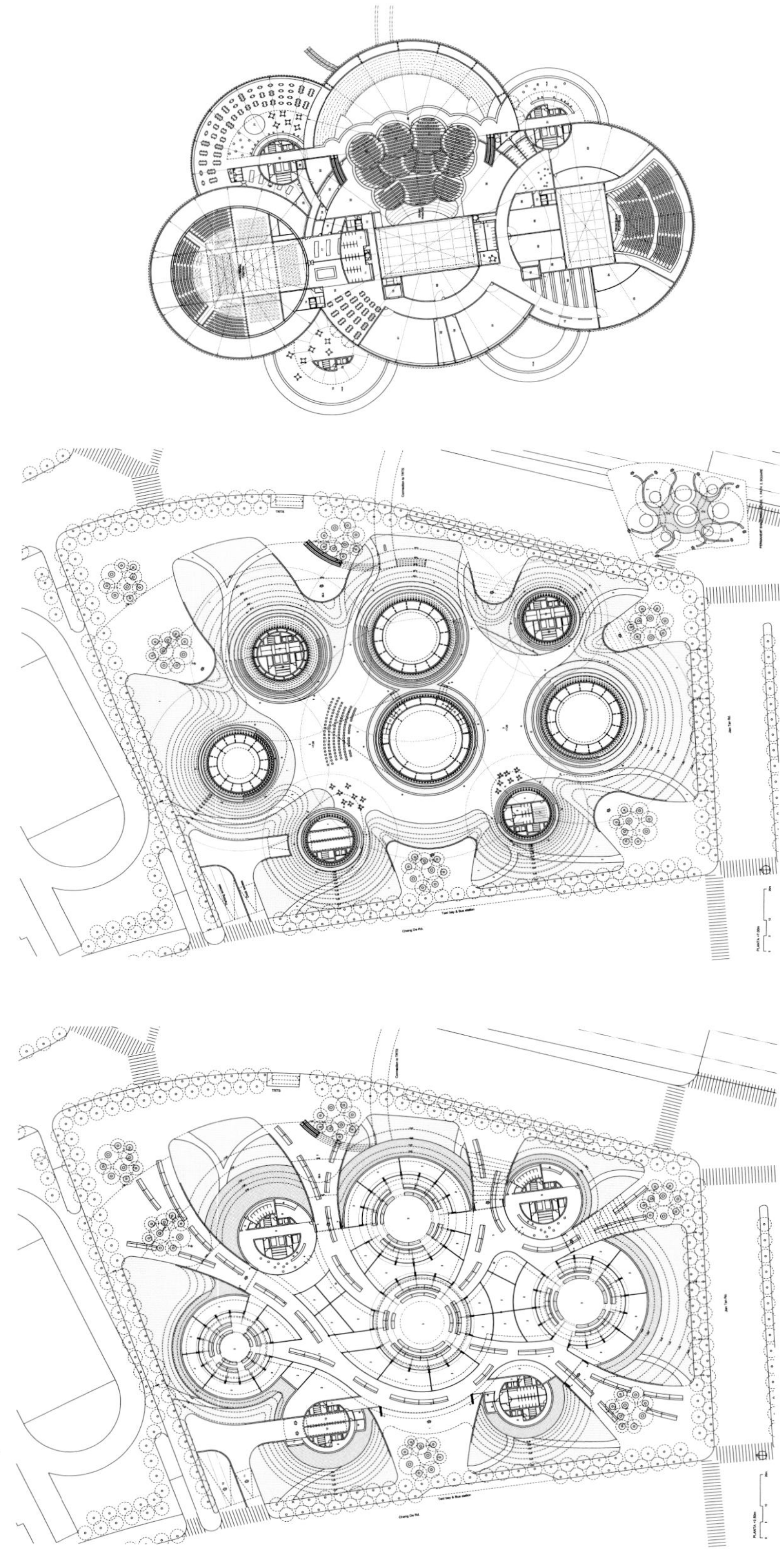

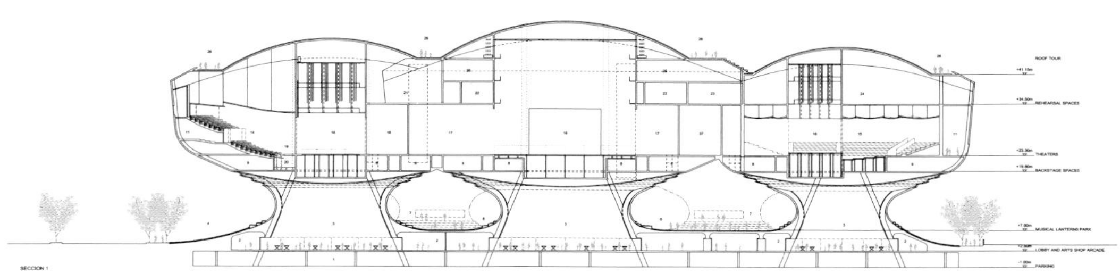
ROOF TOUR
+41.15m
+34.50m REHEARSAL SPACES
+23.30m THEATERS
+19.80m BACKSTAGE SPACES
+7.00m MUSICAL LANTERNS PARK
+2.50m LOBBY AND ARTS SHOP ARCADE
-1.00m PARKING
SECCION 1

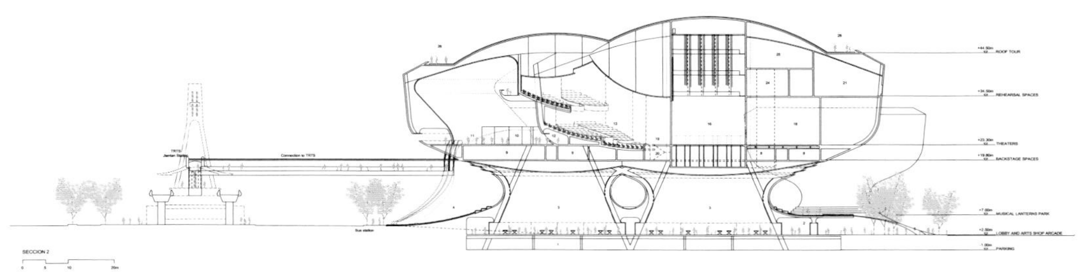
+44.50m ROOF TOUR
+34.50m REHEARSAL SPACES
+23.30m THEATERS
+19.80m BACKSTAGE SPACES
+7.00m MUSICAL LANTERNS PARK
+2.50m LOBBY AND ARTS SHOP ARCADE
-1.00m PARKING
Connection to TRTS
SECCION 2

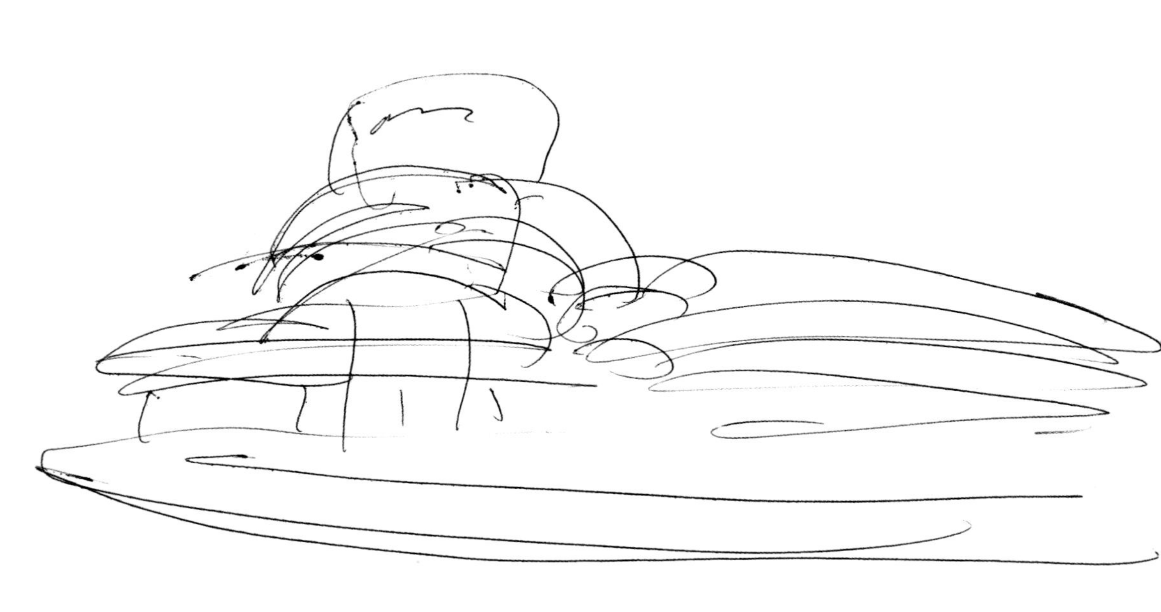

洛利塔（Lolita）办公楼

西班牙马德里

项目是位于M40/A6公路苜蓿叶形立交桥旁的一栋商务楼，建筑周边是一个小型公园，南面城市景观，北面群山。设计的总体理念是改变办公楼的常用材料和模数，以室内景观与尺度不同的室外环境相互关联，从而创造一个“激发式”的工作环境：办公楼上数条流动的线条呼应着快车道的景观；建筑的体量转向远处的景观；摇曳的树影与水面的反射与公共公园和办公楼的花园相呼应。

建筑依靠几何形、尺度感和比例精确地传达出自身的形象，把构成元素减到最少。因为当地的空气与噪声污染，使得建筑立面必须采用密闭的三重玻璃，在夜间依靠机械换气。具有高隔热性能的大块玻璃面保证了建筑内的人们得以全景式地欣赏马德里自然和人工环境。

M-40
E-90 A-5 Badajoz
R-5 Badajoz
A-42 A-4 R-4 A-3
500 m
Pozuelo

100
100

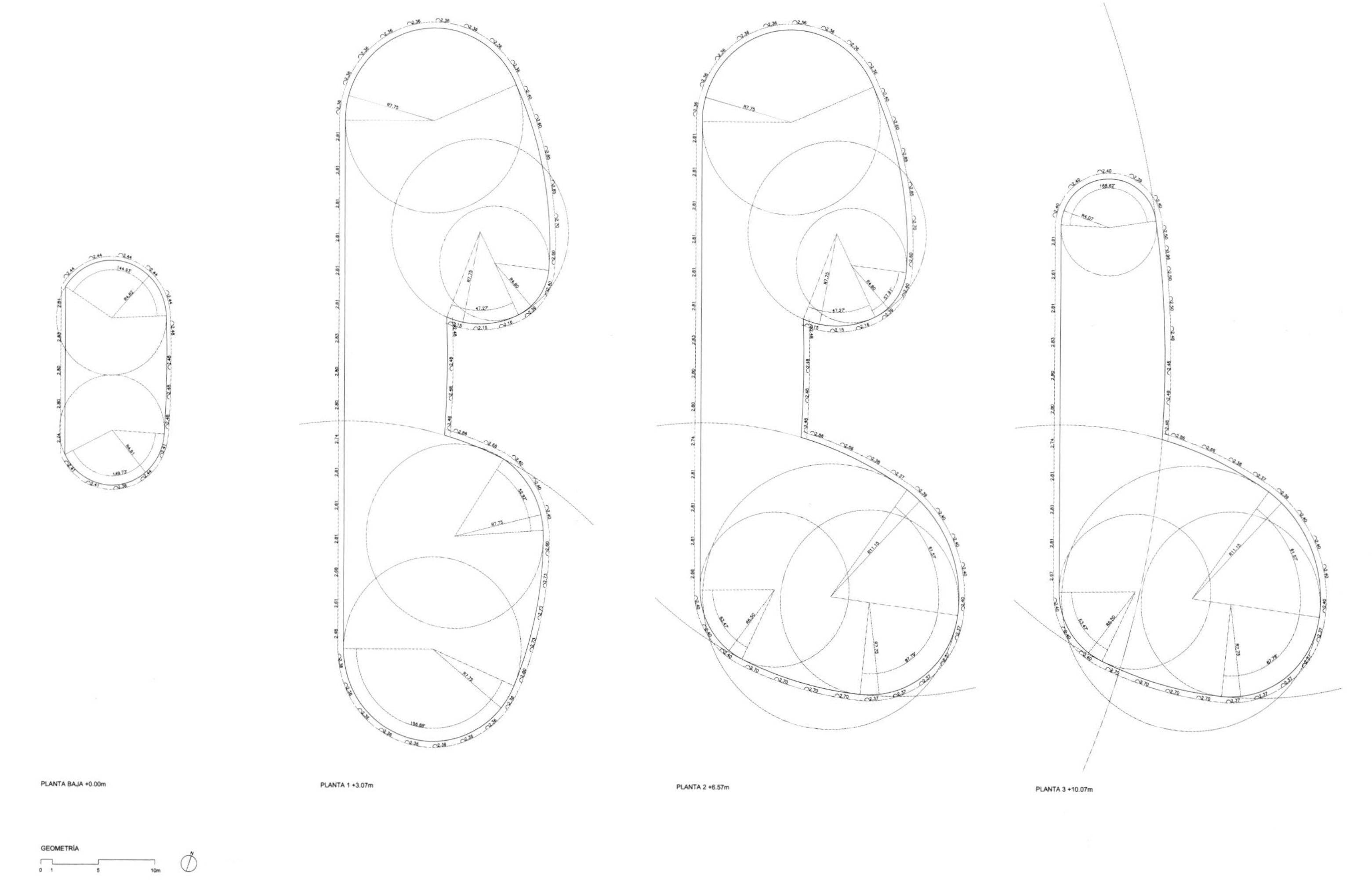
PLANTA BAJA +0.00m
PLANTA 1 +3.07m
PLANTA 2 +6.57m
PLANTA 3 +10.07m
GEOMETRÍA
0 1 5 10m
N

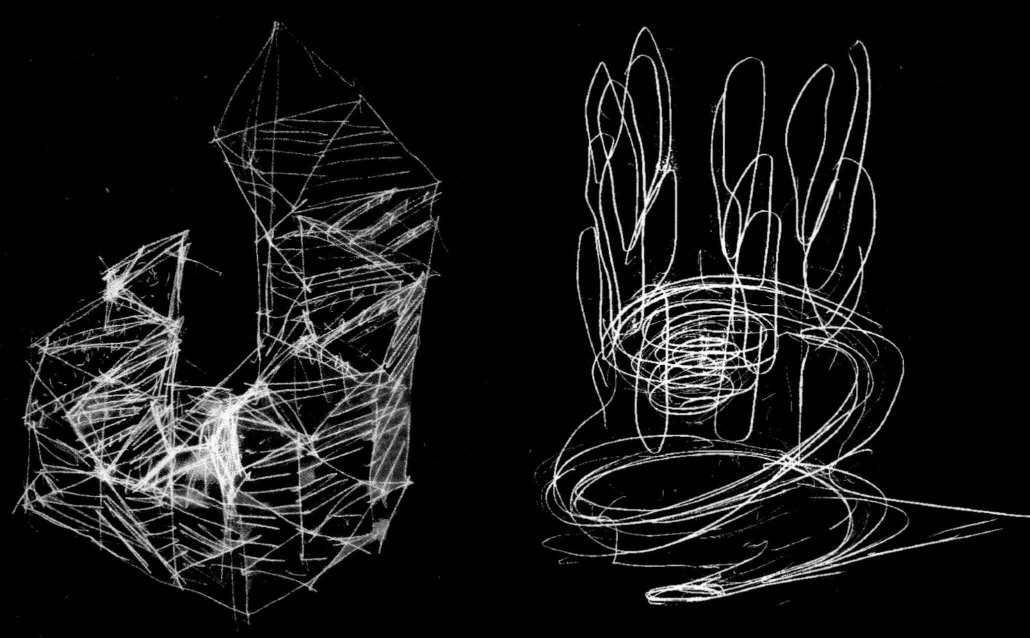

方法

©伊纳吉·阿巴罗斯

最有冲击力的图往往在数小时的连续工作后出现，并且能在第一时间吸引我们的眼球。因为这些图画包含了极其惊人的丰富内容，并以最精准、最综合的形式呈现。这样来看，前后的改变激发了设计过程，变成现实。但这个过程不是个别的，而是集体的；牵涉在这个过程的所有事物都可以被察觉，并且区别于费力分析的之前与实现和揭晓的之后，所有障碍或冗余不复存在。其他的案例中不一定会出现催化剂式的图，但它们表明了两种时刻的分野：一是累积与不确定性；另一个是合成与揭晓；还表明了二者之间的拐点，它是如何得来的倒不重要。不经历这趟旅程，没有这三个区分鲜明的时刻便没有建筑，这个产物至多是毫无属性的一串平方米数据。

直到现在，这个过程仍然是科学知识的所有分支中最显著的启发方法（对DNA双螺旋结构的发现可能是最为人知的例子）。当我们谈论身体主义的时候，当我们生产涂鸦的时候，当我们以从动物世界中借鉴而来的热力学和生物原则重新描述建筑时，我们所指的不仅是将自身从偏见中解放出来，理解主体，同样需要理解这些身体主义是如何言说那些富有创造性的过程，正是它的智慧包罗了古代那些匿名的经验。哪怕其中的规则并不总是向我们剖白，如同它们在我们创造的物质文明中烟消云散。

建造体系：典型剖面

结构

钢筋混凝土网状结构

面层

－铝制框架，SCHÜCO型FW 60 ＋ SG无冷桥，颜色RAL 9003：窗玻璃为一层10mm无色玻璃板，15mm真空层和6mm+8mm无色双层玻璃，硅胶粘合
－1m边框ALUCUBOND铝复合板，外圈涂刷PVDF漆面，上RAL9003色，结构和面板之间填防水玻璃棉
－贯穿立面的窗台内藏有一个空调系统的风机盘管，由35mm宽、6mm厚的铝盖板覆盖，带有激光切割的曲面叶轮

内饰面

－高架可检修地板，600mmx600mm地砖
－防水石膏板假吊顶，外间有隔热层；内间可检修吊顶采用金属质感的挤压铝板，设条状暗槽式照明
－玻璃和石膏板的内隔墙

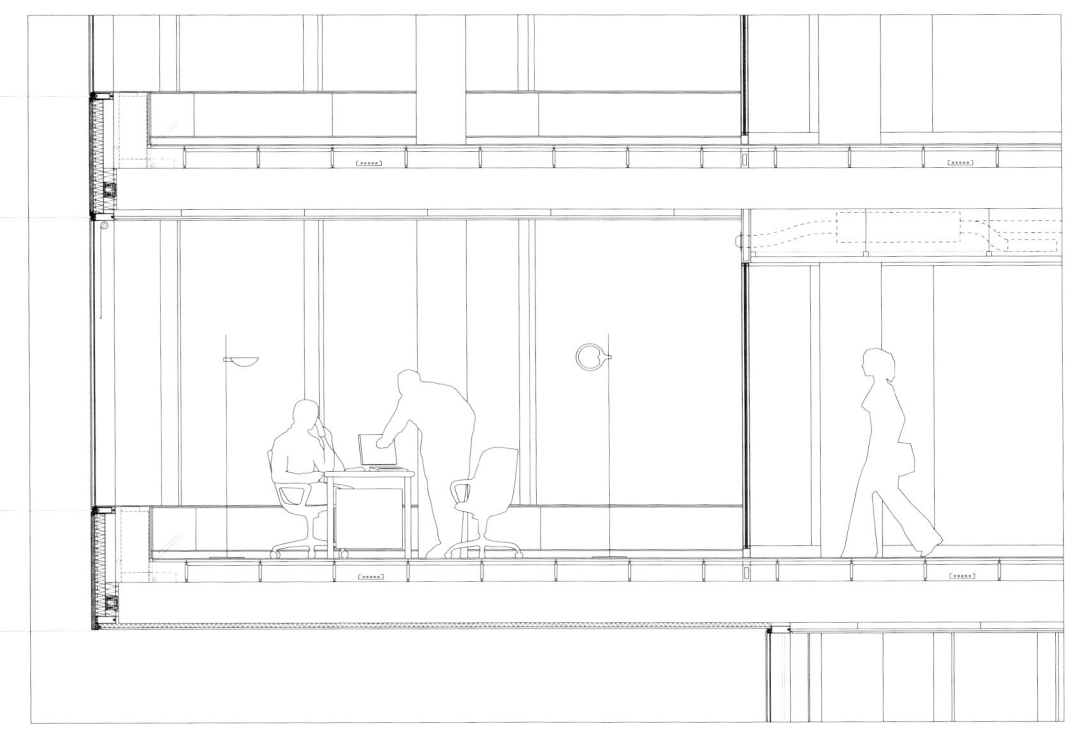

身体主义

垂直主义

唯物主义

怪物聚集

身体主义
垂直主义
唯物主义
怪物聚集

垂直主义

©伊纳吉 · 阿巴罗斯

基于20世纪建构传统的当代高层建筑，因为受限于审美上的预判，往往无法认识到自身真正具备的生态与社会学上的潜力。针对这种趋势的不足，我们提出了一种可能，即以热力学作为重新思考高层建筑的框架，彻底地转变现行的概念、系统、方法和技术。

有关高层建造的热力学概念预示了完全不同的手段与目的：生物技术整体在热力学分布中延展、折叠或崩溃。它们既回应了城市气候与社会环境，同时又通过所谓的"热力学身体主义"(thermodynamic somatisms)不断适应环境。

这些"身体主义"回应了存在于所有物种——无论是个体或群体——中的物理和化学法则。要转向这种新方法，必须摆脱固有的建构传统而启用生物和热力学手段。高层建筑的演变对建筑领域学术机构内部学科知识的重构提出了要求，必须通过对新型设计工具的实验来衡量城市问题中的生态维度，最终形成对城市生活更充分的体验。

意大利都灵斯皮纳大楼（Spina Tower），2009

纽约当代艺术博物馆（MoMA），2003

求知者的建筑学

有一天，在不久的将来，我们会亟需这样一种观点，而它正是我们大城市所缺乏的：用以沉思的静默而宽敞的空旷场所。那些有高大、敞亮长廊的场所适宜于任何天气，无车马之喧，优雅的气度使神父都不敢大声祈祷——建筑和场地一起传达出充满思想又谦逊的壮丽……我们希望将自己转化成岩石、植物，我们希望徜徉于这样的建筑与花园中，如同在内心漫步。

弗里德里希·尼采（Friedrich Nietzsche）《欢愉的科学》（*The Gay Science*）

中国珠海拱北边检综合体，2014

空气中的洞穴

从阿巴罗斯＋森克维奇的设计中能看到乌托邦的想法，比如拉夏贝尔门塔楼（Tour de la Chapelle）,还有其他类似埃尔切瞭望台（the observatory at Elche）那样的作品。它们不仅仅是现在到未来的投射，像所有项目一样，无论这些项目建成与否，有无实现，都是对现在发生之事和即将到来之事非常审慎的观察。它们看起来满是各种天线、光学部件、感应器和接收器，时刻准备好接收数据和印象，为下一次实验做准备。

菲利普·乌斯布隆（Philip Ursprung）

西班牙埃尔切（Elche）棕榈园瞭望台及修复工程，2009

西班牙大加那利岛（Gran Canaria）拉斯帕尔马斯（Las Palmas）韦尔曼 塔楼（Woermann Tower）

西班牙拉帕尔马岛（Island of La Palma）四座能源观测台，2006—2007

当我讲到垂直主义的时候，早已意识到自己处于一种被误解的危险中：垂直不等于非常高，或者非常细长。垂直意味着将上、下之间的差异最大化和极端化，既有挖掘洞穴和基础设施的力量，同样有天穹的高度和强大。垂直意味着过往的智慧总是被很好地领悟，但是不会被教条化地运用。

垂直设计具备垂直与水平两种维度，内部与外部两种层次，它提供了一种地形上的张力，颠覆了传统知识的逻辑，甚至是与20世纪摩天楼原型相关的智慧。垂直化的设计意味着与空气为伴和对流运动；也意味着将辐射和地热的能量通过物质和空气建立联系，我们正是借助后两者塑造建筑。垂直主义意味着比例、连接和交换上的设计。它同样意味着忘掉交互式地图，因为通过阅读城市平面的方法无法再获知城市的秘密。在任何建造活动中，无论是楼层数还是高度，都能成为对垂直主义力量的综合表达。

©伊纳吉·阿巴罗斯

西班牙圣塞瓦斯蒂安（Donostia-San Sebastián）萨格斯（Sagüés），2003

两种图像？

©伊纳吉·阿巴罗斯

一边是弗里德里克·洛·奥姆斯特德（Frederick Law Olmsted）和他最具代表性的摄影作品——《中央公园》（*Central Park*）。在设计完成后的一个世纪，透过当代伟大的摄影师李·佛瑞兰德（Lee Friedlander）的眼睛拍摄的这幅作品（照片选自菲利斯·兰伯特（Phyllis Lambert）编辑的《凝视奥姆斯特德》（*Viewing Olmsted*），这本书包含了三位摄影师拍摄奥氏作品而做的三份报告）。

李·佛瑞兰德《中央公园》纽约，1991

另一边是勒 · 柯布西耶的手绘草图，个人特征最鲜明的钢笔画之一。他喜欢用这张图来说明自己有关现代城市的理论，在会议中会配合着讲解画些精彩的草图，也会把它们用作自己书里的插图。

勒 · 柯布西耶《光明城市》（*Ville Radieuse*），1935

两种表达里有着相似的元素，这点毋庸置疑。前景里的草木几乎可以与自然媲美，参天大树耸立其上，起伏的草坡上有小径穿过或有湖环绕。更远处的植被环境是典型的如画风景派，与之交织在一起的是一眼可辨的摩天高楼。前者是纽约第五大道和第五十九街的景象，广场饭店在前；后者是300万人的当代城市设计——柯布从20世纪20年代开始构想的巨形十字摩天楼，后来逐渐让位于“绿色城市”的概念。

我们的目光在二者之间游移，他们的相似处与不同点交替出现，给人带来愉悦的体验。这样的观察比较难以停下，因为要发现其中的联系、平行、悖论和相似点并不困难。奥姆斯特德和柯布西耶两者以往不会相遇的世界有了交集，在两种文化视角和完全不同的技术背景下的两种想象城市的方法，却很神奇地接近了。这种相似不只存在于图像之中，而是我们将现代建筑的传承视作一个整体的方法。美国的英雄，欧洲的英雄，19世纪的美国民主城市，20世纪的欧洲工业城市，在这些插图里被综合地呈现与并列。为什么这些当时背道而驰的现象如今在我们看来会如此趋同？其中的理由可能很多，但我特别感兴趣的有这样几点：①这些图像中的表达兴趣如何完整地说明了重点；②两位作者的兴趣在于建立一种现代城市的观念，这样的城市是建立在自然与人工的互动上；③这样的兴趣所流露出来的联系是从18世纪如画风景的审美到19世纪工业化审美观念从尺度到方法上的转变；④这些方案都传达出一种责任感，即确立一种新的专业训练方法，建筑项目和景观项目要采用的教学方法完全不同；⑤二者都通过设计某种步骤来赋予新的想法独特的个性（二者都在各自的时代里建立了“实验室”）；⑥我们能从他们创造的两个世界里感受到对称的距离；⑦在这种对称的距离上，我们有能力

去实现一个新的“实验室”。

然而，整篇文章中口语化的开场中所说的“我们”是谁？“我们”自然是承教于现代建筑大师案例的这批人；但“我们”也正是必须又一次学习，而且是快速地学习去忘掉这些案例的那批人，然后再次记住现代性，以及与之相关的所有解放与定罪。我们是这样一批人，只有通过构建另一种既不会独立在现代之外又不会将其终结的全景才能进步，这种全景能够纠正传承下来的智慧与曲解，也有能力既遗忘又包容20世纪的成就。

让我们回看展现在两幅图画中的元素——树木。在我们眼前的景象无疑是现代大都市的片段，拔地而起的高楼像树木垂直生长的力量那样框住了景象。奥姆斯特德关注自然，所以在一个备受侵蚀的地域以理想的方式重建哈德逊河畔的田园风光。原址没有树，没有植被，也没有自然排水。周围被城市环境包围着，公园笔直的边界也被划定。（他在1811年所做的中央公园设计中用浓密的树木挡住了纽约的网格，他的出发点是掩盖城市还有城市非如画风景式的几何边缘。）奥姆斯特德沉迷于在城市中心建造一个自然的环境，第一重作用是教育性的，在超验者的观念中自然本身就是有教育意义的：在那里，人类、城市的伦理和道德的法则被视作自然法则的化身。洪堡式的完美和谐主宰自然，民主的法则正是在前者提供的图像和相似性下制定出来的。说得更直白些：这是一个真正意义上的论坛，闪耀着公共性的光辉。但是公共性是以自然的化身出现的。对奥姆斯特德而言，公共和自然这两个概念与城市的民主概念有关，是补偿另一种资本主义本能的运动，它能够使城市在一种优化的机制下滋长，无论在郊区的居住区和商业中心，还是在独栋别墅和办公摩天楼。对奥姆斯特德来说，这双重的机制呼

唤着另一个运动：自然和公共的空间被作为一个可组织的系统，带着明确的改革和进步的主张，渗入资本主义的岩浆。

事实就是这样，可能这也是实现中央公园的构想所必须的想法，但是今天我们看到了些不同之处。我们之所以喜欢中央公园并不是因为奥姆斯特德设计升华的概念，甚至也不是它布局上的美感——实际上有些部分显得保守、不够果断且构图的法则过于传统；吸引我们的是树木和建筑能以如此和谐的方式一起生长，相互砥砺，创造出一种独一无二的体验。尽管这样的景象并不鲜见，几乎可以说是现代城市通属的规则。无论是亚洲、拉丁美洲还是所谓的旧世界都不乏这样的景象——这是真正的当代如画风景派——树木和建筑一同生长，只有在这样的公共空间里人们能自由地行动而不会感到被操控。我们认定，这样一种混合物才是“我们的世界”。

奥姆斯特德并没有意识到他已经很接近了，他理解这种相互的需要，在大都会里公园与摩天楼之间相互的吸引，可仅仅是抽象的，也就是伦理上的。他没有意识到这种吸引是一种全新的美学，是对如画美学和概念的激进改写；他给出了形式却不知该如何阐释。（数十年后，罗伯特·史密森在那次闻名的中央公园散步后将奥姆斯特德归为第一位地景艺术家。史密森以惊人的洞察力拥抱了这种新的观念，成为奥姆斯特德作品最好的批评家，可能也是他最好的学生。）

与之相反，柯布西耶着迷于20世纪之交美国摩天楼的粗野尺度，以及实现它们的工业技术，还有与这些技术相关的科学方法：大批量生产、装配线、泰勒主义。炽热的资本主义将它比作一种野性、矛盾的力量，也是一种摄人的美丽。柯布西耶同样以无可辩驳的清晰性定义了它。他构想到的画面比自己在新大陆的所见更有力：摩天楼在

一座尺度前所未见的、真正的城市里不断复制自己，两两间隔相同，创造出一种科幻小说般的景观，一座属于泰勒主义机械时代的壮丽之物。

柯布西耶最初的动机很快就与另一个截然不同的观念相碰撞：塔楼之间的空间不能只是简单的被动空间；这些空间固然是供机械化的机动车所用，但它也逐渐被看作是自然与公共的双重空间，是一个不同于传统公园的、不为边界所局限的巨大公园，均匀地扩张形成一个独特的全新城市环境（街道之死与这个概念脱不了关系）。在他的脑海里，对机械时代最极至的表达与一种新的“野蛮”有关，不是公园或者花园，那些只是自然；对工业社会最大限度地表达融合了两个以往不相容的概念——未经雕琢的自然和机械时代的摩天大楼各自分离。所以他将“绿色城市”公式作为自己城市规划理论中反复出现的口号，尽管这个口号回避了他研究中最主要和最显著的对象：现代城市中首要、绝对的表现——摩天楼。

在奥姆斯特德和柯布西耶截然相异的目的中存在着某种对称性（前者是在摩天大楼的城市中建造一块完全自然的片段，后者是将摩天大楼视为自然与机器时代两股原始力量的全新合成元素）。这两种想法大胆、全新和前所未见，而它们的作者，两位伟大的传播家在社会的弊端初现之前慷慨地分享了他们的见地。这种不同程度的醒悟都导致了高层建筑与原始自然的互动，又同时作为单一主题的思考结果浮现。习得法则，调整尺度和应用的范围——也就是将这个主题从原先的领域中分离出来，学习将其当作一种新的素材来处理：在公园中是贵族化的，在摩天大楼中是实验性的。

这个时候，这样一种观察是必要的，正如佛瑞兰德（Friedlander）的照片是我们乐见其成的——

把奥姆斯特德所想象的转换成我们所见的。现在柯布西耶的图像引人思考，这张小小草图的视点并不常见，与他历年创作的表现图甚少相似，后者是他最著名的透视图，是现代性的形象。在这些透视图中，视角被移到树顶来说明他最重要的主题：制式的笛卡尔式高层散发着不寻常的光辉，是工业化的形式胜利，是机器时代的美学。

历史是如此善变，即使是对于像柯布西耶那样充分意识到历史的动作与反响的人，还有那些建筑的爱好者也知道这张伟大的草图现在比他任何说明性的透视图都要出名。值得注意的是，在吉迪恩（Giedion）的《空间·时间·建筑》（*Space, Time and Architecture*）一书700多张插图中，这是唯一一张手绘的草图（柯布西耶本人都很难预见到这点，显然这张草图没有包含在他的作品全集里）。在那里，在树荫的遮蔽下，隐现在起伏的地面与小径中，我们不会再把柯布西耶的绿色城市看作一个在全然的实证化、法西斯化环境中的噩梦，机械而且自大；我们再一次体会到如此常见却又独特的体验，在现代城市的遗传密码中找到自己。一个自然与人工的混合物，建筑与公共空间的混合物，城市与景观的混合物，把我们所想的“我们的世界”以如此精确的图像表达出来。

这是一个悖论：在中央公园的图片中吸引我们的是摩天大楼，而奥姆斯特德从未想到这些高楼会以这样的力量迸发；在绿色城市中吸引我们的是可以穿行其间的树木，而不是尺度惊人的摩天大楼，它们像被遗忘一般零星散布在画面上，在茂盛的枝叶后若隐若现，这是柯布西耶在纸面上留给它们的仅有的兴趣。视线在背景与焦点（或者形象）之间游移，兴趣在当时作者与当代的观众（我们）之间轮替。在这锅被称为“我们的世界”的特别的汤里，认同的两种形象是被我们称为“继承”的东西：所继承的是古代假想的怪兽

与人们日常生活方式之间的联系，两套梦想之间的距离与连接。正如之前所说，这种继承是一种混合，在一种巨大的生态修复中浮现在脑海中的产物（史密森（Smithson）评价奥姆斯特德为一位以地理时间为素材的艺术家），是一种未见的科技与类型的革命，引导了城市环境在地质上的变革。无法预料的合成体，重要的焦点和巨大的空白空间会一起创造出单一的身份。自然与人工的交互对于生活在18世纪的第一批如画风景派作者而言无法想象，因为他们将“壮观”视为人力远不能及的概念，所以他们提出这样如画风景的审美，在山谷或城市、树木或建筑、河流或车道中自如地运用。

让我们暂时忘掉这两幅图像。当我们把讨论转移到知识的传播时，发生了类似失焦、视线转移的状况：那就是这两张图像中提倡的教学、课程以及教案。成立了第一所景观建筑学校的奥姆斯特德希望针对城市空余空间的研究，培养新的专家。作为一种空间组织系统，这种空余的空间与填满的空间相互辩证作用，复制了他非常个人的工作方式。也是他发明的“景观建筑师”这个词代替了胡弗莱·雷普顿（Humphry Repton）[1]所说的“景观园艺师”。因为他意识到这门学科最首要的目的是去构建公共空间而非自然，自然只是一种途径（显然面对这样一种工具性的途径，奥姆斯特德对技术倾注了巨大的关注）。这个动作激发了公共空间的问题，城市中自然的呈现与边界：今天国家公园的成就无疑要归功于奥姆斯特德和他在新学科中创立的卓越的空间与方法论工具。换句话来说，今天我们看待自然的方式和奥姆斯特德当年并无二致：它是一个需要被保护的纪念碑，为我们这代的愉悦，也为了后代；它是一个巨大的公共空间系统，存在于我们如今生活

1. 胡弗莱·雷普顿（Humphry Repton,1752—1818）是18世纪后期英国著名的园艺家。译者注

的全球化城市中。纪念碑、公共空间、保护，这些词立刻背叛了自然的人工状态这一认知，这样的认识正是我们继承的混合物。

现在再来谈谈柯布西耶。我们看到的是一大堆国际现代建筑协会（CIAM）、雅典宪章（*Athens Charters*）和各种各样的章程，一种由传统的、专制的、公司式的职业形式上发生的彻底变革：因为少数几位现代大师达成的共识，动摇了学校和行业组织金字塔状的组织结构。这种变革的目的不仅是为了在社会泰勒主义的环境下创造有能力的专业人才，而且也要革新导向建筑师作为的框架（通过新建筑五点、七种道路和三种人类法则[1]，从模数到雅典宪章）。但是柯布西耶有三重贡献：他不仅是新的立法者，而且他的工作还包括向学生解释为什么这样的革命在工业环境中是必然的，还有它所释放出的新美学。像奥姆斯特德那样，他复制了自己创造性的方法，将它变成一种普适的教学和形式法则。但是他的个人履历与实证派立法者的形象背道而驰：他的作品慢慢地从机械中抽离，最后转向有机和天体演化论的倾向，这也表达了他开始逐渐接受建筑和其中的居者表现出“自然”状况。

我们把奥姆斯特德和柯布西耶都视作专业人士。对今天的我们而言，最明显、最有趣和发人深思的现象是，我们对这两幅图像中的双重二元性是如此陌生：一面是景观建筑与建筑，另一面是建

1.以上都是柯布西耶提出的建筑和城市规划方面的概念，其中“新建筑五点”指底层架空、自由平面、自由立面、横向长窗和屋顶花园；“七种道路”全称“七种城市交通流线”是柯布西耶在昌迪加尔规划时提出的流线等级，其中包括主干道（V1）、林荫大道（V2）、区域划分（V3）、购物街（V4）、社区街道（V5）、进出路径（V6）和人行道、自行车道(V7和V8)；“三种人类法则”以同名著作出版，这三种单元分别指农业单元（farming unit），线型工业城市（linear industrial city）和放射同心城市（radio concentric city）。译者注

筑与城市主义。我们对奥姆斯特德植物学家或园艺家的身份了解甚少，这可能是他形象中最薄弱的部分；我们感兴趣的是他如何将自然环境人工化，他的作品是如何启示了美国城市，还有他改变城市（波士顿、旧金山、水牛城等）和城市类型的惊人能力——纽约第八大道俯瞰中央公园的双塔作为住宅的塔楼原型；我们感兴趣的是他如何以传播者和煽动者的角色在资本主义的背景下宣扬“公共”的概念，还有在其建立“公共”这个概念的过程中自然所扮演的角色。

我们会怎么认识柯布西耶呢？除了他的泰勒主义项目，在他身上我们感兴趣的是激进的反专业倾向，他操作各种尺度项目的能力，还有这些项目随着时间既关联又变化的特征；我们感兴趣的是柯布西耶应当对我们所继承的城市中无处不在的景观负责，那是一种熵变丛林——库哈斯称其为“通属城市”（generic city）——自我雷同，又形象模糊，辐射状、棱柱状的物体在形式上的精确性早已丧失。现在这类景观埋伏在我们的感官活动和参天大树之间，把全世界的现代空间都包裹起来。

在我们继承的理论和接受的教育中，他们都是建筑师；但是在此之外，柯布西耶还是一位成功的园艺家，奥姆斯特德还是一位成功的营造师。边界的置换和模糊浮现出来：两者宣扬的教学上的专业都是传承的一部分，却没有孕育出必然的果实。只有在特定文化语境里才能够理解，在这样的背景下劳动力的细分是优化生产力的唯一方法。

我们不希望这样的双重或三重的对立出现在全世界的学校里：景观区别于建筑；建筑区别于城市；景观区别于城市。无论是遗忘亦或铭记于心，结局都是一样的："我们的世界"建立在不同专业的转换上，在三个现代传统交汇的暧昧地带，在现代分类法的相似性、借用与缺陷上，垂死挣扎但是又别无他法。

勒·柯布西耶在法国罗克布吕讷-卡普马丹（Roquebrune, Cap Martin），1950

F. L. 奥姆斯特德（Frederick Law Olmsted）住宅，美国马萨诸塞州布鲁克莱恩（Brookline）费尔斯特德（Fairsted），1900

我们需要何种新型建筑师？这样的建筑师需要怎样的知识？与现代教学的传统有怎样的关联？这种新的知识应该如何组织和传播才能对学生有足够的吸引力？对社会足够有效？布鲁诺·拉图尔之前告诉我们，“给我一个实验室我就能撬起世界。”奥姆斯特德和柯布西耶告诉我们同样的道理，但我们可能没有清楚地认识到这点，因为关注的焦点从他们的办公室里转移到两人鼓吹的教学和方法论上。但是他们在各自的办公室里找到了最好的实验室，在城市的建造和现代边界的寻找中，不断地修正物质实践。

拉图尔（Latour）在解释巴斯德（Pasteur）和他的著名实验室在1881年发现炭疽疫苗时这样写到：“实验室不是与现实分离的地方，不是被拥有超能力量的人们所掌控的，实验室是一个有着精确的工作机制和拓扑机制的地方。”这个机制中的第一步是从“外面”的世界到实验室，将一个现象从原有的环境中分离开来，带到一个新的环境——实验室。在那里可以生产出一种真实的知识，把它当作一种从外部竞争中解放出来的新的“素材”，在最优越的环境里演示自身重要的法则——自身的优势与劣势。在不断尝试后，它所表现的知识会说明如何分离“解药”或者组织这种材料所在的全新实验领域。

为此，实验室建立了全新语言使用习惯来研究这种材料，而不是将传统的知识带入一个新领域，在从小到大变化的尺度上持续地分析。这种语言包含了潜在的写作、教学和记录的步骤。接着是最后的步骤——完成从实验室到社会的传播与交流。对社会利益而言，实验室是保存特殊知识的唯一场所。这是巴斯德的例子，他成功地分离了炭疽杆菌并发现培育解药的方法，这是其他在同一自然真实环境下工作的兽医和卫生学家无法做到的。他是法国畜牧业的救星，在一系列疫

苗的成功演示之后，巴斯德成为无可争议的社会力量。像拉图尔说的那样：“如果你认为政治具备改造社会的力量，还有唯一可信和合法的权威的代言人，那么巴斯德完全是一个政治人物。”

我们是柯布西耶和奥姆斯特德创造的“实验室”的产物，他们自己的政治实验室。每个人都分离一种现实的现象，再搬入自己的实验室，把这样的现象转化成一种新的素材，不受现实竞争的限制，展示自己所有的长处和实验的领域。无论是英式的公园（奥姆斯特德）还是美国的商业高层（柯布西耶），都是他们从贵族和园艺师，或者工程师和投机者手中夺下这个标本，移入自己的办公室。因为分离，这些样本被作为全新的素材展示：现代的美国公共空间和典型的现代建筑类型，两者都成功地提炼出一种新的知识和准则、一种新的适应语言。这种新的语言出现在新建筑五点、雅典宪章、绿色城市理想，是奥姆斯特德对建筑技术的调用。或者把他们的作品看作是把以往自己的知识和词汇合作的结果（在两个案例里都是伴随着向外部的转移：在柯布西耶那里是去东方、去南美和美国的旅行带来的巨大冲击；在奥姆斯特德那里是去南方奴隶制的州和英格兰。在所有旅行中，他们都分离了各自的研究对象）。

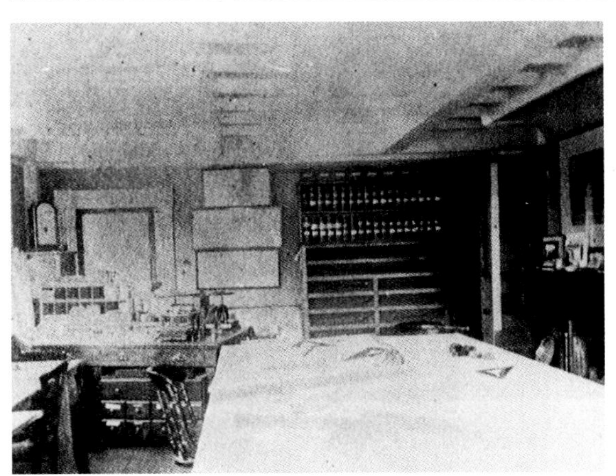

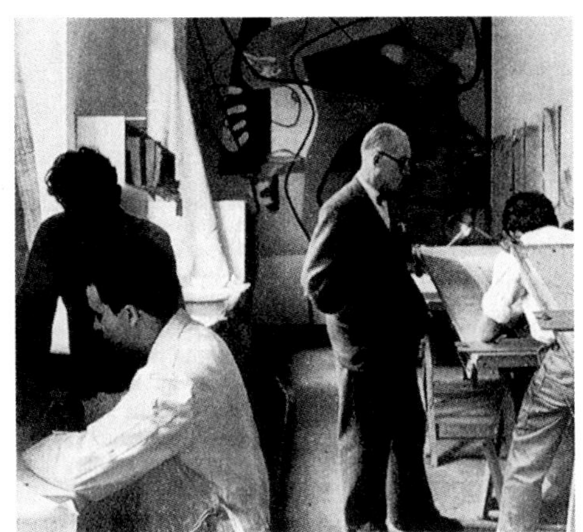

这些实验室将新的素材放入，反复实验，研究它们在不同尺度下的力量，增加和生成系统——光辉城市的中心、公园系统，等等。办公室的拓扑、实验室的工作方法是对将来教学任务的浅尝：在塞弗尔路（Rue de Sèvres）上像装配线那样的线型实验；亨利·霍博森·理查德森（Henry Hobson Richardson）在波士顿向奥姆斯特德展示了美国建筑师办公室的模式；后来奥姆斯特德也加以效仿。

所有的替换，所有的常规和动作，拉图尔的拓扑建设在奥姆斯特德和柯布西耶的身上都应验了，包括最后一步，从实验室到社会的宣传和交流。这两位是伟大的宣传家，概念引介的代理人，迫切需要被视作新生政治的真正领袖。

F. L. 奥姆斯特德（Frederick Law Olmsted）办公室，美国马萨诸塞州（Massachusetts）布鲁克莱恩（Brookline）费尔斯特德（Fairsted），1886

勒·柯布西耶在法国巴黎塞弗尔路（Rue de Sèvres）上的办公室，1947

一旦支持这些想法的系统不再适用，一旦他们的“建造”在生长的谱系之外宣告不再有效，批评是必然的。但是很长时间过去了，我们不能再止步于这种舒适的状况，批评那些早就不存在的东西，而不采取任何有效的措施。现在的关键是要找到这样一个焦点，帮助我们建立当代的实验室。要确定当代的问题和情感，要输送有效而且有情绪的反应，这自然意味着要走出去学习语境，分辨缺陷，寻找新的功能和机会，绘制一份新的地图，把这种新的观点带入我们的实验室。在分离之后学会去理解这种新的材料或者混合物，将其从外部世界的污染中区隔开来，发现它最重要的规律。我们必须从技术层面上去学习，替换陈旧的知识，从大尺度向微观尺度转移，重复试错的过程；我们必须建立新的从属语言，能够将想法转化为行动的语言，在展示新立场的同时也展示它的实践应用，还有相关的形式上的方法和步骤；我们还必须与“外部世界”建立一种有效和有说服力的关系，这样新的词汇才能与新的行为相符。

勒·柯布西耶在巴西里约热内卢（Rio de Janeiro）为教育卫生部绘制的设计草图，1945—1963

我们寻找为这样一种新型实验室搭建“脚手架”的线索。这些文字提供了一个焦点，一个寻找的起点，还有我们需要学习的新范式和材料。这是我们已经确认的一部分：奥姆斯特德和柯布西耶的图像中的交汇处，一种融合了现代传统的混合体，启示了一种新的现实，一种没有对立传统的全新教学形式随之扩散。要建立另一种立场，这样的交汇点是必须的，但不能只是对以往所知的简单反应。在这一点上，所有东西都不再精确，轮廓被模糊，知识被替换，图与底融合，技术和景观可以互换，这是由前人确立的出发点；这是现代的遗产，尽管朦胧，却在开拓另一种前所未见的世界。

F. L. 奥姆斯特德（Frederick Law Olmsted）后湾沼泽，美国波士顿（Boston），1892

垂直主义

20世纪	**21世纪**	
单一功能	混合功能	功能
建构	热力学	设计技巧
外部	内部	组合的重点
图形细长	物质比例	组合的工具形式目标
上／顶冠	下/基础设施	最大的城市特征
图底	图和底	与文脉的关系
控制	知识	主体的地位
未来	过去	历史性投射
平面	剖面	关键文档

高层与低层的热力学差异

高层

风／空气
- 迎风面大
+ 空气质量好
+ 自然通风的可能性大
+ 高于城市峡谷

太阳／光
+ 日照充分
- 需要遮阳
- 用于采集能量的屋顶表面有限，立面？

温度
+ 在城市热岛外
- 无法存储夜间的降温

雨水
- 屋顶面积有限，必须依靠立面收集雨水

低层

风／空气
+ 风压有限
- 需要城市通风
- 自然通风的可能性小
- 与城市峡谷中空气质量有关

太阳／光
- 受其他建筑物投影遮挡
+ 能采用自遮阳以保障城市空间
+ 从屋顶到功能区域的配给适合能量采集

温度
- 在城市热岛内
+ 城市体量能够将夜间的降温缓冲积蓄到白天释放

雨水
+ 有大面积的屋顶适合做雨水收集，配给良好

源与库[1]活动（或者从新陈代谢的角度来说，是生产者和消耗者）之间发生的热量交换，需要一种基于（在所有方向）同向性连接的拓扑组织，在通过材料传导或者垂直向渗透发生热交换时，在使用从源到库（许多文化中的乡土民居中都属典型）的空气对流（烟囱效应或浮力）时。如果任务书可以按照从生产者到消耗者之间最小单元的连接分割，那么产品就是由不同类型或周边入侵系统勾勒出的多层轮廓。

如果热增量通过空气或水的流体的形式传递，那么使用的空间组织能采用的形式更为宽松，尽管所有情况依据的都是级联组织从最高质量的热源到热库的最基本原则。前者必须靠较高的工作阈值来确保有效的传输。理想的组织需要一个环绕的辐射热源，我们将其称为洋葱皮组织。显然，增量与减量之间的互动取决于外部气候（日—夜；夏—冬），又与形式因素相关，引入内—外功能性拓扑之间的协调，真正复制了气候和生物物种之间的有机新陈代谢。对某地具体气候数据的仔细研究（风频和风向的规律、直接辐射和散射辐射的比例、地热温度、可再生水资源是否存在及它的温度，等等）都是对修正这些基本原则有决定性影响的因素（因此制订清单和排序的严谨性很重要），以此来确定适应特定场地和功能的策略。

伊纳吉 · 阿巴罗斯 +蕾娜塔 · 森克维奇

1. “源”与“库”的概念最初来源于生态学中种群的分布模型，在现代栽种理论中也被用来阐释产量形成的规律。“源”多指生产和输出，“库”则对应消耗和储藏，在本书建筑热力学的语境下，分别指产生热量和储存热量的地方。译者注

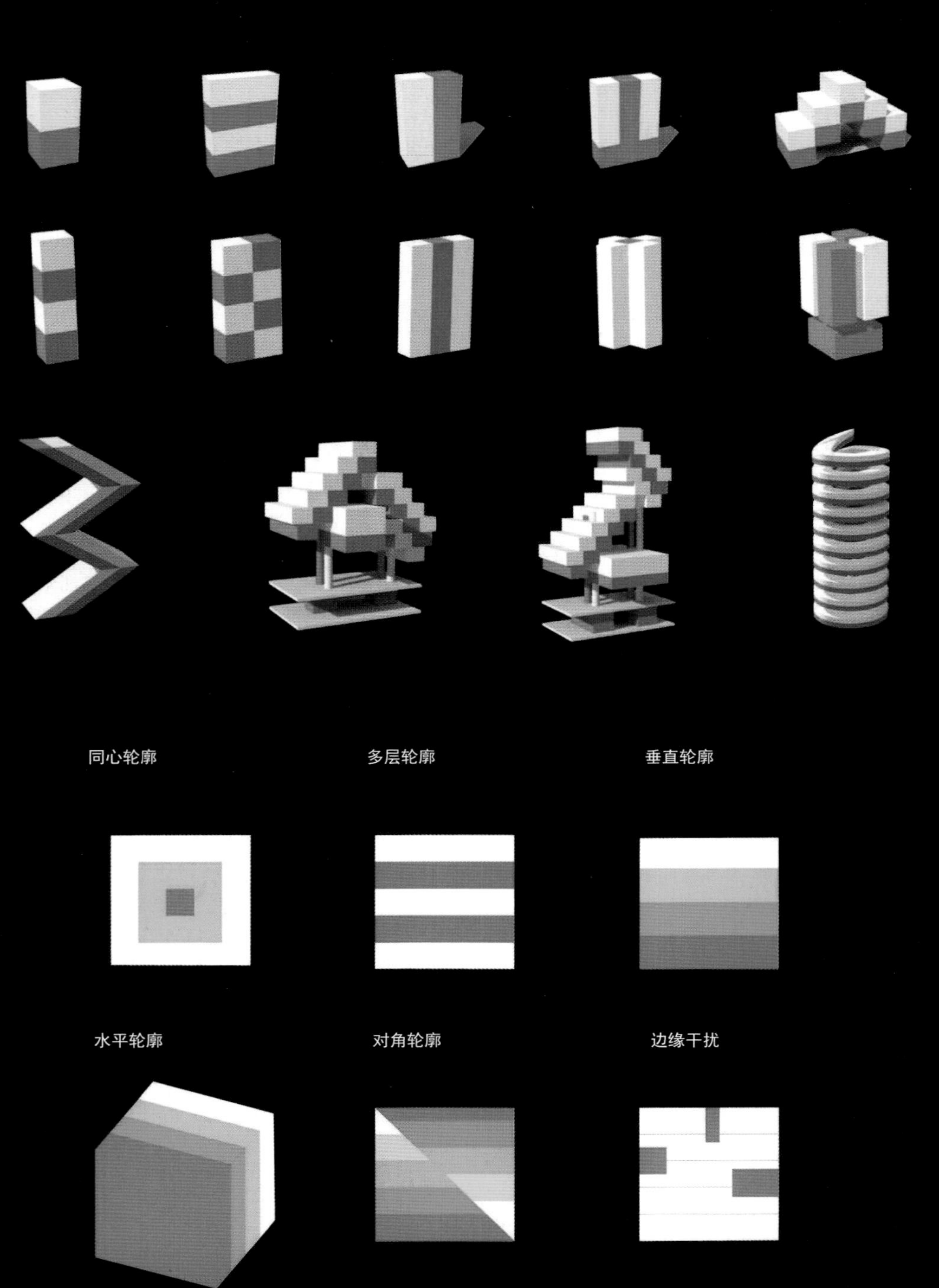
同心轮廓
多层轮廓
垂直轮廓
水平轮廓
对角轮廓
边缘干扰
典型布局

癫狂之圈

©伊纳吉 · 阿巴罗斯

一些建筑的命运往往与其所处时代，或者其身后时代拥有的批评能力相系，那就是能否把握到作品里运用到的思想。这也与建筑创作者展现出的连贯性和严谨性有关，以及他们是否有能力追随所处时代的问题，追随任何时候由文化争议而浮现的议题，以此锻造出非凡的职业生涯。然而在马德里艺术协会大楼（Círculo de Bellas Artes）[1]和建筑师安东尼 · 帕拉西奥（Antonio Palacios）[2]的身上，情况截然相反。无论是建筑本身还是建筑师都应当被看作难以琢磨、无从分类的典型：帕拉西奥无法被称作一位手法连贯的建筑师，在他所处的时代也没有任何一种批评模式支持他的作品。协会大楼完工之际正是现代主义在国际上声名大噪的时候；与此同时，无论是出于功能的辩白还是本土传统的思潮都无法为协会大楼提供概念上的解说，它受到的好评不温不火，批评也不间断。现代者和传统者对协会大楼所持的态度相仿，认为它代表了一种空洞的纪念碑风格。从这位颇有才华却自大自负的建筑师身上看到的只是怀旧的、个人主义的态度。尽管没有人会质疑帕拉西奥的艺术性或专业性，但是这座建筑和这位建筑师却被命运抛诸滚滚洪流之中湮灭。时至今日，这种定式的评价非但没有改变，反而愈发强化，这的确让人意外。证据是在《阿蒂斯大全》[3]（*Summa Artis*）最近完成的有关20世纪西班牙建筑师的一册中，把这位建筑师称作“强迫型的形式主义者”（compulsive formalizer）。

事情有时候就是这样，过去的建筑中那些批判性的想法只是尚未找到正确的阐释方式，以后才会

1.马德里艺术协会（Círculo de Bellas Artes）成立于1880年，是一个私立的非营利性文化机构，旨在推广文化传播。其所在的马德里艺术协会大楼由建筑师安东尼奥 · 帕拉西奥设计，于1926年建成，是马德里重要的文化地标之一。译者注

2.安东尼奥 · 帕拉西奥（Antonio Palacio, 1872—1945）是一位多产的西班牙建筑师，他参与设计的诸多建筑是马德里城市现代化过程中的重要标志，其中包括艺术协会大楼、马德里第一条地铁线等。译者注

3.丛书全称《阿蒂斯大全：艺术通史》（*Summa Artis, Historia General del Arte*）是一套西班牙艺术的大百科全书，从艺术、美学、文化、社会等多个角度对艺术作出解读。全书不仅收录了经典的艺术家、艺术作品，编辑与撰文也全部由一流的相关专家完成。译者注

获得新的理解。这是“如我常常所说……”的时刻；是将大众智慧纳入学术框架的时刻；是重塑研究和城市导则的时刻。我想令人高兴的一点是这样的事有可能发生在马德里艺术协会大楼上。这种越来越正面的评价归功于对明教式批判方式的摒弃，因为后者的模式拒绝承认建筑师和历史学家的意识形态可能背道而驰。像帕拉西奥这样从任何角度都难以分类的人物，他的职业生涯经历了重大的意识形态上的改变，那么跳过上述的批判方式将会成为认识他作品的重要突破。今天我们能不带任何偏见去看待这个作品，不带“父亲”的压抑形象，而是让其以一件艺术品的单纯形象出现在我们面前，是一座至美的建筑与周围支撑它的实体环境之间的对话。现今我们看待它的方式之所以发生重大改变得益于最近涌现出的一种现代大都会的观点，那就是把大都会的无秩序和混杂看作必需的也是可取的要素。改良主义者凭借伦理和道德标准寻求和谐的秩序——就像柯布西耶在雅典宪章中早先的文字，而现代的正统性逐渐让位于观察和科学的阐释，籍以寻求现代大都会中所表现出的混杂背后隐藏的秩序。雷纳·班纳姆（Reyner Banham）的《洛杉矶：四种生态学的建筑》（*Los Angeles: the Architecture of Four Ecologies*）或者库哈斯后来的《癫狂的纽约》（*Delirious New York*）为全世界的建筑学子所熟知，但都不及被库哈斯称为“拥塞文化”（culture of congestion）的评价来得著名。它以纽约的下城体育俱乐部为代表，这座建造于1931年的摩天楼有着高度复合的功能（各楼层中分别有旅馆、体育场、游泳池、壁球场，甚至还有个小型高尔夫场），大都会环境中的人工体验凝结在这个形式中：那就是它癫狂的维度。

谈到艺术协会大楼（Círculo de Bellas Artes）时会想到这座纽约的摩天楼绝不是巧合。几年前，当马德里建筑学校的学生们在解说协会大楼时做了个初步的比较分析，理所当然地把它与下城体育俱乐部联系在一起，与芝加哥会堂大厦也不乏些许联系，后者是路易斯·沙利文的作品，是另一座有着相似复合功能的伟大结构——沿垂直向分布着一系列功能，而这些功能在城市中通常是以二维的方式分布的。

很多角度说起来都是很重要的。首先因为它直接

指向了美国的大都会，它是协会大楼这座伟大建筑之梦背后的诱因，最原初的美国形式是摩天楼的类型模型。

其次因为它可能为如何在这座建筑保留、赋予城市内涵提出了最恰当的阐释。最后因为它证明了协会大楼的时事性。它不仅与现在有关，也与它设计的时间点有关——这个项目从1919年开始，直至1926年完工，而下城体育俱乐部是在1931年建造的。

众所周知，这个项目是一场曲折的竞赛之下的结果，赛昆蒂诺·朱尔佐[1]（Secundino Zuazo）与安东尼奥·帕拉西奥提出的是两套截然相反的设计方法。对竞赛提交的图纸能比较清晰地反映出对同一份竞赛任务书所采取的两套相异的概念。对朱尔佐而言，协会是一座行政建筑，是一座联合的组织；他将这些社会俱乐部建筑的典型机制诉诸开间，围绕着娴熟编排的天井和中庭展开，空间的序列令人愉悦。从本质上来说，这样的空间是平面的、二维的、组织化的。在帕拉西奥的设计中没有任何天井、走廊或重复的布局可循；他把建筑看作是不同空间在垂直向的爆炸，布局花样迭出，互不相让，比如一个穿过图书馆的圆顶，转化为一座喷泉依傍在柱厅旁。它几乎是一种对暴力表现主义式的、巴比伦式的表达，是对垂直向的关照，建筑师在其中奋力挣扎以驾驭一种向芝加哥看齐的组织类型。还有一种对复杂功能的积极态度，它不尝试达成共识，它寻求的是在三维上强化和表达自己的差异性。这几乎是协会大楼概念的核心所在，是摩天楼的细微征兆，是20世纪早期伫立在都会化最盛的城市系统交汇之处（阿尔卡拉街[2]和最近完成的格兰维亚大道）的马德里第一楼。它在城市中的位置和姿态都对它垂直特性做了充分的表达：在阿尔卡拉街一侧保留了城市化的装饰，在较矮的体量上是规

1. 赛昆蒂诺·朱尔佐（Secundino Zuazo, 1887—1971），西班牙著名的建筑师、城市规划师。译者注

2. 阿尔卡拉街（Callede Alcalá）和格兰维亚大道（Gran Vía）都是马德里的主要道路。后文中出现的丽池公园（Parque del Retiro）、西贝莱斯广场（Plaza de Cibeles）和普拉多大道（Paseo del Prado）都是周边的重要地标。译者注

则而丰富的装饰化构成，再往上则是以一种近乎皮拉内西式的形式大杂烩与抽象的几何体－装饰喷发出来——最终终结于那座著名的塔楼。建筑师的工作室在城市中若隐若现，也是它将帕拉西奥陷入大量法律上的争端，而建筑师还是力排众议地完成了它，这不仅出于建筑师对此构成元素的格外关注，它同样是一种城市中反叛与个人主义的形象的表达。建筑在沿街高度上却保持了谦逊的外观，垂直、自足的结构却与马德里的地形形成了鲜明反差——它面对的是城市里最独特的元素：是丽池公园和西贝莱斯广场；是普拉多大道和格兰维亚大道，艺术协会大楼拟人化地引人瞩目。帕拉西奥将胡安·路易斯·瓦萨洛（Juan Luis Vassallo）铜铸的雅典娜像冠上了协会大楼。就像铜像那样，对塔楼的反射和建筑的反射成为一体，二者不仅在垂直向上存在构图的相似性，在俯瞰城市的位置和它们的象征性上同样可比：雅典娜是艺术与战争女神。帕拉西奥引述的“金黄与胜利”代表了他把自己想象成的艺术家经历的挣扎，这也是艺术协会大楼所象征的，俯瞰城市，最终将艺术引领向胜利。

帕拉西奥设计的大楼所服务的艺术家不是处理协会事务的职员；而是有着大都会性格的人，是一位游荡者，是波德莱尔描绘的现代生活中的艺术家。他沿着大道缓步而下，坐在露台上攀谈，度量着大城市的气象。大楼内的房间以不被打断的空间依次组织排列，平面和剖面是转换的工具。“谈话（conversation）室”是任务书中最常出现的单词，不由分说地昭示着对艺术实践的贵族化认识；这种态度也是帕拉西奥所认同的，就同那批坚持要选择帕拉西奥的方案建造而不是朱尔佐方案的艺术家一样。只要读一读帕拉西奥构想并付诸实施的任务书就可见一斑。首层：前厅、画廊、谈话室和观景台；夹层：俱乐部、

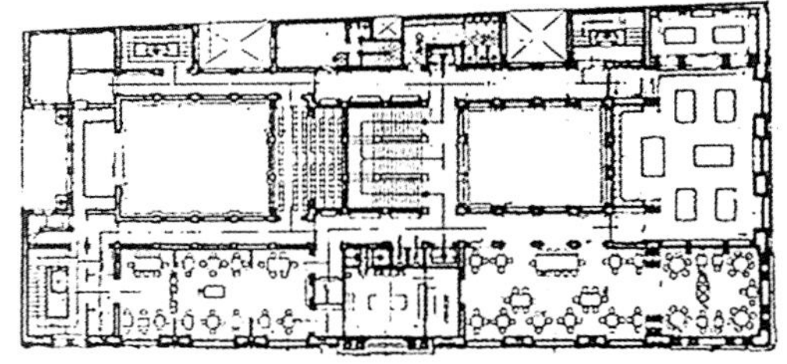

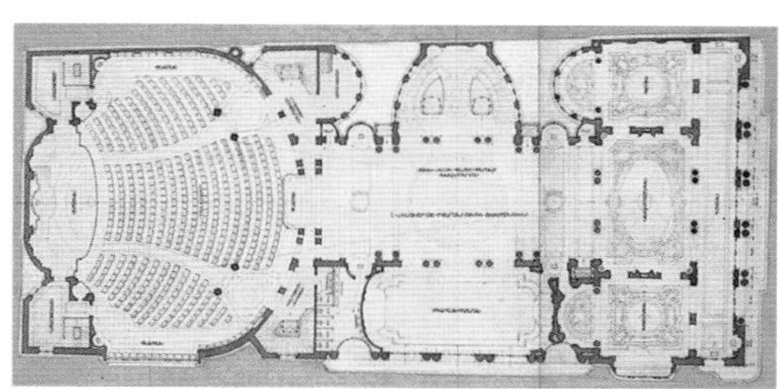

赛昆蒂诺·朱尔佐和欧亨尼奥·费尔南德斯·金塔尼利亚（Eugenio Fernández Quintanilla）马德里艺术协会大楼设计竞赛方案中的入口层平面，1919

安东尼奥·帕拉西奥方案的入口层平面，1919

游戏室和观景台；主层：活动大厅、会客室和谈话室、剧院和电影院；顶楼套间首层：休闲室和董事室；露台首层：餐厅和厨房；露台二层：艺术；地下室首层：运动、酒吧、洗浴、健身房、击剑和“溜冰场”。大楼与闻名的下城体育俱乐部自然而然地联系在一起绝不是偶然，两个项目都受到同样的启发，特定的空间与语汇都指向了沙利文的芝加哥会堂大厦。塔楼部分遵循了一套与后者相似的组合方案，建筑师最后看似漫不经心地把自己的工作室设在了塔楼上。

这些联系听起来可能是趣闻轶事，但是对建筑批评的演进却至关重要——这些联系把对建筑的认识打开了另一种阐释。这座建筑是马德里极少数的不合比例的大都会建筑，没有受到功能风潮中改良道德主义的影响，但是关照到了现代性的方方面面，是这种现代性构成20世纪城市中最美好的图景。或许今天对这件作品的重新阐释对建筑损坏楼板的修复（地下室和顶层）有所帮助，协会中并不时刻平顺的学院生活是这些损坏的由头。这样才能把这座史诗般的作品完璧归赵地归还给大都会的拥塞，而不至于因为年久失修而丧失掉任何张力。帕拉西奥留给我们一座值得仰视的建筑，也许是他最有力最完美的作品，尽管有些异端而难以分类，它在批评上遭受多舛的命途即将让位于另一种更全面的未来，它是20世纪早期马德里现代性中最精彩、最清晰的实验。

文章原载于La Librería，《安东尼奥·帕拉西奥：马德里的建造者》（*Antonio Palacios, Constructor de Madrid*），马德里，2001.

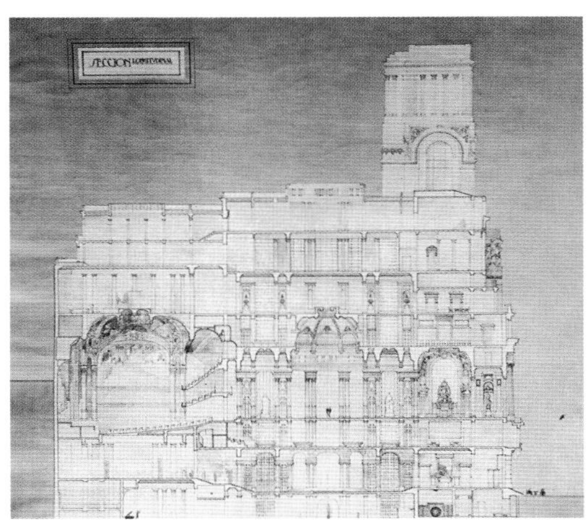

安东尼奥·帕拉西奥的马德里艺术协会大楼方案长向剖面，1919

格兰大道电信大楼

西班牙马德里

目前仍空置的电信大楼和美术会馆分别是20世纪早期马德里实验的两种（私人和公共）摩天大楼原型。

这个项目旨在将马德里的电信大楼，也是西班牙第一座高层办公街区，转变成科学、艺术和技术中心。这么做完全地改变了原建筑内向的个性，使用建筑现有的条件将其变成一个外向、公共和易于进入的结构，成为城市网络的一部分。这是一种全新的美术馆类型，一座垂直花园，一块可以攀登而上后观察这座城市的岩石：外部是瞭望台，内部是实验中心。

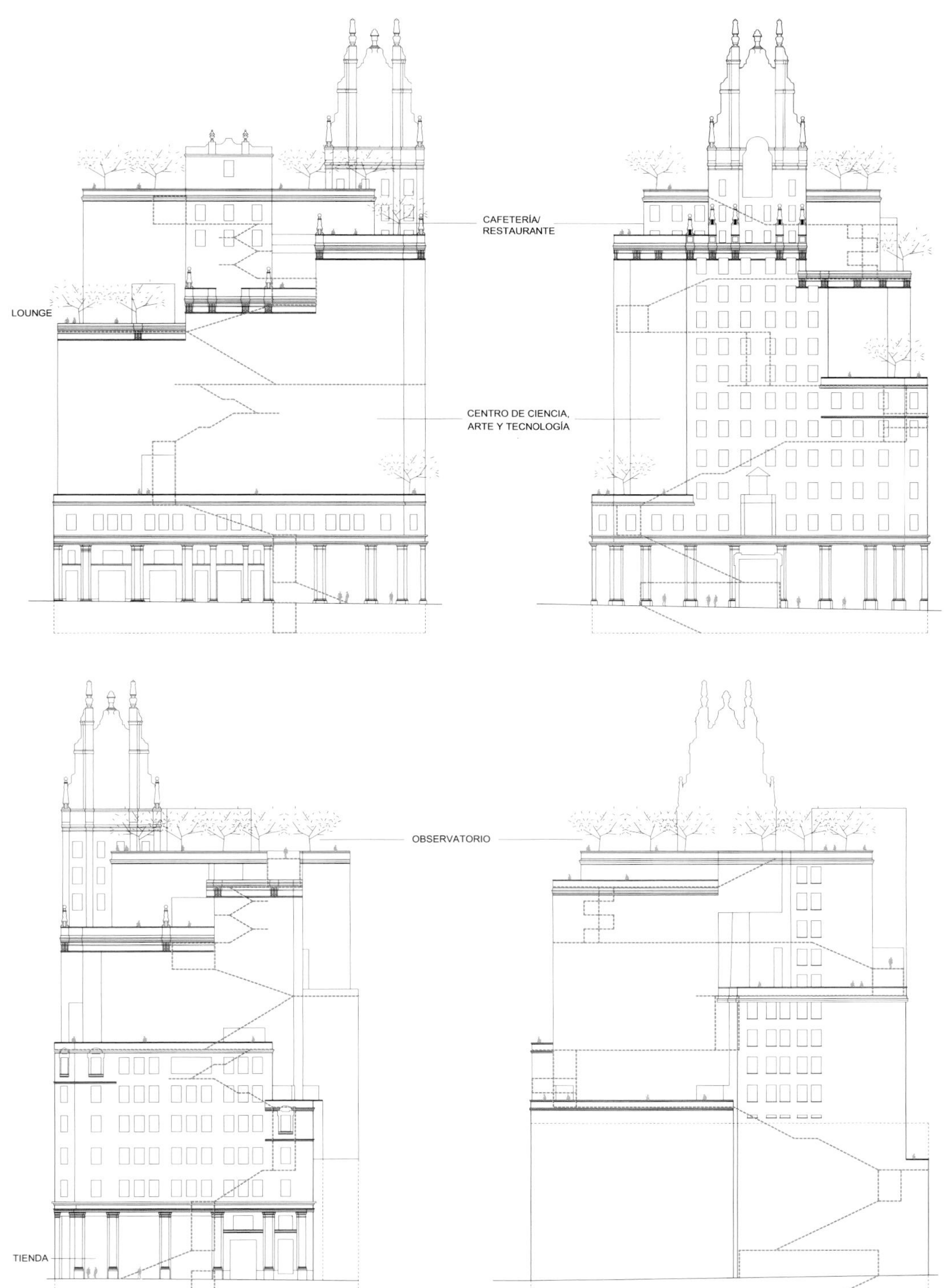

西班牙马德里格兰维亚瞭望台（Gran Via Observatory），2011

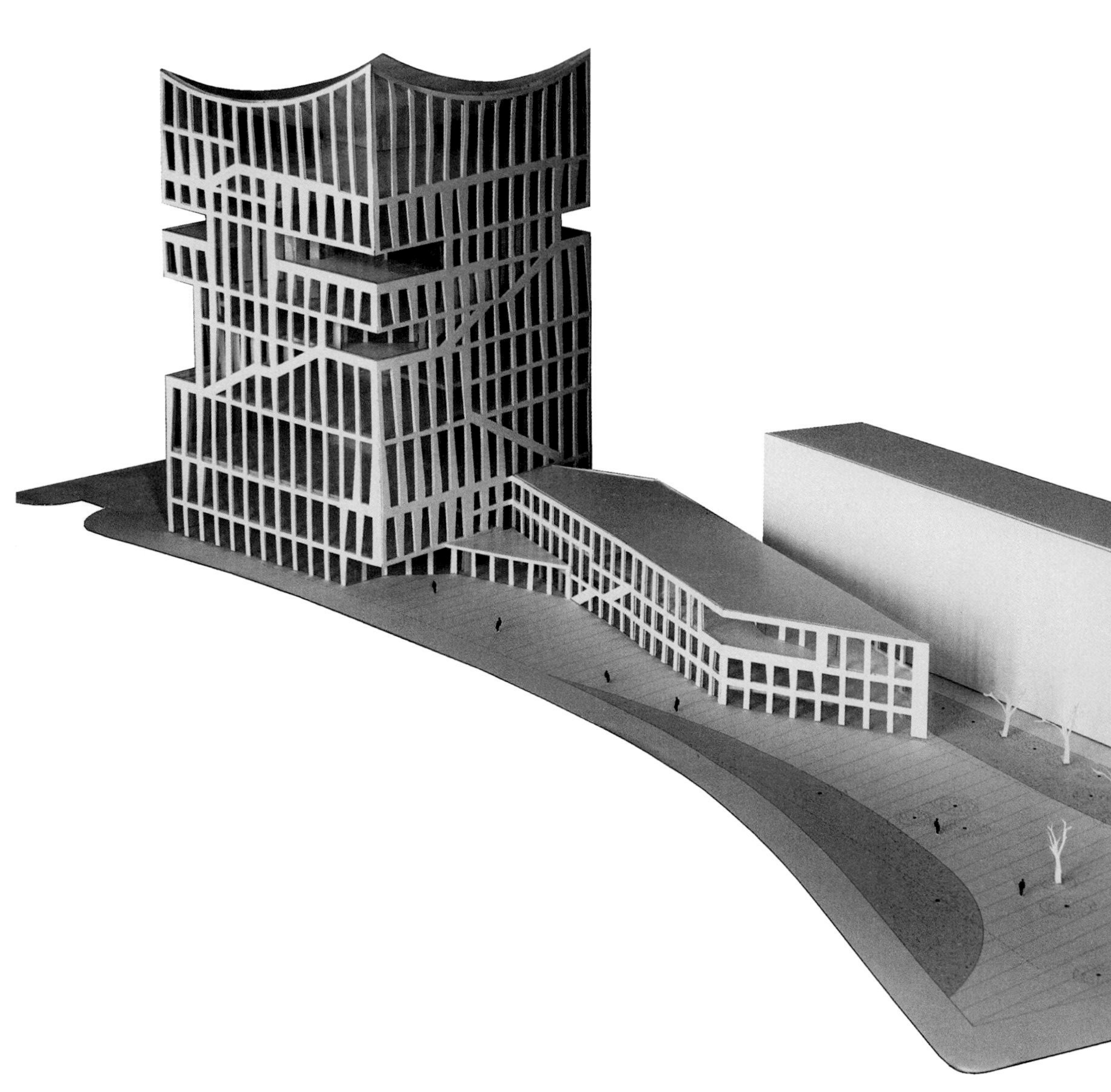

省立公共图书馆

西班牙巴塞罗那

图书馆以一栋高塔的形式出现，赋予文化一种引人注目的姿态，与城堡公园和周围的体量建立了一个直接对话的关系。所以可以将图书馆视作自然（公园以及远方的地中海）与人工（脚下的城市）之间的界面。

室外空间贯穿于这个紧凑的形体，连接起转角，那是城市空间中的最优越位置，它缓缓上升，直到形成一个巨大的双耳罐状、被球形体量切入的屋顶。最高处的眺望点是阳光和雨水的收集器，为房间提供足够的光照，为花园和观景楼提供水源。观景楼和楼梯属于剖面上的不同层面，但在模数规整的立面上，它们与结构上的机械设施一起，以流动和富有张力的形态留下各自的痕迹。这些人工、景观和结构行为下的痕迹形成一个富有活力的、虚（空间）实（体）相间的布局结构。在巴塞罗那的气候下，32%～54%取决于朝向，考虑到调节自然光和能源转换之间的关系，在经济上和效率上做出优化。

建筑的热力学调节取决于所能获得的再生能源的整体措施，包括将地热、太阳能和光伏发电相结合，以及屋顶上收集的雨水和立面上收集的二氧化碳。

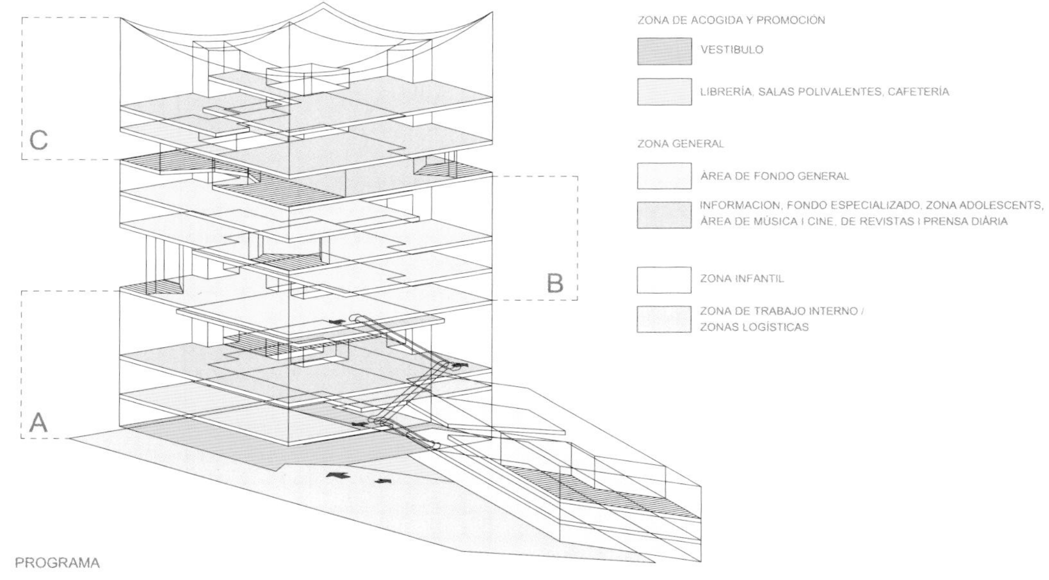

PROGRAMA

在这个项目中同时分析了太阳辐射与自然光照之间的平衡，同时与立面的结构计算之间达到参数关系。这种计算在项目的最初和最关键阶段借助了最新的环境软件。

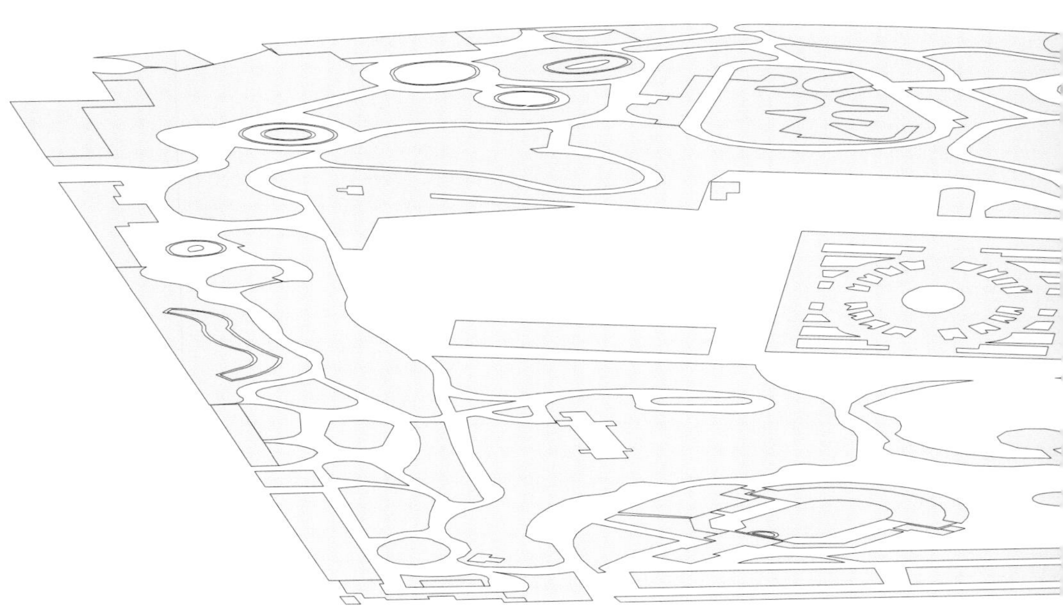

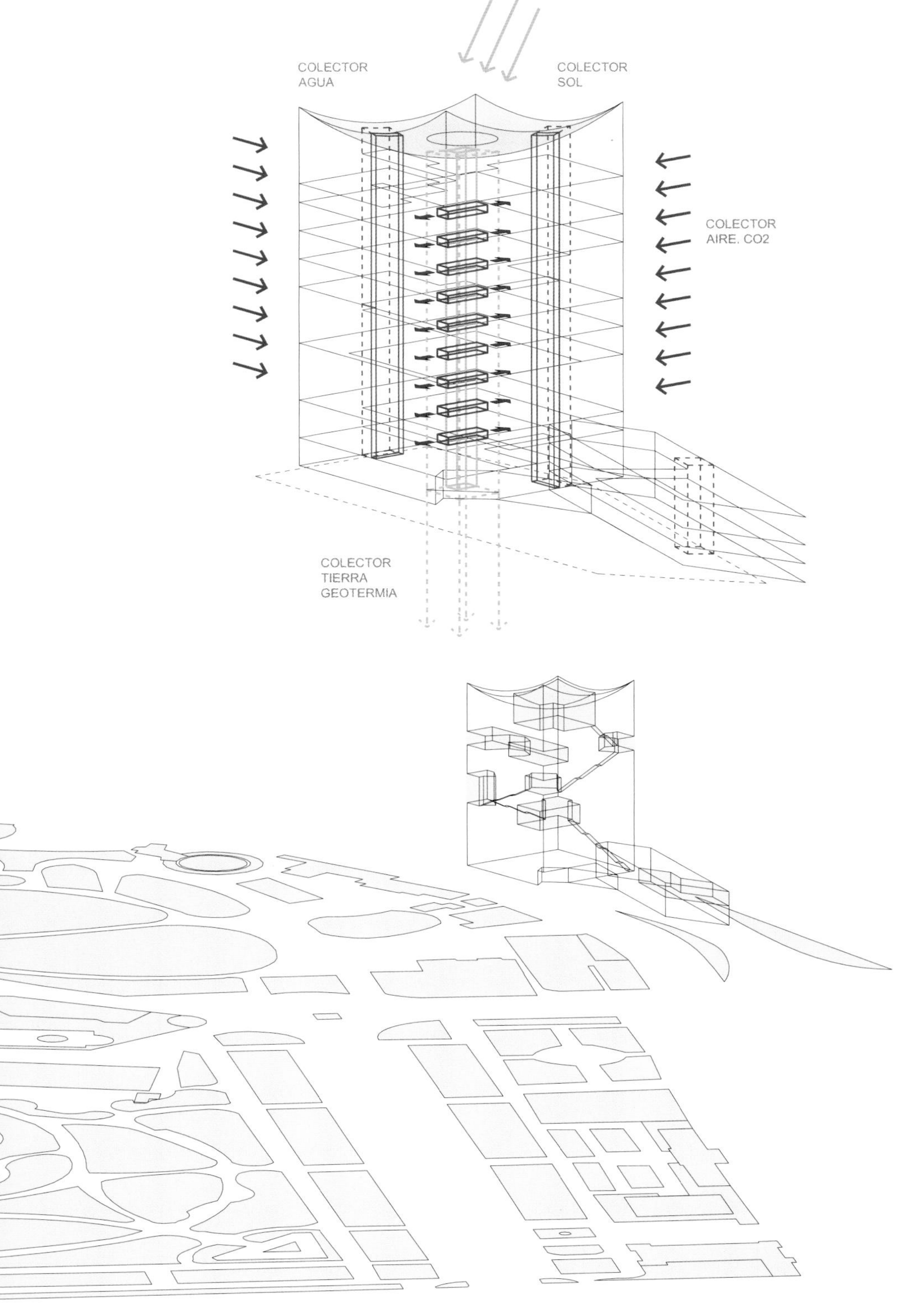
COLECTOR
AGUA
COLECTOR
SOL
COLECTOR
AIRE. CO2
COLECTOR
TIERRA
GEOTERMIA

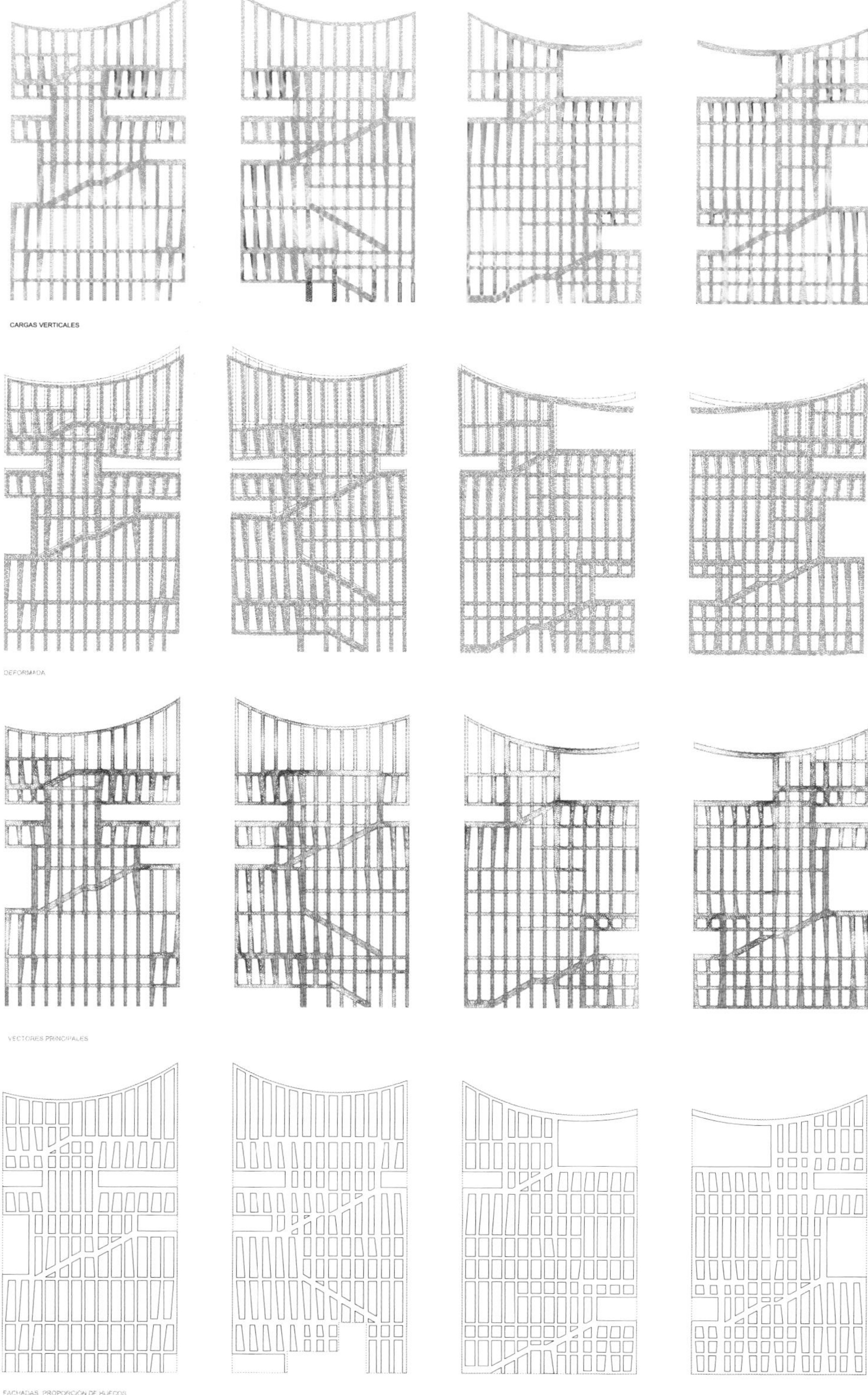
CARGAS VERTICALES
DEFORMADA
VECTORES PRINCIPALES
FACHADAS. PROPORCIÓN DE HUECOS
0
5
10
20m

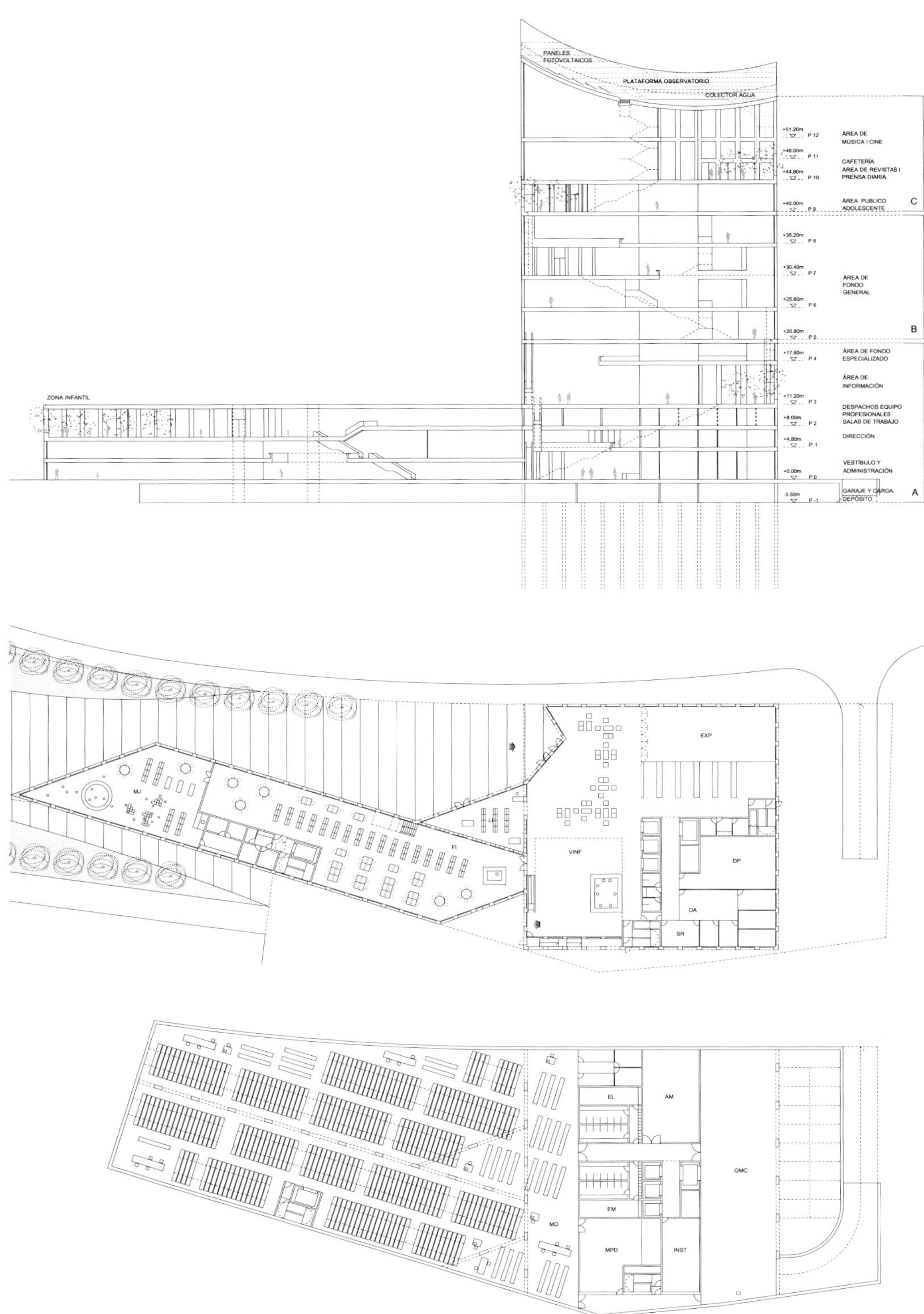

PANELES FOTOVOLTAICOS
PLATAFORMA OBSERVATORIO
COLECTOR AGUA
+51.20m P 12
ÁREA DE MÚSICA I CINE
+48.00m P 11
CAFETERÍA
ÁREA DE REVISTAS I PRENSA DIARIA
+44.80m P 10
ÁREA PUBLICO ADOLESCENTE
+40.00m P 9
C
+35.20m P 8
+30.40m P 7
ÁREA DE FONDO GENERAL
+25.60m P 6
+20.80m P 5
B
+17.60m P 4
ÁREA DE FONDO ESPECIALIZADO
ÁREA DE INFORMACIÓN
+11.20m P 3
DESPACHOS EQUIPO PROFESIONALES SALAS DE TRABAJO
+8.00m P 2
DIRECCIÓN
+4.80m P 1
VESTÍBULO Y ADMINISTRACIÓN
+0.00m P 0
GARAJE Y CARGA DEPÓSITO
-3.50m P -1
A
ZONA INFANTIL
MJ
FI
LP
VINF
EXP
DP
DA
SR
EL
AM
GMC
EM
MD
MPD
INST
0
5
10
20m
N

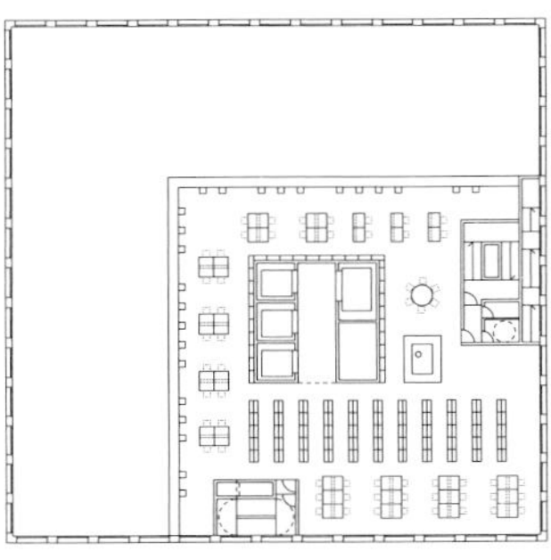

PLANTA 4

ÁREA DE FONDO ESPECIALIZADO. 500M2

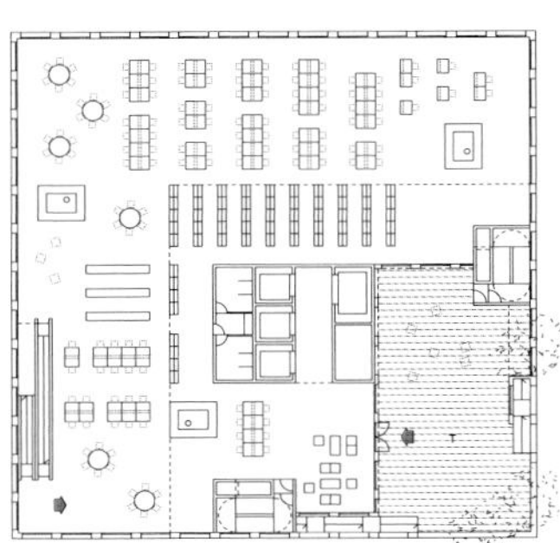

PLANTA 3

ÁREA DE INFORMACION. 920M2
T. TERRAZA. 211M2

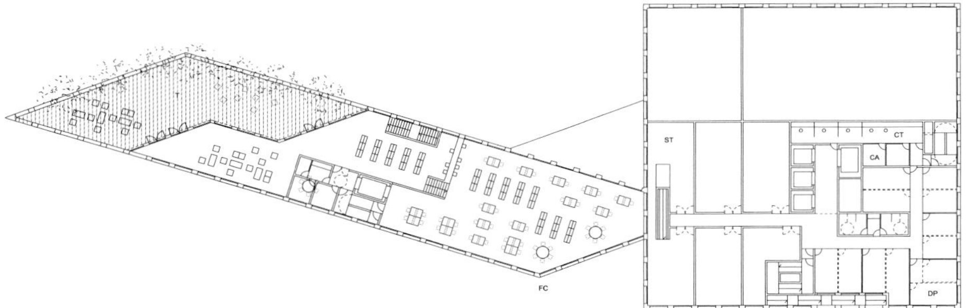

PLANTA 2

DP. DESPACHOS EQUIPO PROFESIONALES. 196M2 + ST. SALAS DE TRABAJO. 353M2; CT. CONTROL TÉCNICO Y TRADUCCION, CA. CAMERINOS. 57M2
ZONA INFANTIL: FC. ÀREA DEL FONDO DE CONOCIMIENTOS. 501M2; T. TERRAZA. 231M2

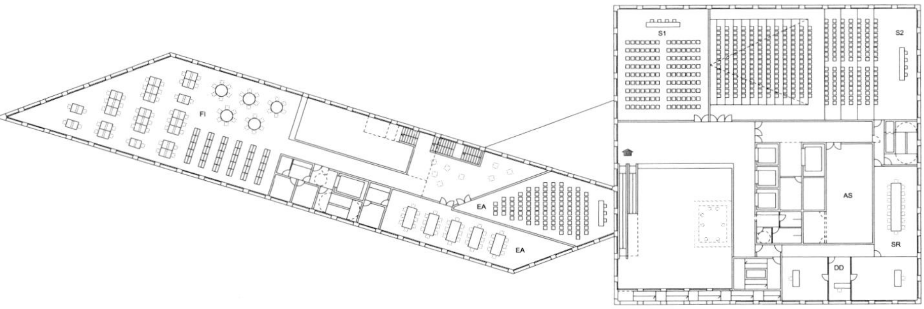

0 5 10 20m

PLANTA 1

S1,S2. SALAS POLIVALENTES.151+345M2 + AS. ALMACEN SALAS. 80M2; DD. DESPACHOS DE DIRECCIÓN. 88M2 + SR. SALA DE REUNIONES. 58M2
ZONA INFANTIL: FI. ÀREA DEL FONDO DE IMAGINACION. 322M2 + EA. ESPACIOS DE APOYO. 107M2, 100M2

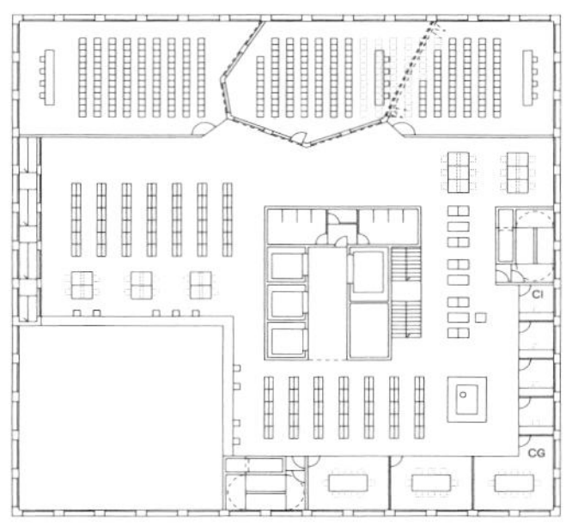

PLANTA 8

ÁREA DE FONDO GENERAL. 534M2; SF. SALAS DE FORMACION. 122M2, 92M2, 84M2; CG. CABINAS GRUPOS 3X20M2; CI. CABINAS INDIVIDUALES 4X5M2

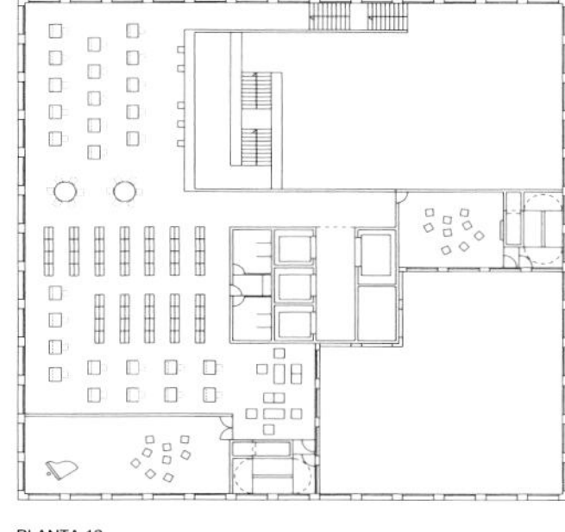

PLANTA 12

ÁREA DE MÚSICA Y CINE. 592M2

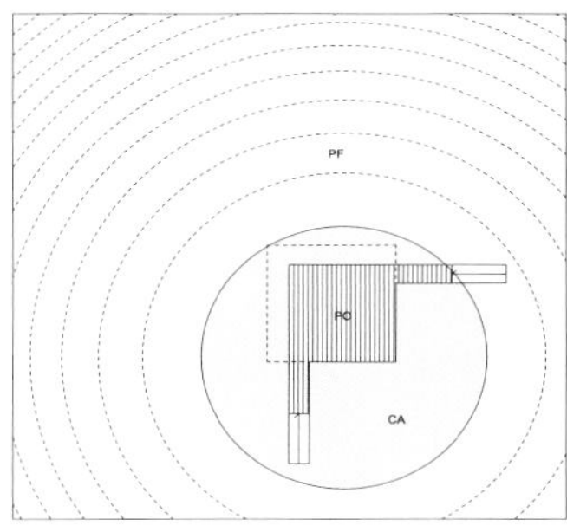

CUBIERTA

PF. PANELES FOTOVOLTAICOS DE BASE CERAMICA; CA. COLECTOR AGUA EN SUPERFICIE Y EN ALJIBE; PO. PLATAFORMA OBSERVATORIO

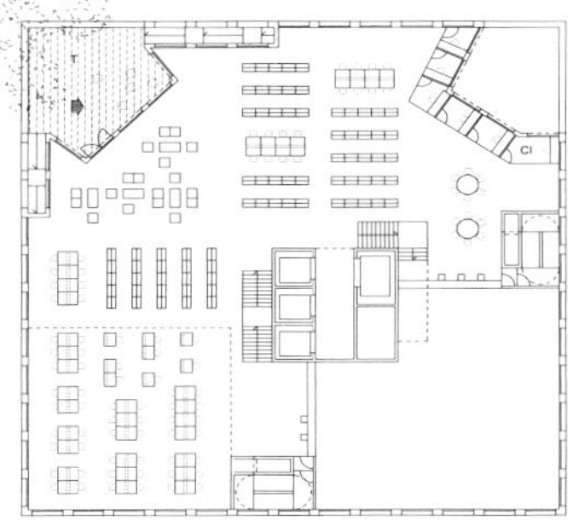

PLANTA 7

ÁREA DE FONDO GENERAL. 754M2; CI. CABINAS INDIVIDUALES 6X5M2; T. TERRAZA 107M2

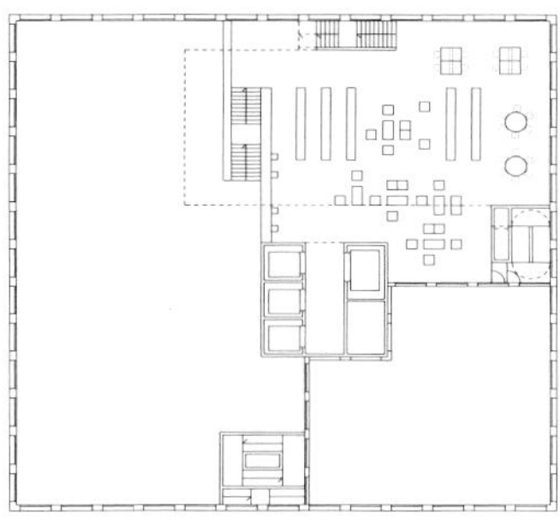

PLANTA 11

ÁREA DE REVISTAS Y PRENSA DIARIA 345M2

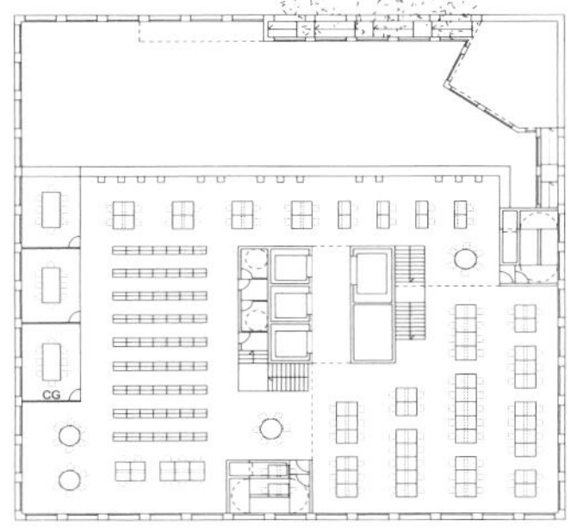

PLANTA 6

ÁREA DE FONDO GENERAL. 692M2; CG. CABINAS GRUPOS 3X20M2;

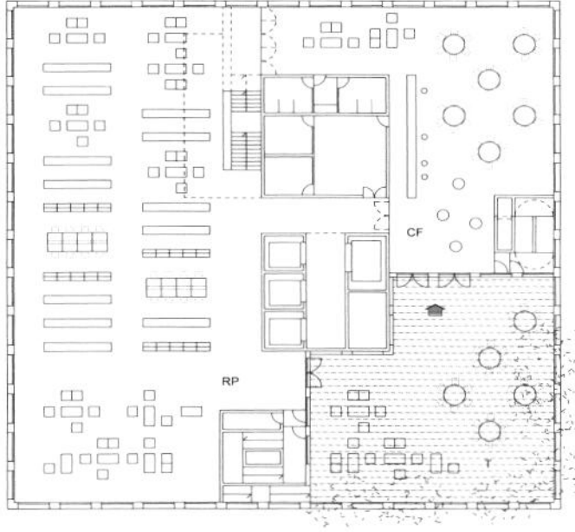

PLANTA 10

CF. CAFETERIA. 317M2; CG. RP. ÁREA DE REVISTAS Y PRENSA DIARIA 564M2; T. TERRAZA. 266M2

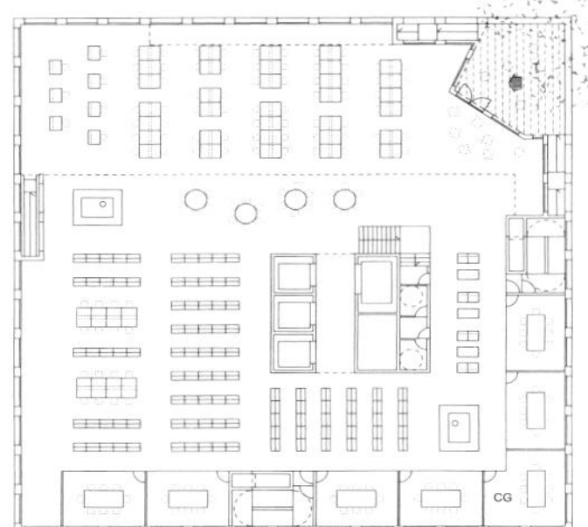

PLANTA 5

ÁREA DE FONDO GENERAL. 937M2, CG. CABINAS GRUPOS 7X20M2; T. TERRAZA. 70M2

PLANTA 9

ÁREA PARA EL PÚBLICO ADOLESCENTE. 541M2; CG. CABINAS GRUPOS 7X20M2, T. TERRAZAS. 92M2+322M2

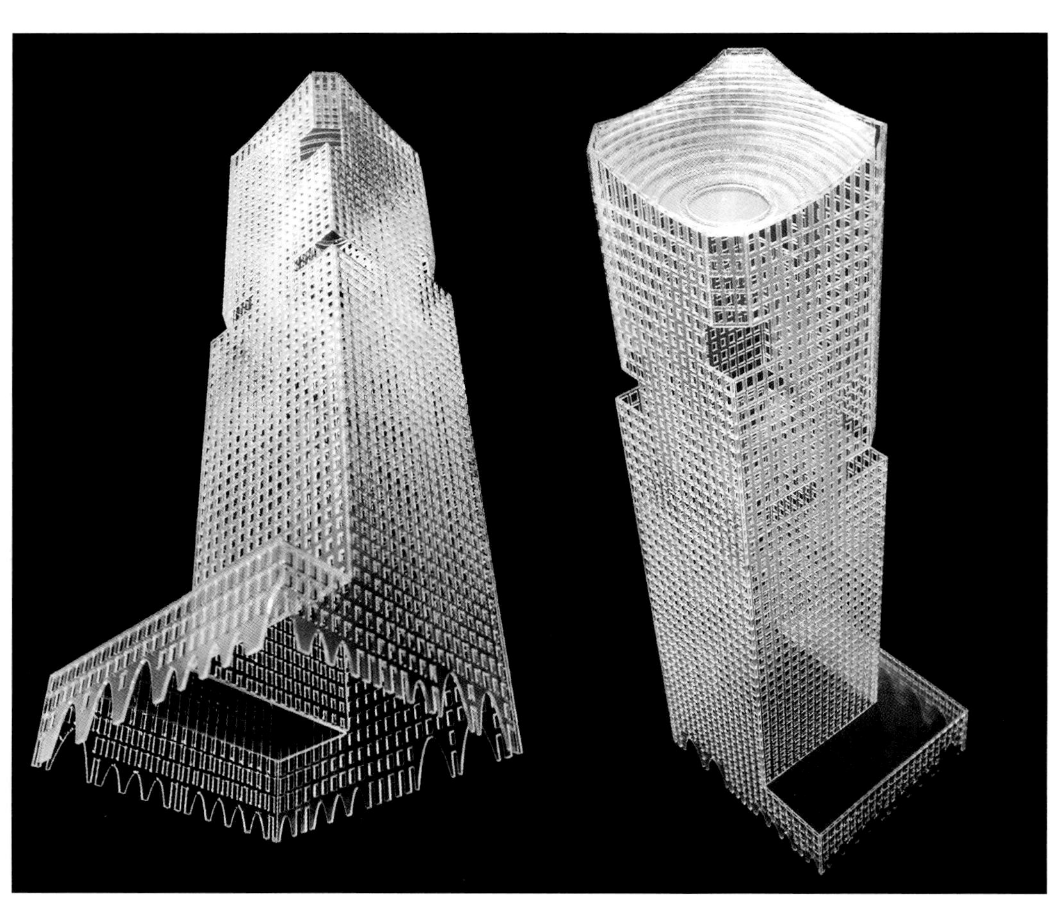

义乌中福广场

中国义乌

在义乌这样一座繁荣的城市里建设新的CBD会提出新的要求，那就是要在史无前例的生产背景下适应建筑设计和实施的时间进度。一个与纽约洛克菲勒中心相似的建筑体量拟定出来了，想法起源于一个在巴塞罗那图书馆中曾经产生的概念。此次这个概念被垂直地拉起，以适应规划中对最高塔楼的要求。此后，围绕着中央景观广场的塔楼和裙房之间的编排形成了一个近乎地质化的城市聚合物，并受制于材料、形式和能量之间的关系。这个聚合物最重要的概念是通过穿孔结构的管状体控制自然光照和被动的热力学表现。

策略性地布置观景台改变了平面几何图形，既把受风力影响最大区段的振动降到最低，同时又调整结构空心与实心的比例来确定结构应力的位置，形成的流体图案根据建筑朝向平衡了自然光照和辐射，成为形态上的特色。这种大尺度的材料聚集适应当地的生产环境、建造工期和义乌的亚热带雨林气候。

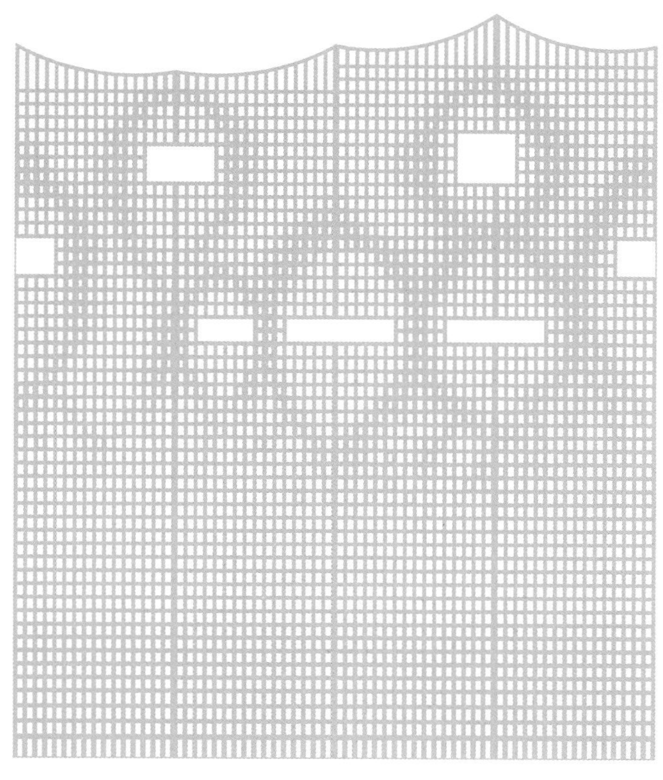

立面结构穿孔管图解。立面上的几何图形是对角状的，转角部分的观景台不时打破这样的构图。开窗的规律遵循网格，但是尺寸不断变化。这样做的目的是为了保证钢筋混凝土结构最大的简洁性与控制太阳辐射，以确保日照或热增量与每个立面的日照时间之间保持平衡。

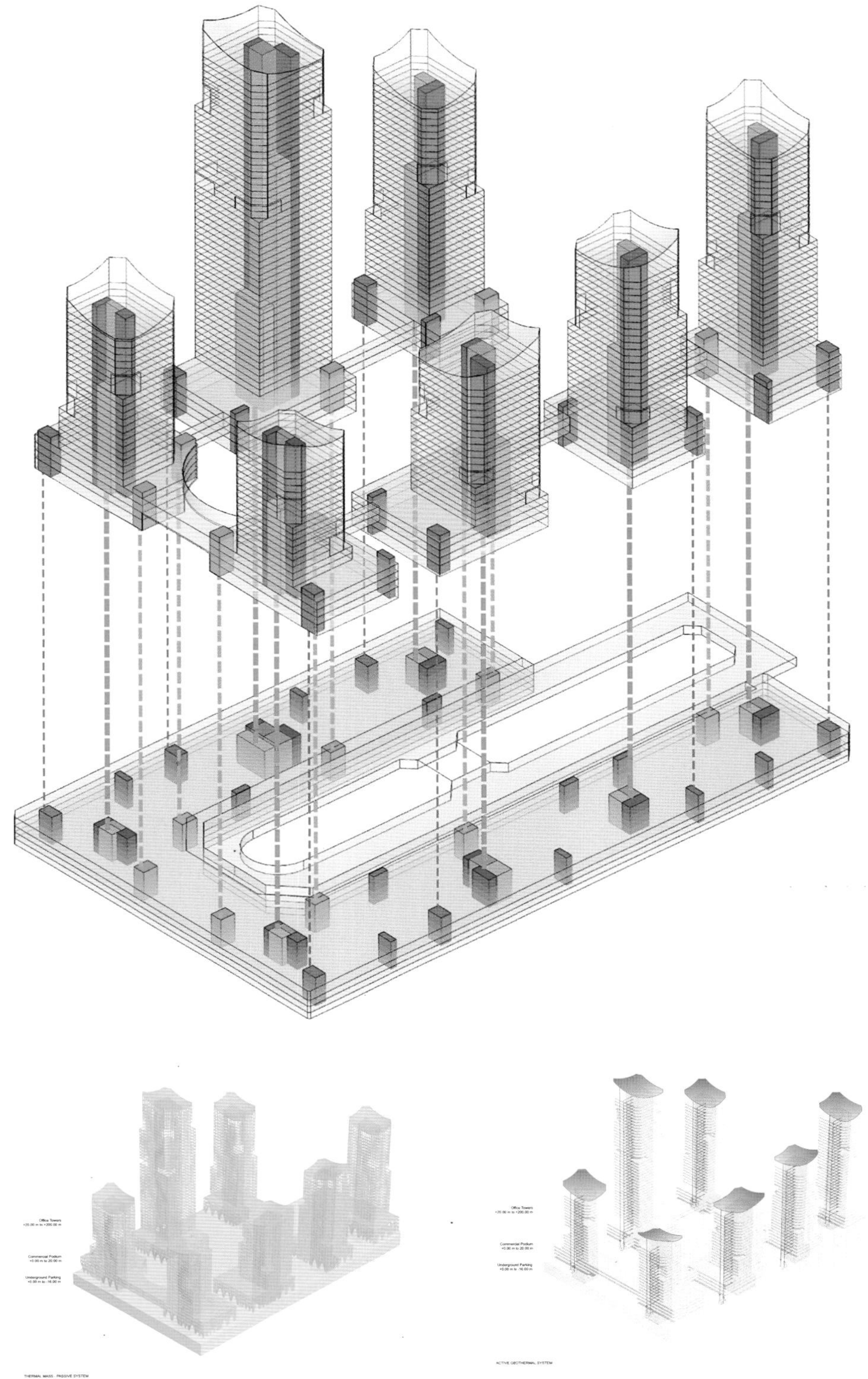
Office Towers
+20.00 m to +200.00 m
Commercial Podium
+0.00 m to 20.00 m
Underground Parking
+0.00 m to -16.00 m
THERMAL MASS - PASSIVE SYSTEM
Office Towers
+20.00 m to +200.00 m
Commercial Podium
+0.00 m to 20.00 m
Underground Parking
+0.00 m to -16.00 m
ACTIVE GEOTHERMAL SYSTEM

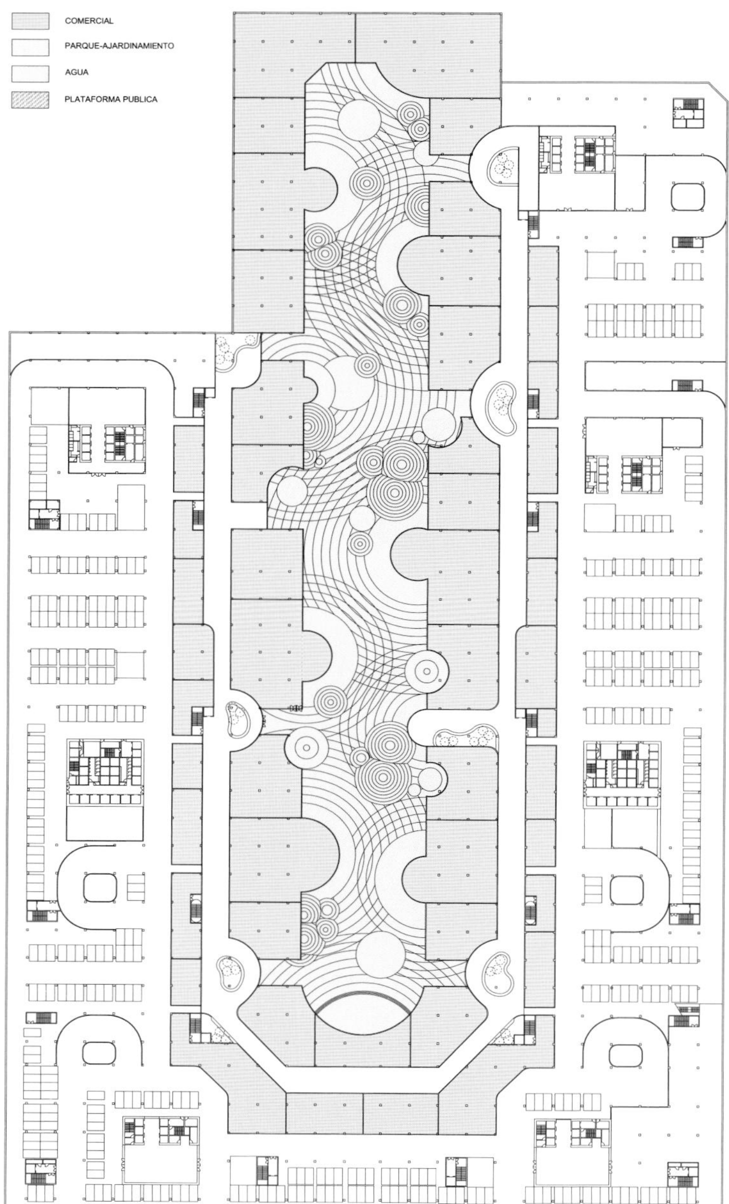
COMERCIAL
PARQUE-AJARDINAMIENTO
AGUA
PLATAFORMA PUBLICA

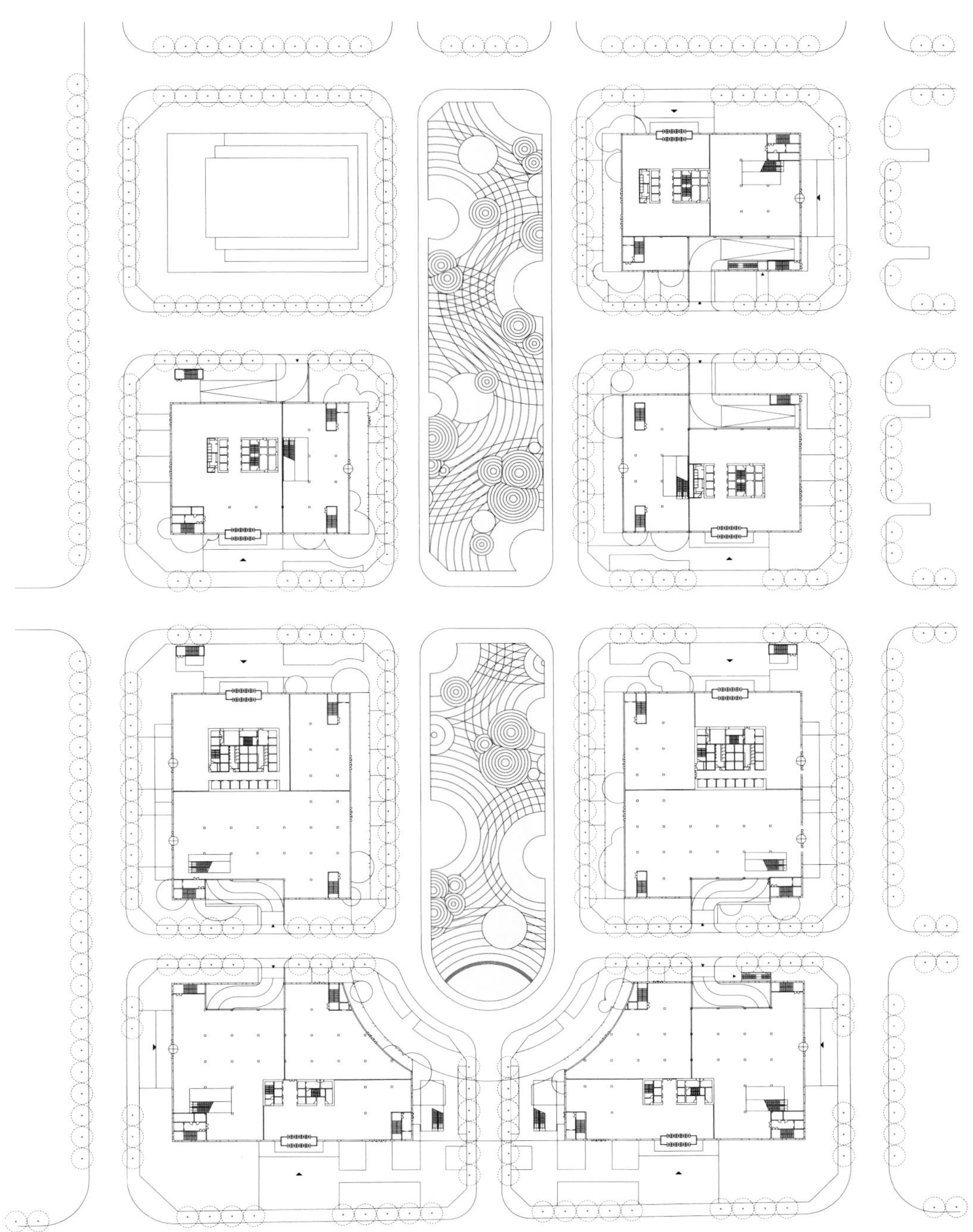

PLANTA DE ACCESO

0 5 10 20m

9

奥尔菲拉街（Calle Orfila）住宅楼

西班牙马德里

马德里（海拔600米以上，属大陆性气候）的辐射和通风条件令它有可能成为一座完全被动式能源的城市，并且基于此假设进一步发展了这个项目，使之成为原型。考虑到项目位于毗邻古柯城堡的历史中心，这样的原型找到了马德里优越的建筑传统和遮挡阳光的渗透幕墙之间的共同点，并加以实验，将兼具传统空间的舒适感、现代空间的清洁度的室内“连通空间”[1]与室内外空气流通相结合。

这是一座紧凑、大进深的建筑，双向通风，南北向布局且带有中心庭院，与符合热力学设计的、带有遮阳的大型开窗一起，以一种传统建筑的形象出现。南向的日常房间、北向的卧室和设备房环绕排布在庭院周围。在这种布局上叠加的是一系列挖进剖面的露台，创造出大片的室外生活空间，与地面茂盛的景观相呼应。所有这些都把场地的限制转化成有力的条件（西面保护的界墙，大树在夏天保护着东立面和邻近的住宅，周边的住宅决定了公寓楼应有的高度）。

1. 连通空间（communicating room）指两个相邻的房间可以通过一扇门相互连通。译者注

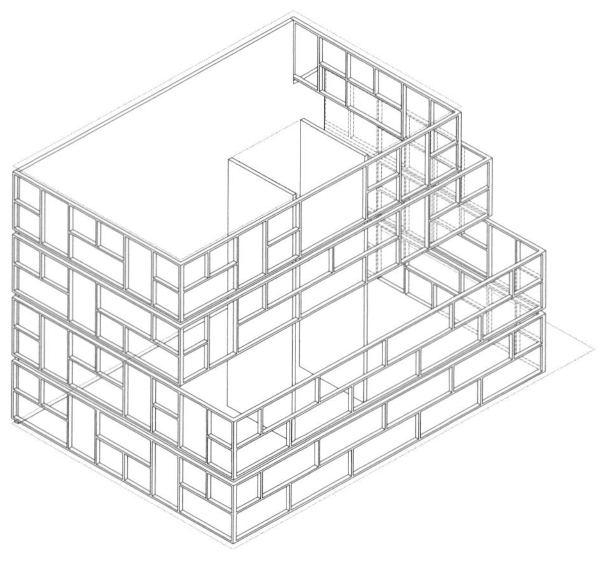

ESQUEMA ESTRUCTURAL

0 1 2 5m

JUANJO OLIVA

PLANTA BAJA

0 1 2 5m

空间的分布意图创造一种多用途的正交迷宫，室内与室外交汇，不同的房间在可爱的马德里夜色中融合在一起，就像身处于一个大派对，人们向各处移动却不会意识到任何空间或私密性上的差异。

宅邸和树是我们拥有的一切。树既能起到布景的作用，又有保温的作用。它奉献了自己的几何形态还有阴影。它在东南面是可贵的过滤器，消解了这个方向多余的日照。格栅、结构的划分和树是我们的过滤器。

奥斯莫车站——“大巴黎计划”

法国巴黎

项目以一种共同协作的方式充分地利用地铁散发的能量，南立面如同一个光伏发电机，而功能的密集混合是为了创造一个接近于零排放的建筑综合体。更重要的是，作为一个交通枢纽式的地铁站，它不仅结合了公交车停靠，还设置了可供租赁的自行车和纯电动汽车。地铁所用的电能和机械能作为热能释放出来。地铁从清晨5点开始运转，直至半夜停运，产生的多余热能在高峰时期达到最大值。这些能量在冬天给建筑供热，夏天散热。我们提议利用一个带烟囱的“风肺”（eoliclung），以疏导地铁制造的热量，烟囱贯穿这座功能混合性建筑。

烟囱的高度意味着热流是自然通风产生的。在建筑内部，靠近出口的上层区域里装有能量回收交换器，保证水回路的恒定温度，以服务放置了可逆热泵的车站内的各种不同活动。因此，这个系统在同时需要供热与制冷的情况下非常高效，特别是在这样一个商业、办公和公寓毗邻且功能混合的地块中。“风肺”在夏天打开，增加建筑的孔洞，以减少制冷的需要。

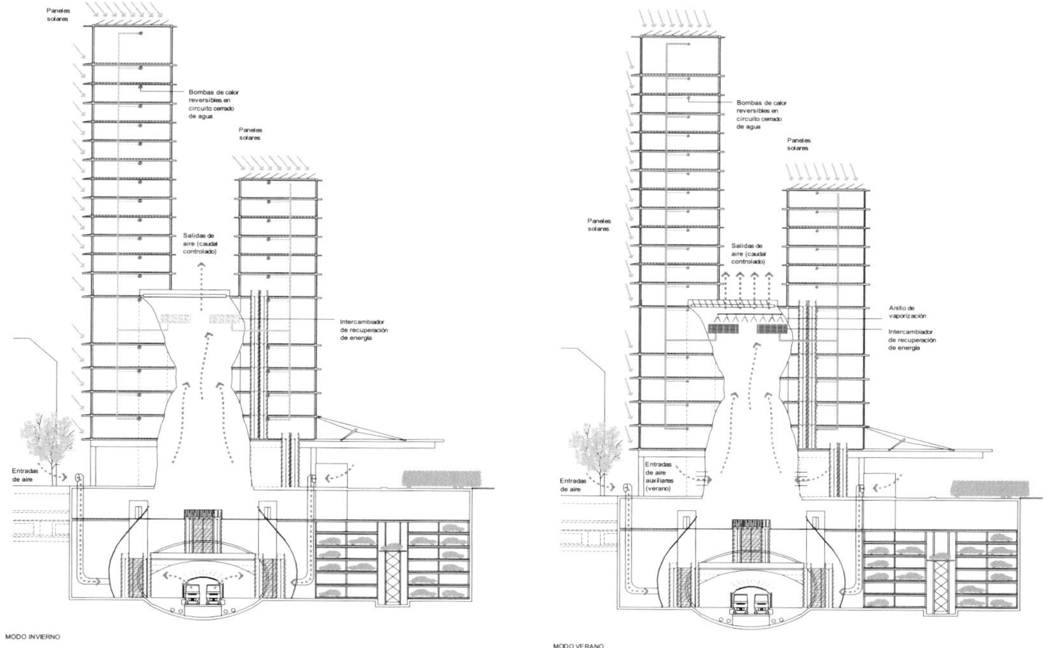

这个项目中最核心的热力学概念浓缩在这个方程式中：

地铁＋混合功能＋密度＋阳光＝零排放

圆顶和螺旋结构上的白色陶板，贴面砖基座和内置装饰，连同沥青铺地一起创造出熟知的景观，同时又是崭新的、光亮、宁静与包围的环境。如果它具备创造新体验的能力；如果它能被视作产生全新维度公共生活的城市景观，那么奥斯莫车站就是成功的。

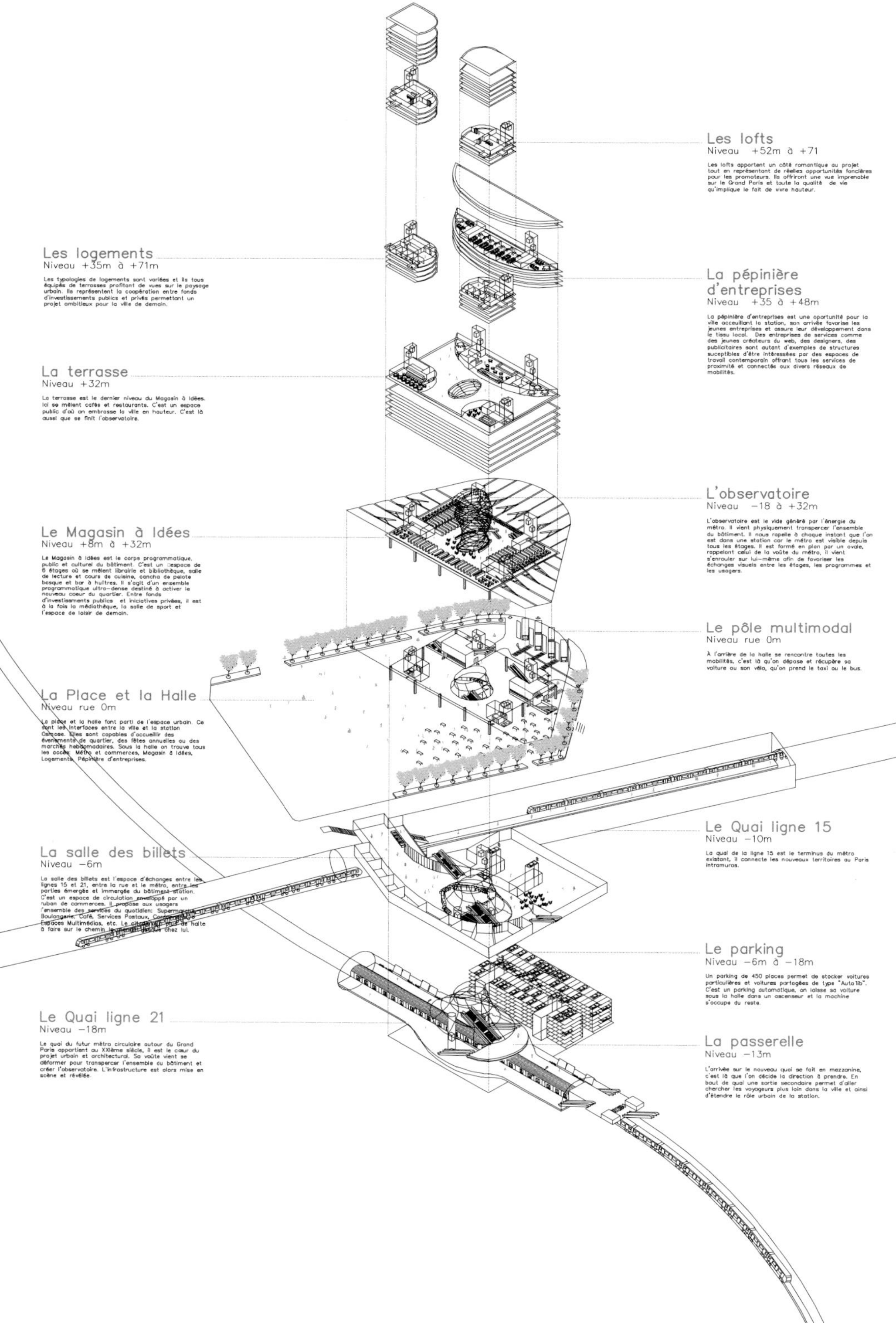
Les lofts
Niveau +52m à +71
Les lofts apportent un côté romantique au projet tout en représentant de réelles opportunités foncières pour les promoteurs. Ils offriront une vue imprenable sur le Grand Paris et toute la qualité de vie qu'implique le fait de vivre hauteur.
Les logements
Niveau +35m à +71m
Les typologies de logements sont variées et ils tous équipés de terrasses profitant de vues sur le paysage urbain. Ils représentent la coopération entre fonds d'investissements publics et privés permettant un projet ambitieux pour la ville de demain.
La pépinière d'entreprises
Niveau +35 à +48m
La pépinière d'entreprises est une oportunité pour la ville acceuillant la station, son arrivée favorise les jeunes entreprises et assure leur développement dans le tissu local. Des entreprises de services comme des jeunes créateurs du web, des designers, des publicitaires sont autant d'exemples de structures suceptibles d'être intéressées par des espaces de travail contemporain offrant tous les services de proximité et connectés aux divers réseaux de mobilités.
La terrasse
Niveau +32m
La terrasse est le dernier niveau du Magasin à Idées. Ici se mêlent cafés et restaurants. C'est un espace public d'où on embrasse la ville en hauteur. C'est là aussi que se finit l'observatoire.
L'observatoire
Niveau -18 à +32m
L'observatoire est le vide généré par l'énergie du métro. Il vient physiquement transpercer l'ensemble du bâtiment. Il nous rapelle à chaque instant que l'on est dans une station car le métro est visible depuis tous les étages. Il est formé en plan par un ovale, rappelant celui de la voûte du métro, il vient s'enrouler sur lui-même afin de favoriser les échanges visuels entre les étages, les programmes et les usagers.
Le Magasin à Idées
Niveau +8m à +32m
Le Magasin à Idées est le corps programmatique, public et culturel du bâtiment. C'est un espace de 6 étages où se mêlent librairie et bibliothèque, salle de lecture et cours de cuisine, cancha de pelote basque et bar à huîtres. Il s'agit d'un ensemble programmatique ultra-dense destiné à activer le nouveau coeur du quartier. Entre fonds d'investissments publics et iniciatives privées, il est à la fois la médiathèque, la salle de sport et l'espace de loisir de demain.
Le pôle multimodal
Niveau rue 0m
À l'arrière de la halle se rencontre toutes les mobilités, c'est là qu'on dépose et récupère sa voiture ou son vélo, qu'on prend le taxi ou le bus.
La Place et la Halle
Niveau rue 0m
La place et la halle font parti de l'espace urbain. Ce sont les interfaces entre la ville et la station Osmose. Elles sont capables d'accueillir des évènements de quartier, des fêtes annuelles ou des marchés hebdomadaires. Sous la halle on trouve tous les accès: Métro et commerces, Magasin à Idées, Logements, Pépinière d'entreprises.
Le Quai ligne 15
Niveau -10m
La quai de la ligne 15 est le terminus du métro existant, il connecte les nouveaux territoires au Paris intramuros.
La salle des billets
Niveau -6m
La salle des billets est l'espace d'échanges entre les lignes 15 et 21, entre la rue et le métro, entre les parties émergée et immergée du bâtiment station. C'est un espace de circulation enveloppé par un ruban de commerces. Il propose aux usagers l'ensemble des services du quotidien: Superma... Boulangerie, Café, Services Postaux, Cor... Espaces Multimédias, etc. Le cit... plus de halte à faire sur le chemin ... chez lui.
Le parking
Niveau -6m à -18m
Un parking de 450 places permet de stocker voitures particulières et voitures partagées de type "Auto lib". C'est un parking automatique, on laisse sa voiture sous la halle dans un ascenseur et la machine s'occupe du reste.
Le Quai ligne 21
Niveau -18m
Le quai du futur mètro circulaire autour du Grand Paris appartient au XXIème siècle, il est le cœur du projet urbain et architectural. Sa voûte vient se déformer pour transpercer l'ensemble du bâtiment et créer l'observatoire. L'infrastructure est alors mise en scène et révélée.
La passerelle
Niveau -13m
L'arrivée sur le nouveau quai se fait en mezzanine, c'est là que l'on décide la direction à prendre. En bout de quai une sortie secondaire permet d'aller chercher les voyageurs plus loin dans la ville et ainsi d'étendre le rôle urbain de la station.

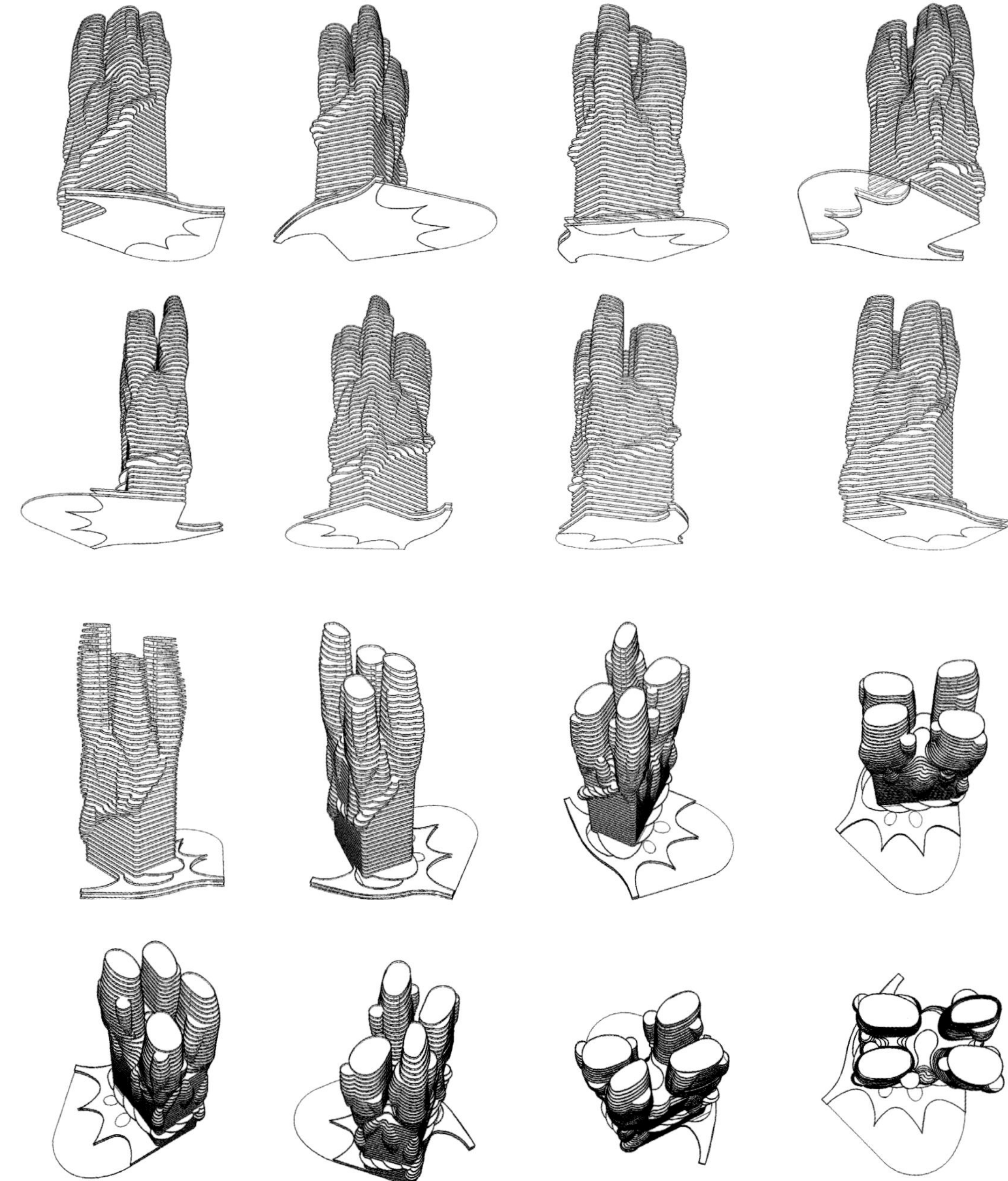

拉夏贝尔门塔楼（Tour Port de la Chapelle）

法国巴黎

重新考虑高层建筑中功能的均一性，创造起居空间；有目的地选择可达性最高的公共交通，为年轻人提出最合适的功能；试验在形式优化和建造系统基础上的环境假说，并创造列该地的一个标识。这是在大学设施以外、优先考虑可达性的又一种高层生活方式——在最好的环境条件下，在大巴黎地区地图上营造出一种更平等的中心分配。

设计综合考虑了巴黎规划中所设想的多种功能，在任务书自如切换的基础上探索垂直组织，用突出的景观基底来创造出不规则的地形，与附近的肖蒙山丘公园或蒙马特山等量齐观。这创造出一种混合的形式：像摩天楼和大山。圆的形式与缩小的剖面在把风力对结构的作用最小化的同时促进了自然通风；突出物和景观使用被动能源，混合的功能意味着能源可以根据不同的功能和时段进行管理，形成能源的交换环，分享和开发那些可能被浪费掉的能源。

巴黎可以被诠释为时间的分层：地理上的（蒙马特山（Montmartre），肖蒙山（Butte Chaumont）），考古上的（罗马式平面连接起圣母院（Notre-Dame）和圣丹尼斯教堂（Saint Denis）），热力学上的（阳光辐射，风态）和基础设施上的（流动网络）。在它们的共同作用之下揭示出一个全新的人工地形，与所有这些次级系统相连，在利用它们的同时也赋予一种新的活力。

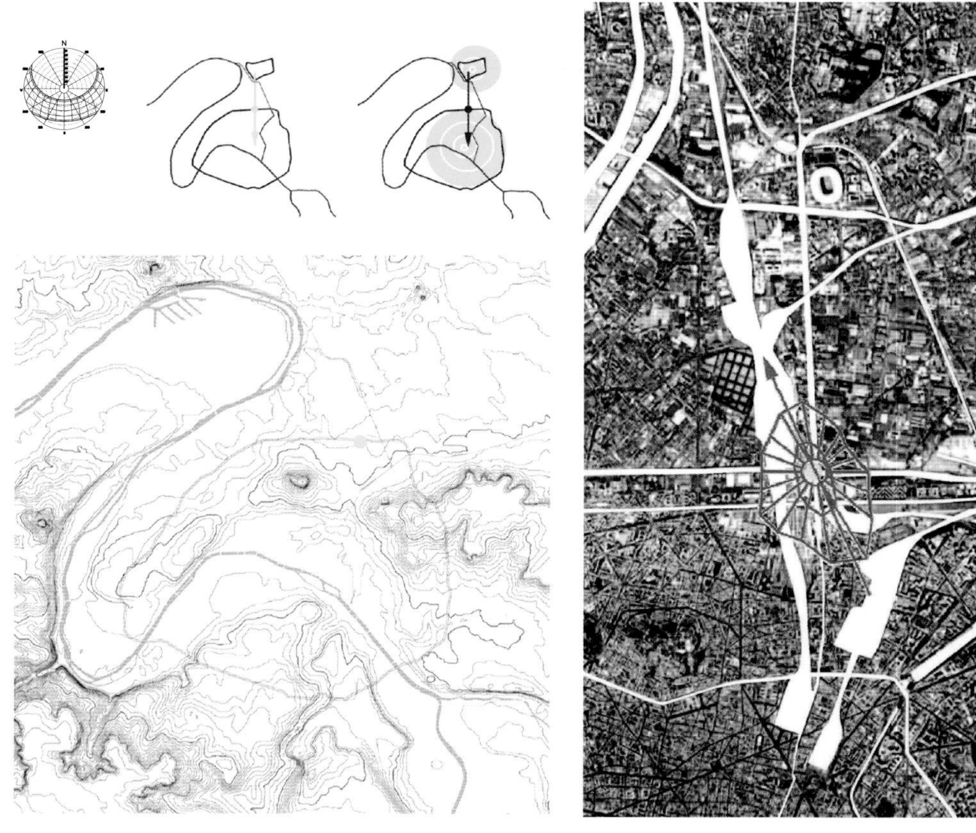

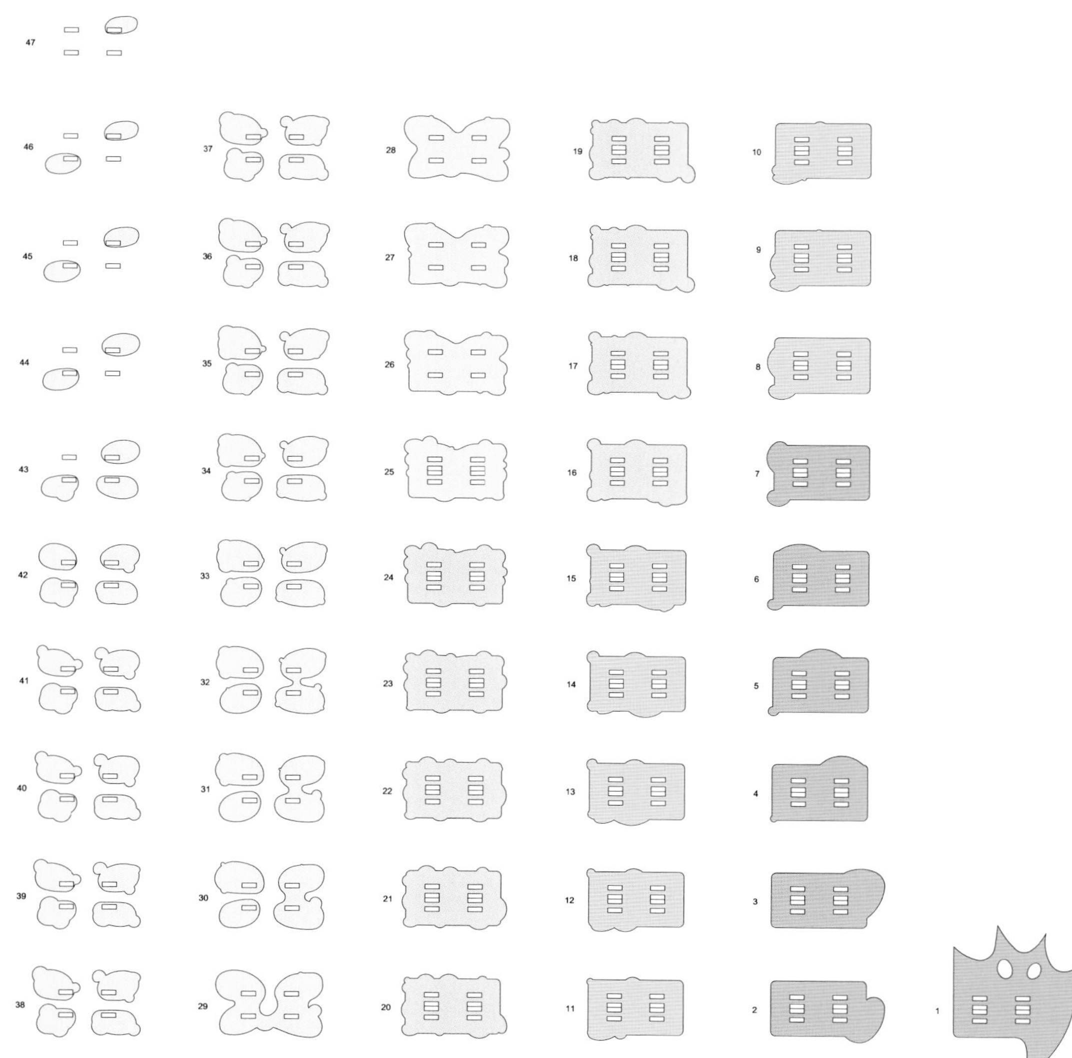
47
46
37
28
19
10
45
36
27
18
9
44
35
26
17
8
43
34
25
16
7
42
33
24
15
6
41
32
23
14
5
40
31
22
13
4
39
30
21
12
3
38
29
20
11
2
1

0 10 50 100m

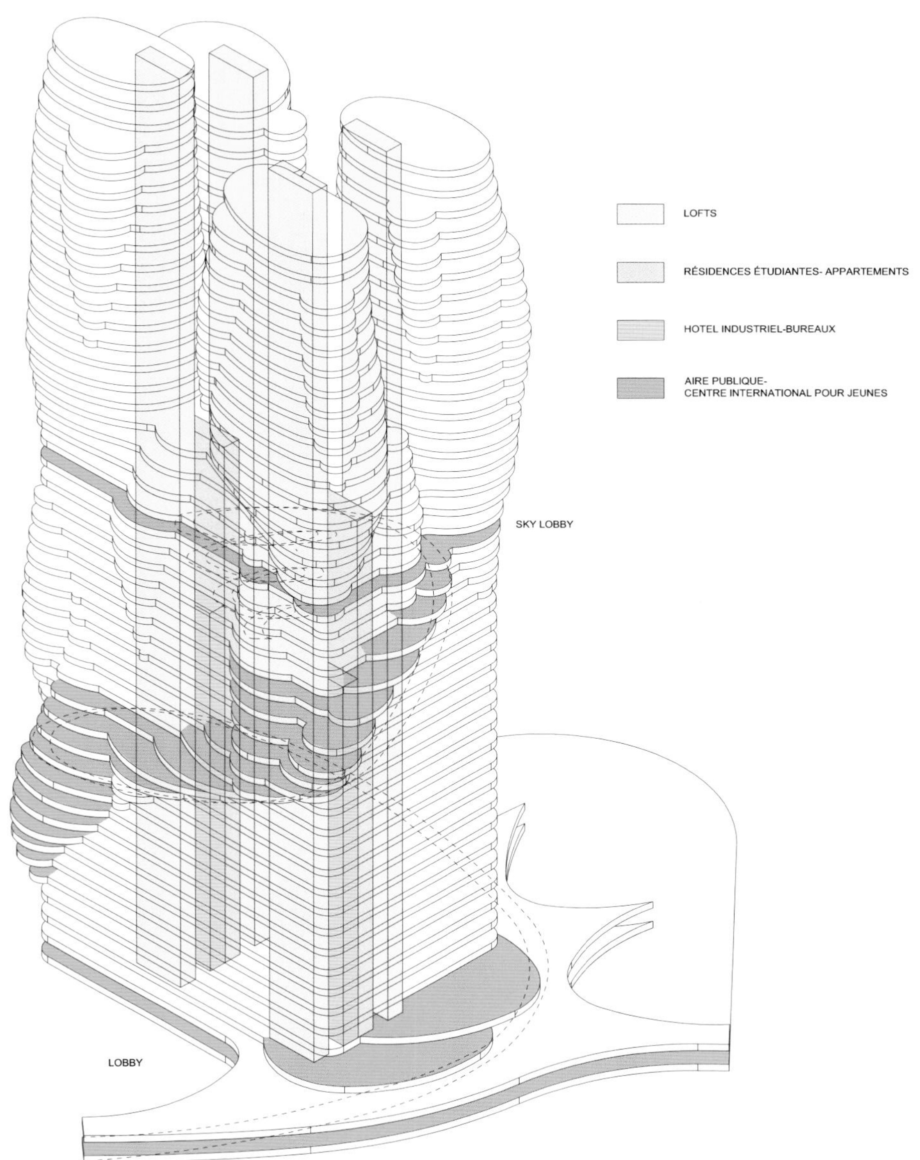
LOFTS
RÉSIDENCES ÉTUDIANTES- APPARTEMENTS
HOTEL INDUSTRIEL-BUREAUX
AIRE PUBLIQUE-
CENTRE INTERNATIONAL POUR JEUNES
SKY LOBBY
LOBBY

项目的功能是按照私密性的递增向上排列的，其中包括文化功能（大学校园），商业和办公功能，学生宿舍和住宅（阁楼）。这样设计的结果是对城市活动和最佳居住环境的聚焦：传统城市中由满是噪声和空气污染的基础设施定义的领域，现在从高度上被转化为一座壮丽的景观。

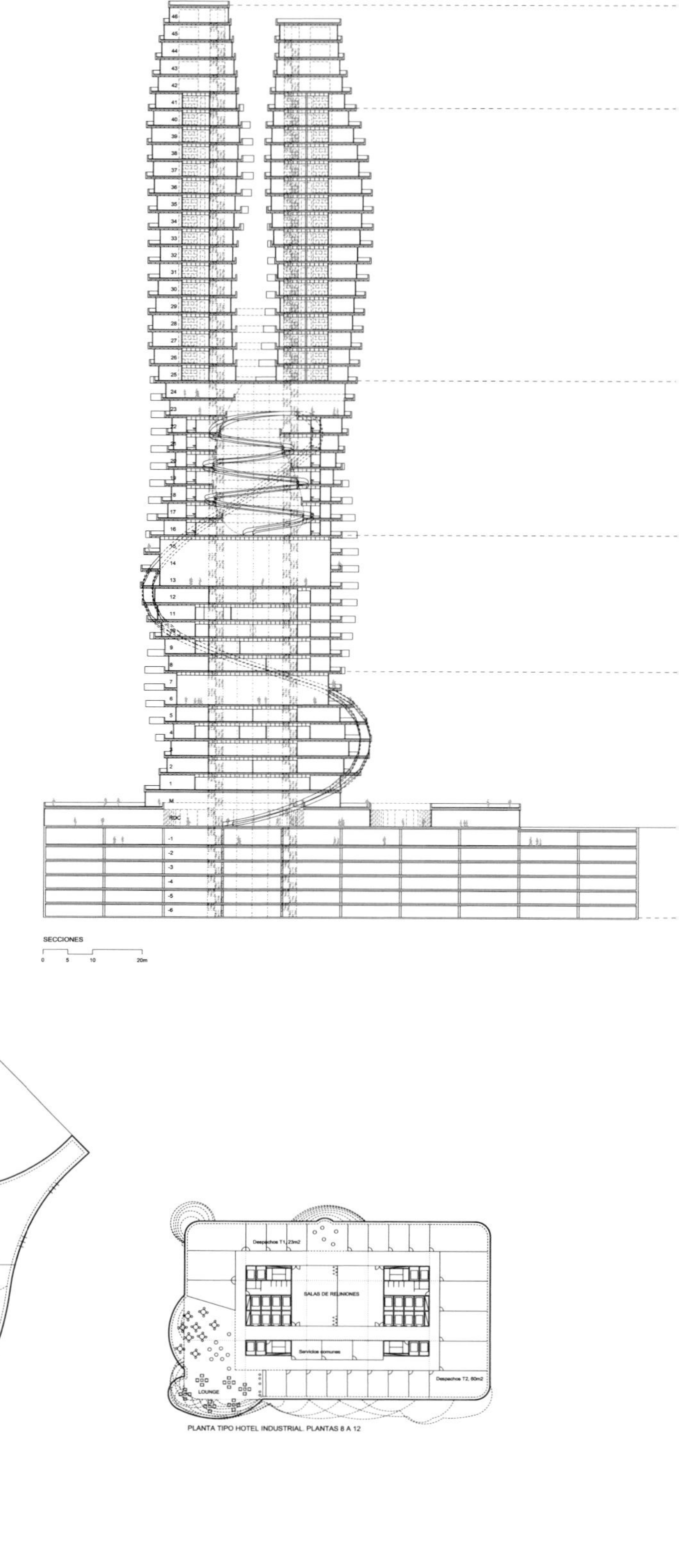

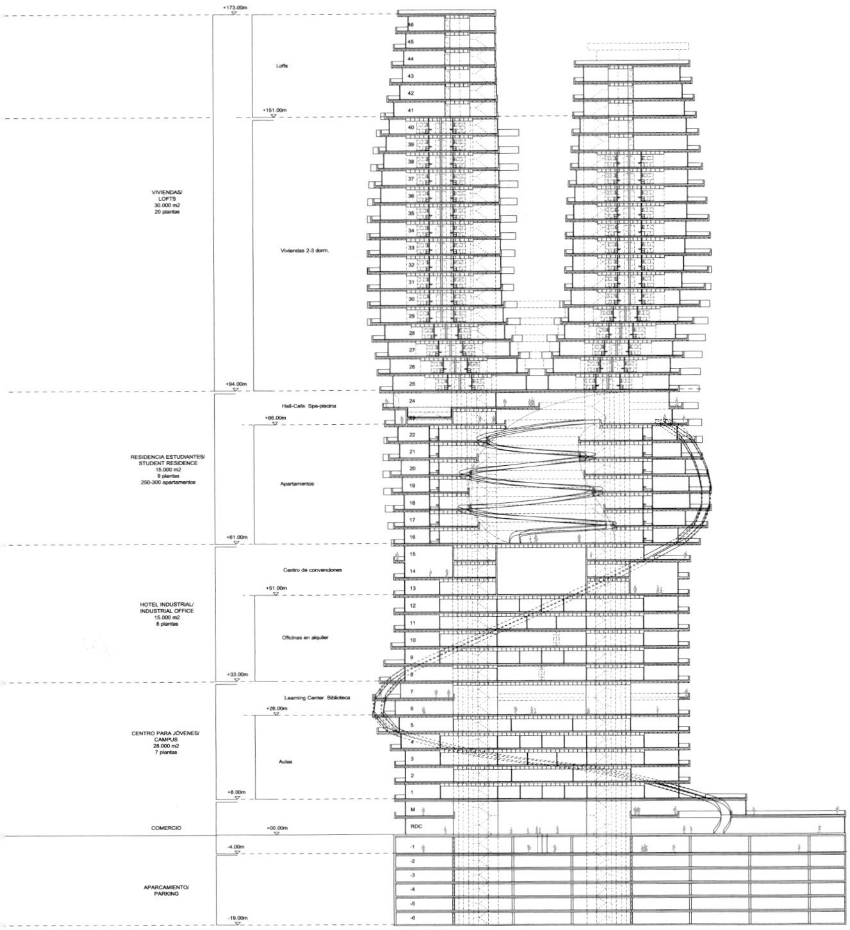

+173.00m
Lofts
+151.00m
VIVIENDAS/
LOFTS
30.000 m2
20 plantas
Viviendas 2-3 dorm.
+94.00m
Hall-Cafe. Spa-piscina
+86.00m
RESIDENCIA ESTUDIANTES/
STUDENT RESIDENCE
15.000 m2
9 plantas
250-300 apartamentos
Apartamentos
+61.00m
Centro de convenciones
+51.00m
HOTEL INDUSTRIAL/
INDUSTRIAL OFFICE
15.000 m2
8 plantas
Oficinas en alquiler
+33.00m
Learning Center. Biblioteca
+26.00m
CENTRO PARA JÓVENES/
CAMPUS
28.000 m2
7 plantas
Aulas
+8.00m
COMERCIO
+00.00m
-4.00m
APARCAMIENTO/
PARKING
-19.00m

mantenim.
mantenim.

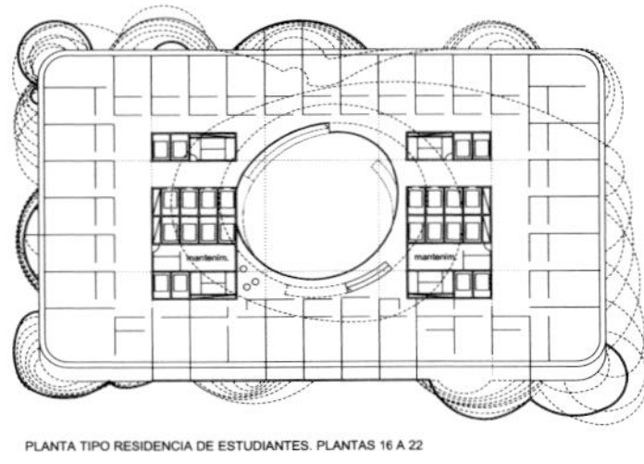

PLANTA TIPO RESIDENCIA DE ESTUDIANTES. PLANTAS 16 A 22

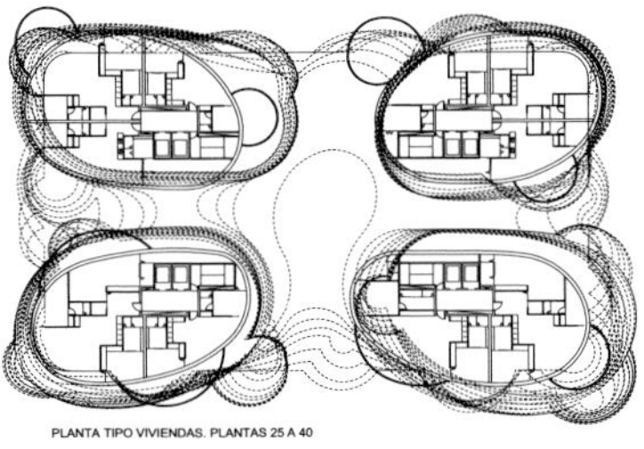

PLANTA TIPO VIVIENDAS. PLANTAS 25 A 40

南京综合街区

中国南京

项目处在正在开发的地块，沿同一轴线排列着形式不一的建筑。设计中的城市街区尺度是170mx170m，需要满足不同使用功能和不同结构的要求，包括四栋公寓，一个较高体块内的旅馆和会议中心，地面以上四层的商业裙房和地下三层的停车库。

项目的目标是把建筑多样性和环保品质带入这个已经整合成高度精简、统一的城市生长系统。根据当地的气候特征和混合功能，项目中组织了两个能量交换环：一个在整体体量和外部气候因素（特别是通风和辐射）之间，另一个则基于日常循环中因为热源-库（造成余热收益或稀缺的活动）而产生的内部能量交换。对这两个环的整合管理促进了对混合功能的理解——它是一种在高密度城市尺度中的生物气候策略。鉴于任务书的要求，我们提出了两个自治的能量管理中心：旅馆和会议中心共同形成了一个单元，裙楼和住宅则形成了另一个。

建筑的表面是玻璃幕墙（高层建造的惯常做法）和曲面集合体。外层之下隐藏的是有50%不透明表面的室内。建筑内主要的模数，包括较小尺度和反射玻璃（从视觉上放大构图），取决于单层平面内的较大模数——其中包括大尺寸的透明玻璃和整合在窗框中的通风系统，这保证整个建筑能在适宜的气候状况下“呼吸”。

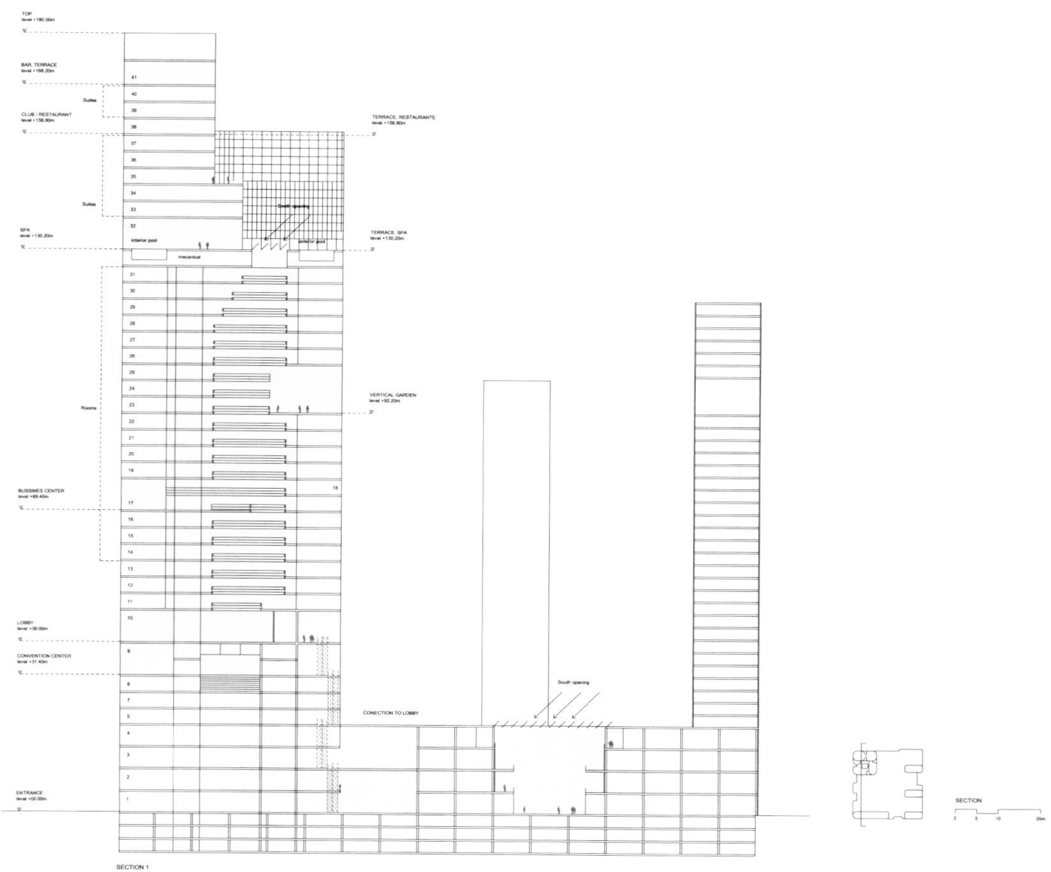

在建筑日常的真实需要与整体趋势之间往往难以平衡，但我们的工作中非常重要的一部分正是从未来的角度使之连接，将希冀建立在那些能满足一个人更诗意化的需求之上。玻璃中既有可持续性也有美感的存在，正如我们住宅周围那些自然、阴凉的氛围，或者是工作环境中自然的通风。玻璃是一种基础材料，是对现代主义无法割离的传承（事实上现代主义已经被完全简化成玻璃和摩天楼）。不同于那种怯弱的可持续观点所做的原始预言，我们对玻璃深信不疑，因为它是唯一一种在过去五六十年间不断对热力学作出回应的材料，并且仍以新的、透明光电池玻璃继续这种趋势，以电脉冲代替了周边的窗框；革命近在眼前，玻璃的角色即将从一种惰性元素转变为活性元素，从建筑的能量薄弱环节转变为收集装置，反哺建筑。

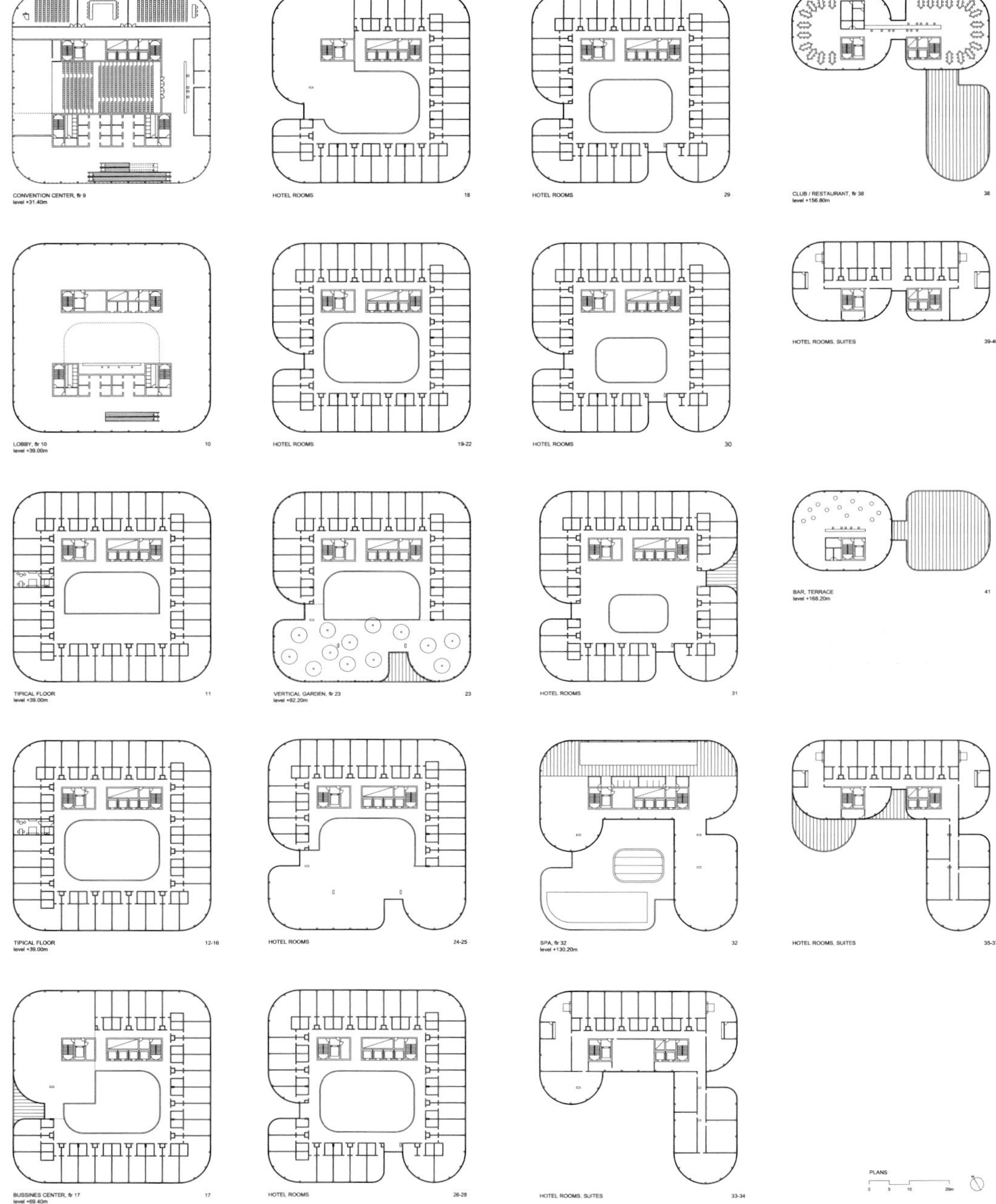
CONVENTION CENTER, flr 9
level +31.40m
HOTEL ROOMS 18
HOTEL ROOMS 29
CLUB / RESTAURANT, flr 38
level +156.80m
38
LOBBY, flr 10
level +39.00m
10
HOTEL ROOMS 19-22
HOTEL ROOMS 30
HOTEL ROOMS, SUITES 39-40
TIPICAL FLOOR
level +39.00m
11
VERTICAL GARDEN, flr 23
level +92.20m
23
HOTEL ROOMS 31
BAR, TERRACE
level +168.20m
41
TIPICAL FLOOR
level +39.00m
12-16
HOTEL ROOMS 24-25
SPA, flr 32
level +130.20m
32
HOTEL ROOMS, SUITES 35-37
BUSSINES CENTER, flr 17
level +69.40m
17
HOTEL ROOMS 26-28
HOTEL ROOMS, SUITES 33-34
PLANS
0 5 10 20m

公寓楼之间10米的间距保证了空气对流。满足全年日照时间的建筑朝向和留白的空间、露台一起形成了规则的组合，与裙房和旅馆形成对话。共同形成一个以后者为中心的集合体。

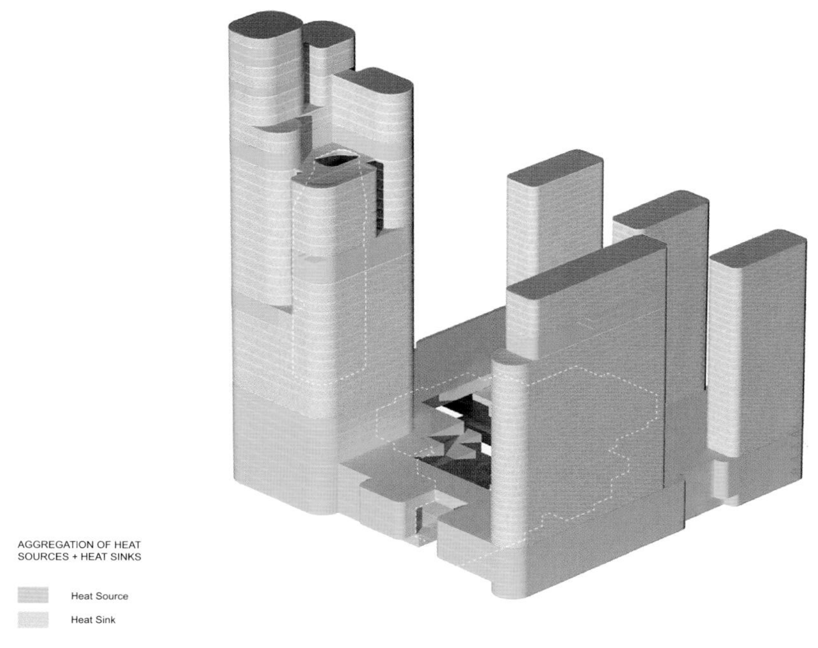

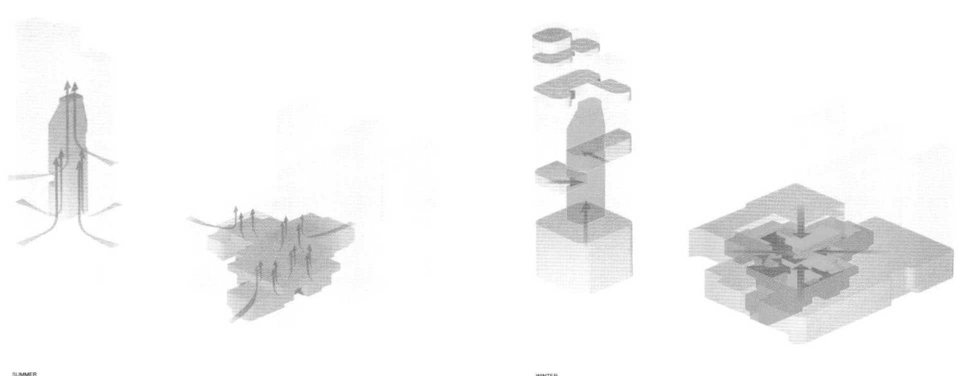

公寓楼之间10米的间距保证了空气对流。满足全年日照时间的建筑朝向和留白的空间、露台一起形成了规则的组合，与裙房和旅馆形成对话。共同形成一个以后者为中心的集合体。

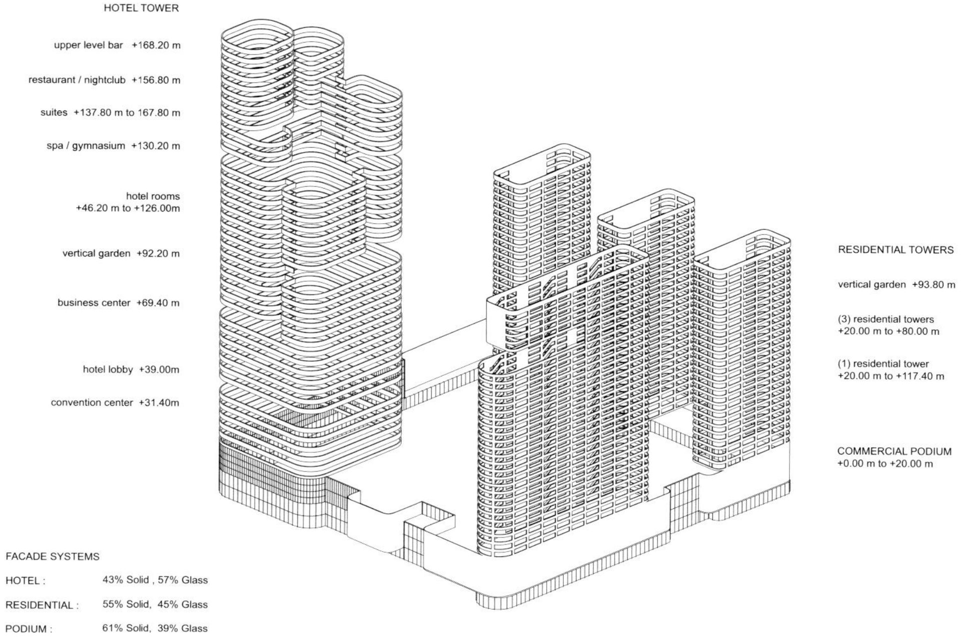
HOTEL TOWER
upper level bar +168.20 m
restaurant / nightclub +156.80 m
suites +137.80 m to 167.80 m
spa / gymnasium +130.20 m
hotel rooms
+46.20 m to +126.00m
vertical garden +92.20 m
business center +69.40 m
hotel lobby +39.00m
convention center +31.40m
RESIDENTIAL TOWERS
vertical garden +93.80 m
(3) residential towers
+20.00 m to +80.00 m
(1) residential tower
+20.00 m to +117.40 m
COMMERCIAL PODIUM
+0.00 m to +20.00 m
FACADE SYSTEMS
HOTEL : 43% Solid , 57% Glass
RESIDENTIAL : 55% Solid, 45% Glass
PODIUM : 61% Solid, 39% Glass

旅馆在单个楼层与围绕高中庭布置房间这两种平面之间变化。高中庭保证了较长季节时段内有自然对流通风，顶层楼层内包含了特殊用途和房间，还有对公共开放的露台。

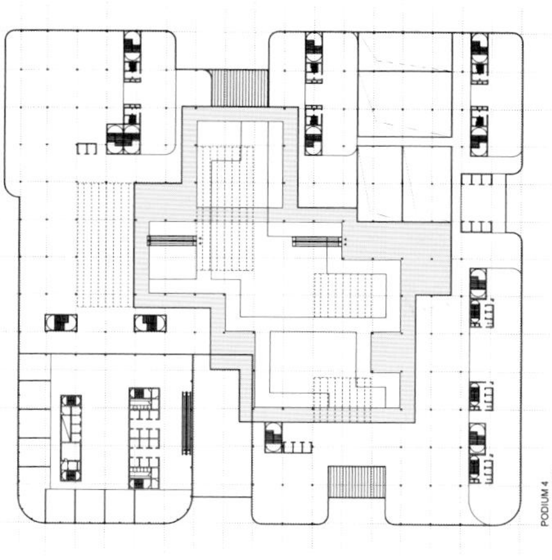

PODIUM 4
level +15.00M

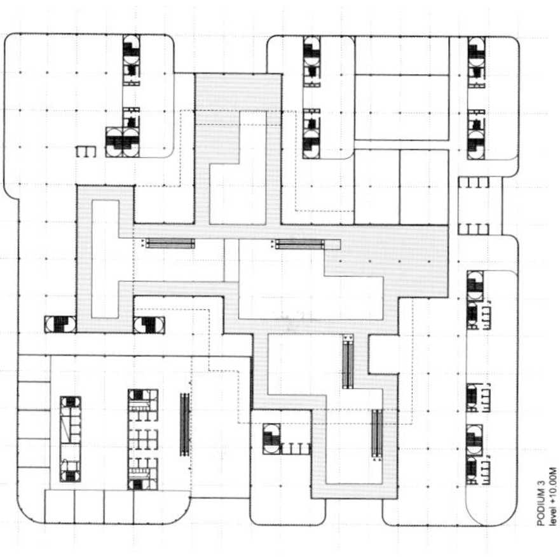

PODIUM 3
level +10.00M

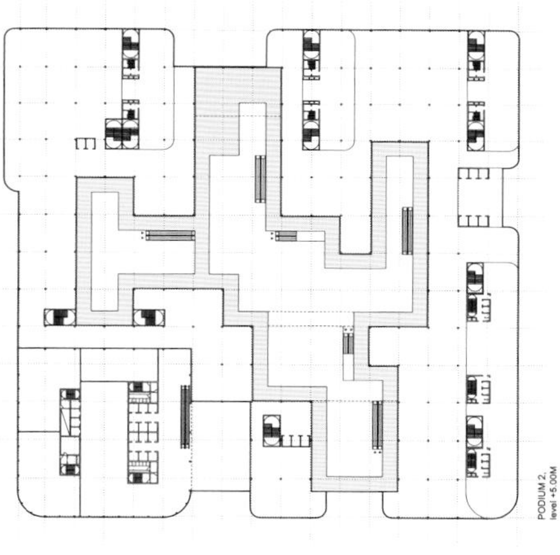

PODIUM 2
level +5.00M

RECEPTION
PODIUM 1
level +0.00M

exterior pool
TERRACE

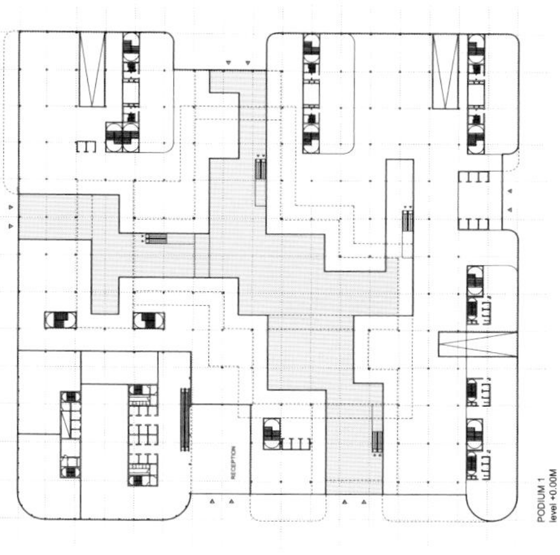

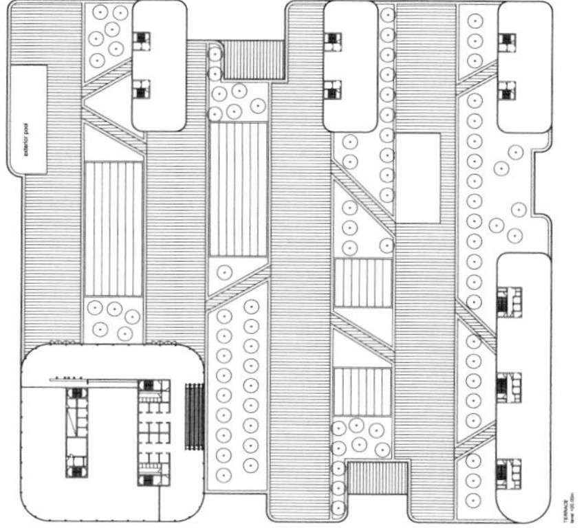

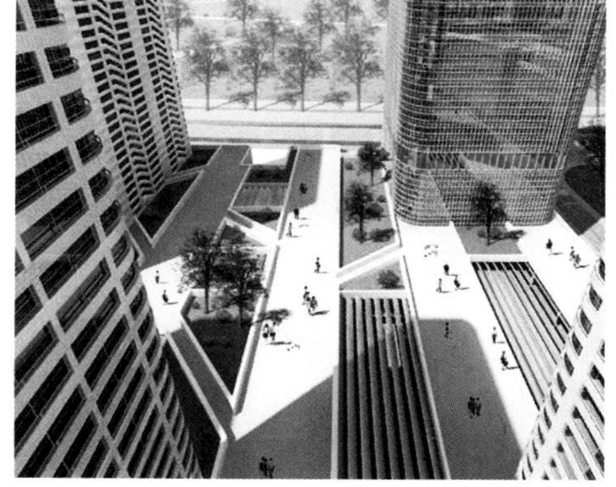

社会城邦太阳能塔

西班牙瓦伦西亚（Valencia）

瓦伦西亚社会城邦（Sociopólis）的太阳能塔同拉夏贝尔门塔楼（Porte de la Chapelle）一样，从同一张草图演变而来，试图将社会住宅从原本千篇一律的建筑形象中摆脱，同时探索这样一座塔楼的可能性：碎片化的顶部处理，以自身的特性做到室内和室外空间的多样化。

在保证日照的同时，建筑高度也有力地促进了双向通风；在瓦伦西亚晴朗又潮湿的气候下，这样的环境手段成为最重要的被动式策略。然而，按照楼层面积来资助社会住宅的做法令基于空间和中间过滤的环境手段几乎不可行。最具操作性的策略——又能保证欣赏到塔楼的全景——是通过带双向通风的反射立面来减少获取的热量，结合有两个朝向的住宅，以及带有高性能玻璃、能够全部开启的窗。建造系统与对建筑的实体分析高度合拍，充分利用了瓦伦西亚的气候优势，做到一年内平均300天的被动式舒适，对环境的影响最小，对高层建筑中物理和景观特点的最大利用。（项目完成后获得了IVE，即瓦伦西亚能源研究所最高的环保资格认证）

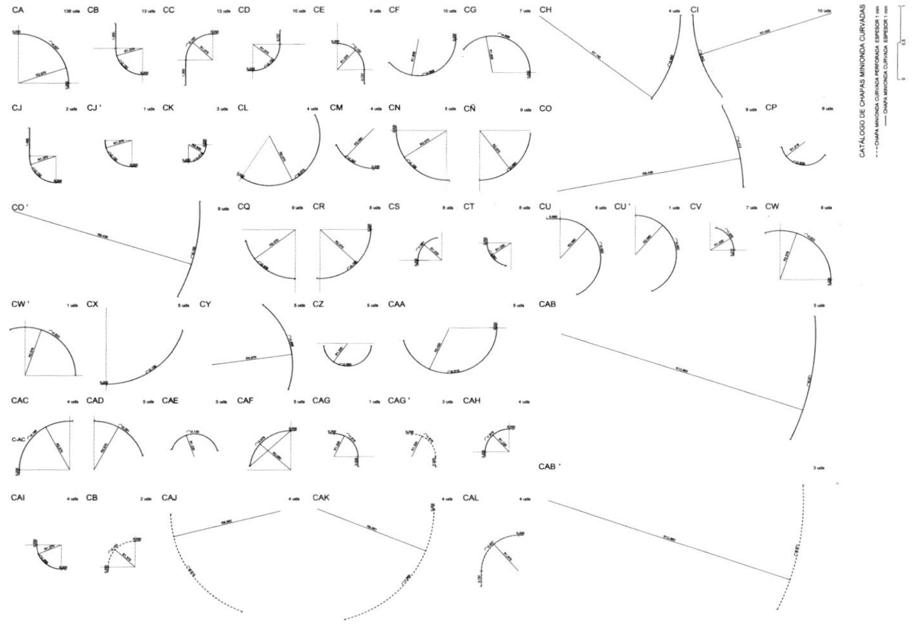

反射材料的使用，结合一个顶部曲线阵列不断增加的几何体，这样的共同协作有助于创造反射，将视线自然地引向垂直建造的关键所在。

这个项目尝试在赋予居住功能视觉特征的形式目标，与采用适合于气候与经济状况的被动式热力学策略来保证舒适性与正常运作的性能目标之间获得一种平衡；因此回避了“社会”与“环境”的定式。

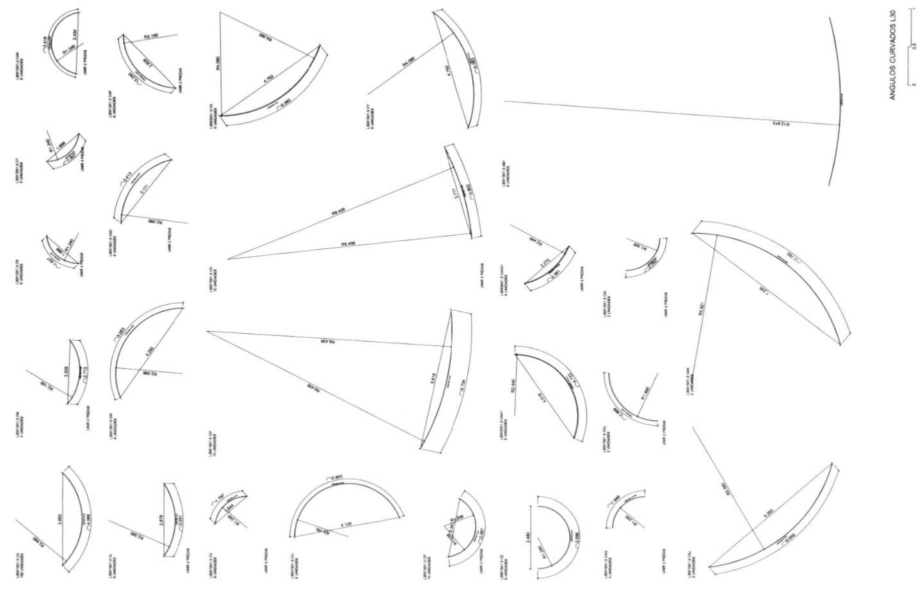

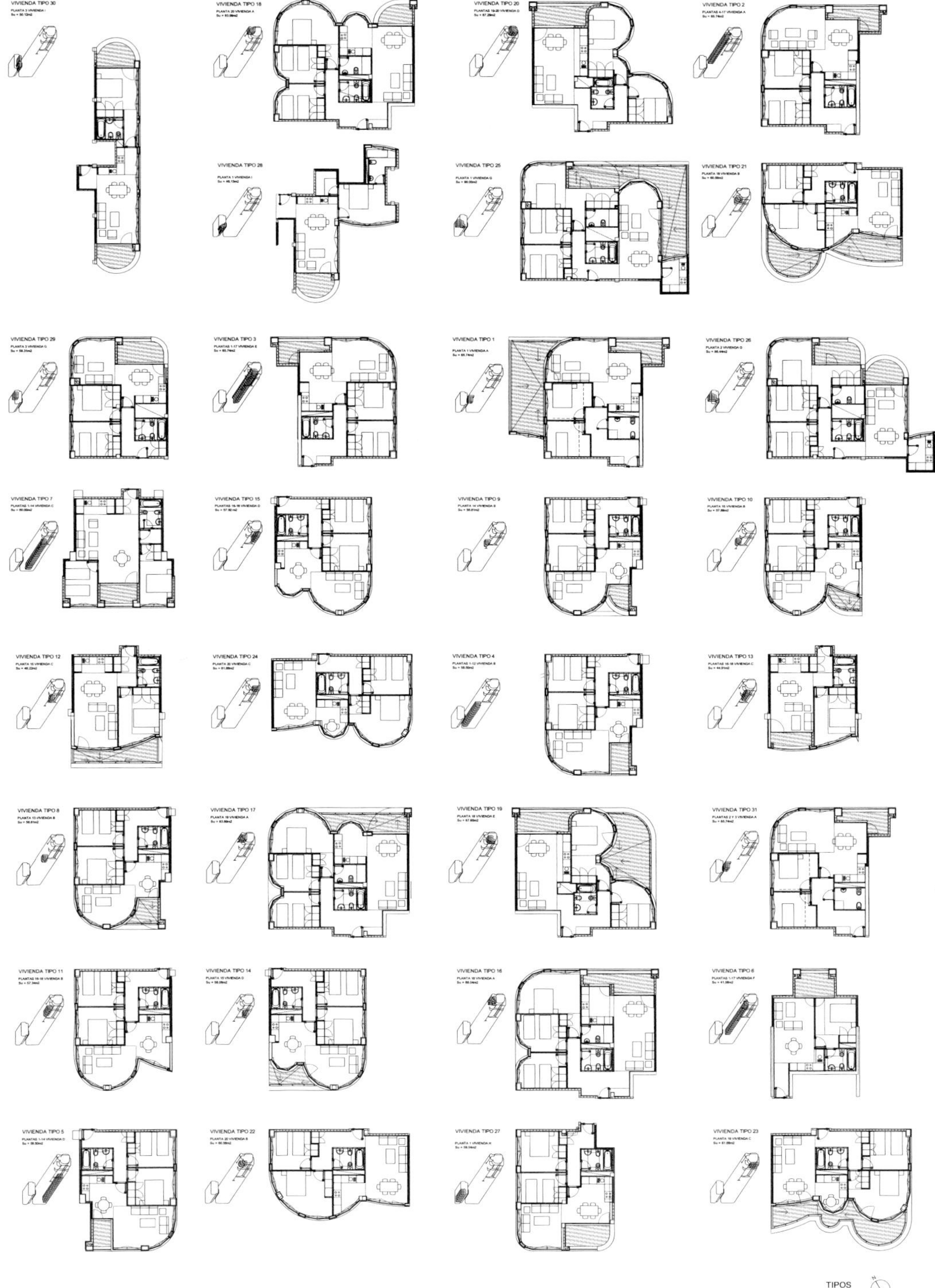
VIVIENDA TIPO 30
VIVIENDA TIPO 18
VIVIENDA TIPO 20
VIVIENDA TIPO 2
VIVIENDA TIPO 28
VIVIENDA TIPO 25
VIVIENDA TIPO 21
VIVIENDA TIPO 29
VIVIENDA TIPO 3
VIVIENDA TIPO 1
VIVIENDA TIPO 26
VIVIENDA TIPO 7
VIVIENDA TIPO 15
VIVIENDA TIPO 9
VIVIENDA TIPO 10
VIVIENDA TIPO 12
VIVIENDA TIPO 24
VIVIENDA TIPO 4
VIVIENDA TIPO 13
VIVIENDA TIPO 8
VIVIENDA TIPO 17
VIVIENDA TIPO 19
VIVIENDA TIPO 31
VIVIENDA TIPO 11
VIVIENDA TIPO 14
VIVIENDA TIPO 16
VIVIENDA TIPO 6
VIVIENDA TIPO 5
VIVIENDA TIPO 22
VIVIENDA TIPO 27
VIVIENDA TIPO 23
TIPOS
N
0 1 2 5m

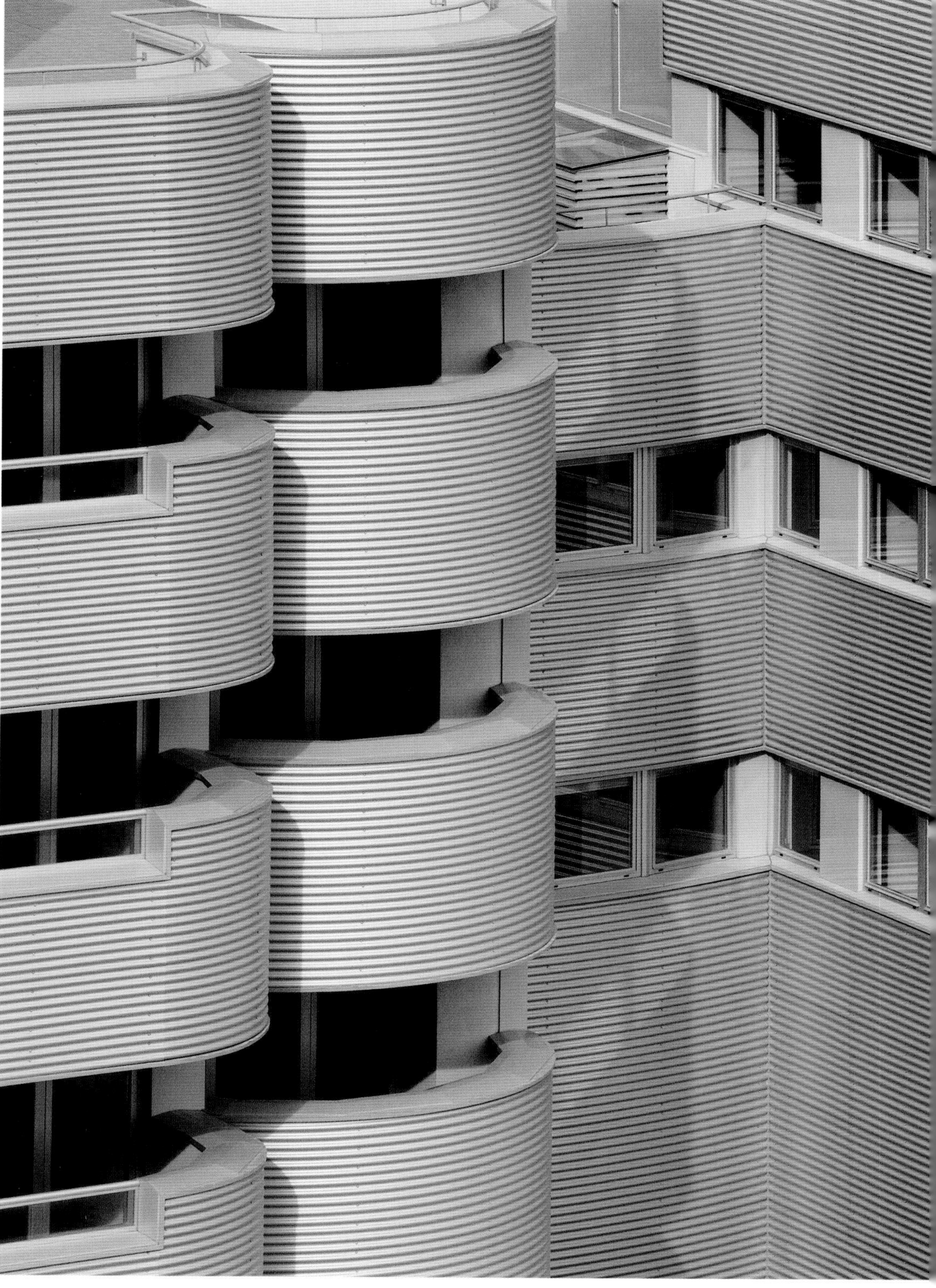

后引力古体的几个秘密

塞罗·纳杰（Ciro Najle）

1. 对峙：热力学—建构

这里发展和研究的模型——“后引力古体”植根于这样一种关系：

对热力学性能和效果的分析之困难，还有控制形成过程的系统方法之松散，分析与方法都变化多端。这种关系终结于一种不同的集合或者意外的建成形式，它的形式不可还原，但是与重重的技术控制相吻合。就操作方法而言，这种复杂的关系严谨却不死板。鉴于它所涉学科和跨学科的属性，它有着艺术上的神秘，政治上的振荡，又互相矛盾。

2. 不可还原性：性能—形式

一系列定义严格的热力学现象有自己的性能图解。在这一语境下，图解一方面被用作一种影响形式和组织的力场，在工具上替代，或在意识上挑战依赖于建构意识的建筑传统；另一方面，图解是一种精准又灵活的评估手段。这两种状况作为材料却非物质（或者说是“空气”）的“基础”，在这种基础上建立了形式的相关性。这样的基础在本质上绝不是一种价值系统的提供者，更不是一种比喻。

3. 振荡：成形—评估

所以项目在这些互相不可还原的极限、形式和性能之间振荡，不完全遵循其中任何一个，但是把二者之间产生的波动当作创造的引擎。它既不是“直接”回应气候条件的机制，又不是在优化的过程中不断测试和调整出来的“客观”的形式解决方案。看似矛盾的是，这种松散性是一个特殊的环境，在优雅（而切题）的文化培养中，信息成为一种特殊的形式组织。

---

4. 暧昧：图解—论述

对于是否运用热力学图解指导控制形式（尽管最终不呈现），态度有时含糊，有时明确（甚至彼此冲突），这种图解仍可以视作“重要的背景”。对热力学在建筑中的重要性，在理论上是成立的，但是数字机械中协同控制和运转热力学的证据寥寥。这种有意识的模糊性是形成开放性论述的一种方式。

---

5. 松散性：管理—政治

在这个双重的“论述—图解”模式中，管理准则的文化立场到底是什么？仅仅是为了与当代参数文化中懊悔的借口、空虚的审判和盛行的自我神秘化现象背道而驰？前者执迷于为控制而控制，为形式而形式。将自身放在“后数字”或“前数字”的位置上，会不会成为激起新的文化摩擦的武器？在寻找一种唯物主义的新形式的同时，又期望能纳入、超越最终抽离实证主义的束缚，这现实吗？

6. 中断：生成—体操

在这个语境中，生成过程被有意地打断，特别是当这个过程显得过于顺利的时候。这缘于“体操”的概念——这样一个迭代的系统中看不出任何对象的痕迹，但是能生产出一系列有关可行或者可能的记录，由此产生的结论和材料证据是精准而且相关的。尽管这样的结论会被立刻（而且是完全地）抛弃——在它变得越来越重要并且掌控整个项目的生成原则前，就像扼杀一个必然会发生的噩梦。

---

7. 模糊：技术—直觉

所以建筑的直觉始终不受制于单个理由，而是要小心翼翼地控制，然后变得日渐肯定。总的来说，虽然它不是反复无常的，却是扩散的、浮动的。项目的技术特征在这样一种模糊性中得以构建——分析式有的被呈现；有的被抛弃，合成背景被假定是不稳定的。比喻常常作为严谨的模糊性，通过不时地参与项目技术的定义，持续地调整。

---

8. 不相容：集聚—合成

与其说是不一致，不如说是“一贯的不可靠”。项目被精确地约束着，或是被某种集聚的法则，或是被一个意外合成的瞬间（两者也可以相继发生）。很大程度上，这些法则是随意的，也有着同等的系统性。形式会在这样一种力量中涌现，就像是炼金术的必然结果，那么体操是不是这种力量的演练？如果是，我们所面对的是怎样的力量？它能从自身吸收的束缚中释放出什么？在过程与形式长期的不相容之中，集聚与合成逐渐形成对话的媒介。

9. 伪装：内部—外部

作为对动态物质的控制，外部（这里指外部的物理环境）被吸收、同化入组织，又被作为自我生产出来的灵光输出，把建筑定义成图像。它以室内的面貌隐藏起来，无所不在却难以理解。它建立起一个组织，却没有赋予一个真正的结构；它赋予一种统一性，却不依赖于有秩序的再现。流体、线性、多线性，横向的、椭圆的、迷宫的、漩涡状的、喉管状的、山谷状的，这种内在的外部赋予这种建筑一种不可见的，却又关键的体积，弥漫着人工的氛围。

---

10. 一致：感官—组织

性能—形式是一对不可还原的关系，被吸收的外部则是这对关系的化身，进入这样一个感官与组织奇怪地相互认可的身体。在这里，热力学的逻辑终于超越了科学驱动与分析基础，成为一种感觉，成为对空间组织的纯粹表达。建筑的物质性伴随着整个过程。有意的模糊、抽象和强化，对象作为一个整体（完全被视为一个多样的物质现象），假设了这样一种使命，要化解朦胧的感觉和明晰的组织之间的界限。

---

11. 供给：景观—建筑

因此，后引力古体是这样一种手段：它使坚实、沉重、缓慢和抵抗的整体获得更高的波动性和景观自身的自由。景观向垂直方向延展，融入自身的状况，在它固化成结构之前，随性地组织；所以建筑物转变成为自由模式（空气、火、水和土地）下的原型，从土地的还原逻辑中解放出来。自给自足（整体平衡、内在均衡、本地补给）取代了长期、但是不充分的供给。

12. 反常：均衡—怪诞

尽管如此，热力学平衡在怪诞中立刻遭遇了它的对立面。空气驱动的组织中立刻由记忆里的“空气中的洞穴”产生了对手。后引力古体是一种以自我为中心的离心—向心原型，产生了自己土壤般的环境：黏滞、阴翳、黑暗，虚假的湿度、瀑布，还有对烟囱、转角、地下、墓穴和分支庭院完全理想的天气条件，最终反映了这样一个事实：平衡是一种全新形式的反常。

---

13. 创造力：怪物—文化

所以说，怪物并不仅仅是不同物体间怪异的结合，也不是一种使不相容变得相容的介质，而是通过原始手段达成的文化直接聚集的载体。所有与环境有关的参照变成“原始状态”，在这里接受重新评估，作为培养新的、优化的反文化圈的最终理由。后引力古体暗示了这样一种“原始未来”，创造力不能姑且为创新，科技不能简化为技术垄断，文化入侵不能误解成单纯的进步。

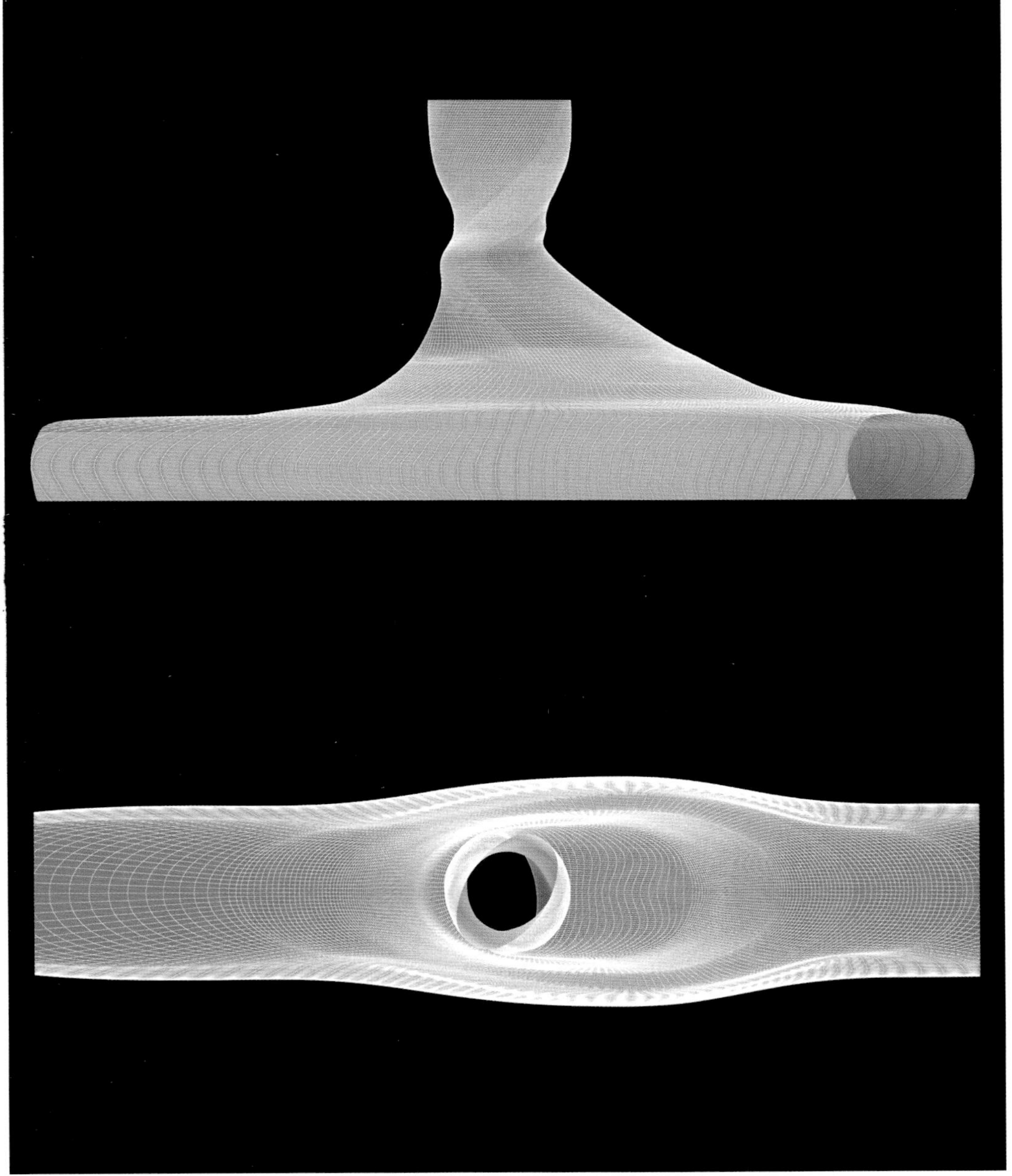

法国巴黎“大巴黎计划”奥斯莫车站（Osmose Station）室内楼层平面与剖面回应了地铁站，双螺旋线用以调节热量和光线

身体主义

垂直主义

唯物主义

怪物聚集

身体主义
垂直主义
唯物主义
怪物聚集

热力学唯物主义

©伊纳吉·阿巴罗斯

运动中的空气

“建筑是我们呼吸的空气，空气里所承载的正是：建筑。”——亚历杭德罗·德·拉·索塔 (Alejandro de la Sota)

空气在建筑学和建筑史学中被当作一种独特的元素：对于它的存在人们虽有共识，但只能以比喻、诗意或者现象学的方式来讲述它。

甚至柯布西耶因此放弃了发表那篇被反复提及的文章（只作为一篇小短文发表）——著名的《难言的空间》（*L' espace indicible*）。在现代建筑中，空间是一个重要的主题（吉迪翁的《空间·时间·建筑》），却始终是一个主观而难解的领域，犹如弗拉明戈歌者的“精灵”（duende），或者浪漫艺术家的缪思。活动解构这种空虚，这种无物，这种笛卡儿式的“广延之物”（res extensa）。在论及与建筑与景观有关的概念时，19世纪对热力学的修订至关重要，因此空气成为一种真实的建筑材料。参数化数字媒体的运用丰富了热力学，不仅使它能随着时间的推移认识到自己变化的本质，也会意识到建造人工环境的设计策略，在建筑、公共空间和景观的尺度上打开新的领域。运动中的空气需要在不同的宣言里实验，需要了解它不同的表现，需要成为严谨分析的对象以体验空气的力量，然后去建立我们称为“热动力美学”的新概念，同时保留建构的传统，最终给建筑师的工作指出全新的、前所未见的方向。

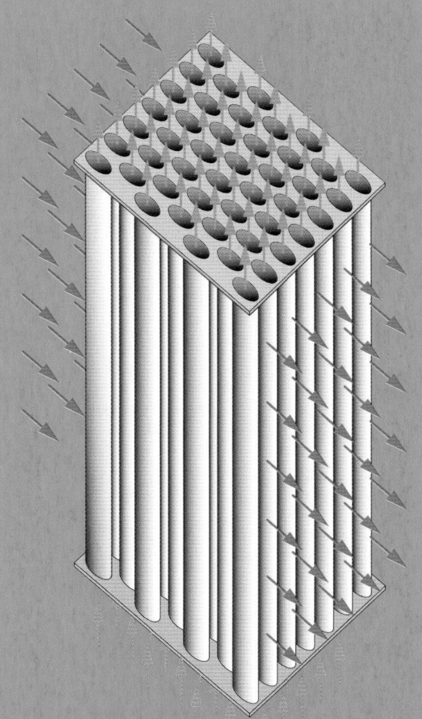

热回收通风设备

热回收通风设备（又称HRV，机械通风热回收，或MVHR）是一种能源回收通风系统，采用热回收通风器、热交换、换气设备或空气换热器，原理是利用内部和外部气流之间形成的对流（逆流）。HRV在提供新鲜空气和改善气候控制的同时，通过减少供热（和制冷）需求来节能。

http://en.wikipedia.org/wiki/Heat_recovery_ventilation

也门哈拉兹山（Haraz Mountains）哈扎谷（Al Hajjarah）传统群落

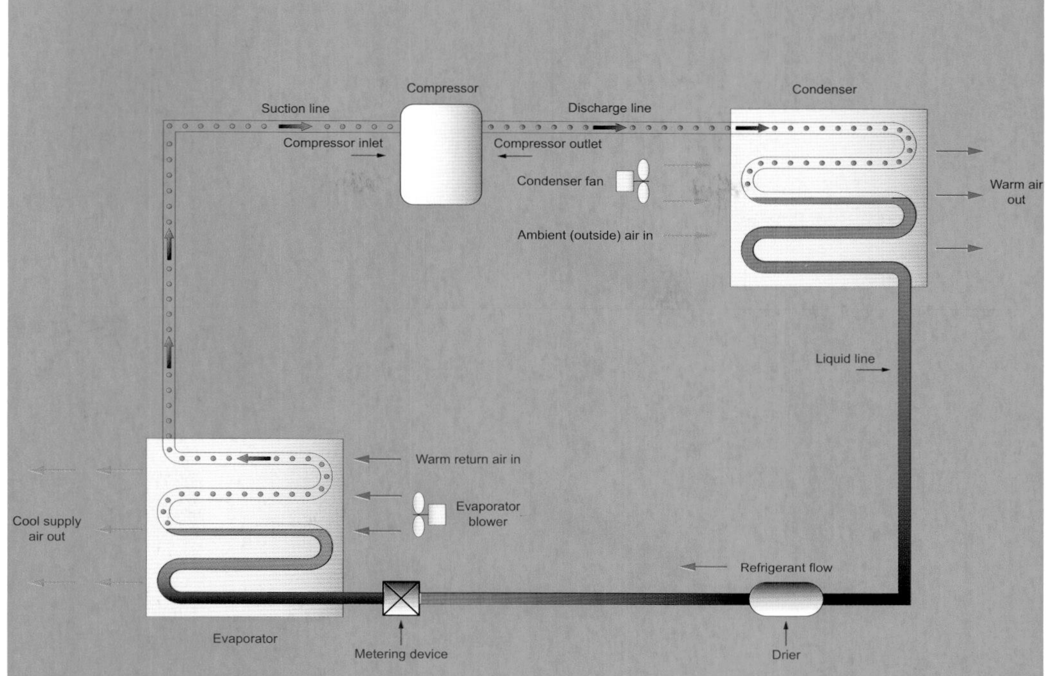

制冷机

制冷机（又叫冰箱）是常见的家用电器，包括一个绝热间和一台热泵（机械、电子或化学）将冰箱内部的热传到外部环境中，这样冰箱内就能实现低于房间环境的温度。

http://en.wikipedia.org/wiki/Heat_exchanger

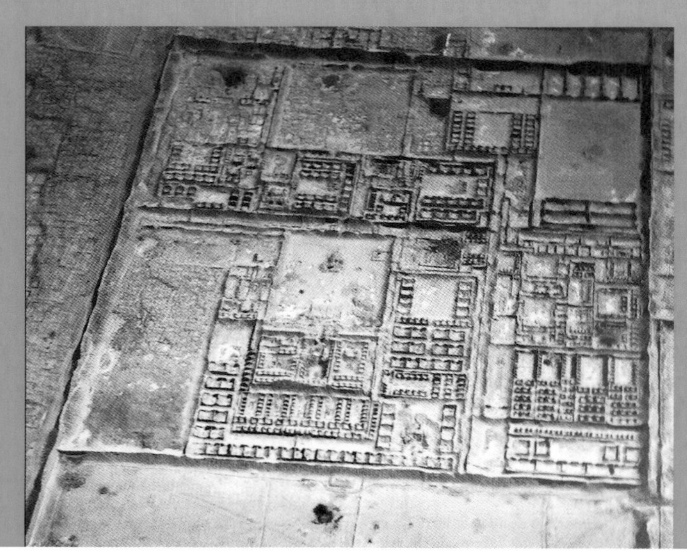

秘鲁特鲁希略市（Trujillo）昌昌城考古遗址（Chan Chan Arqueological Site）

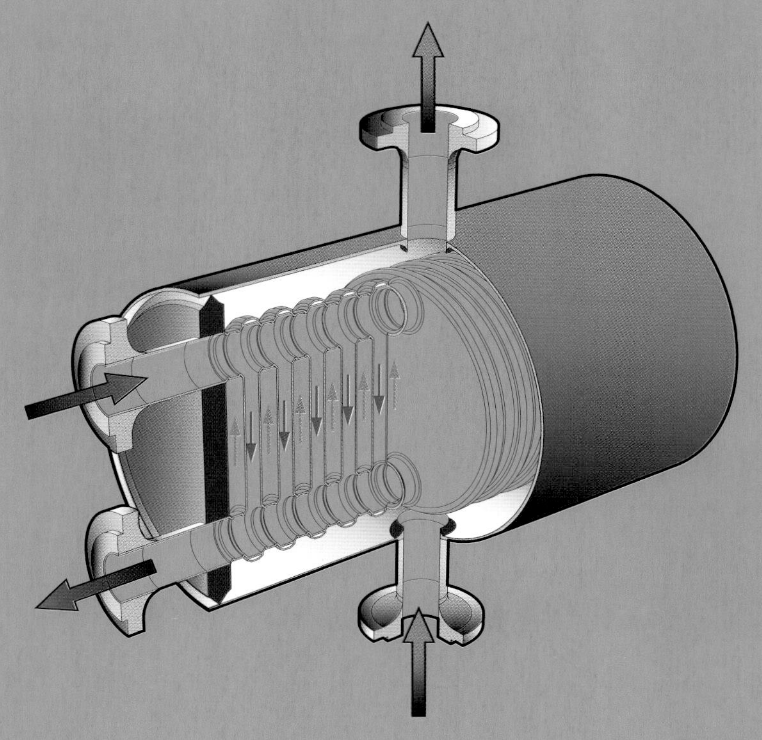

板与板壳式换热器

这是一种板式热交换器和板壳式、管式热交换器技术的组合。热交换器的核心是一个满焊的圆盘组，圆盘经过压制、切割之后焊接在一起。喷嘴携带气流进出盘组（圆盘侧的气流通道）。满焊的盘组再组装进一个外部壳体，创造出第二条气流通道（壳体侧）。板和板壳的技术实现了高传热、高压和高操作温度、紧凑的尺寸、低污染和近距离操作的温度。

http://en.wikipedia.org/wiki/Heat_exchanger

伊拉克埃尔比勒城堡（Citadel of Arbil）

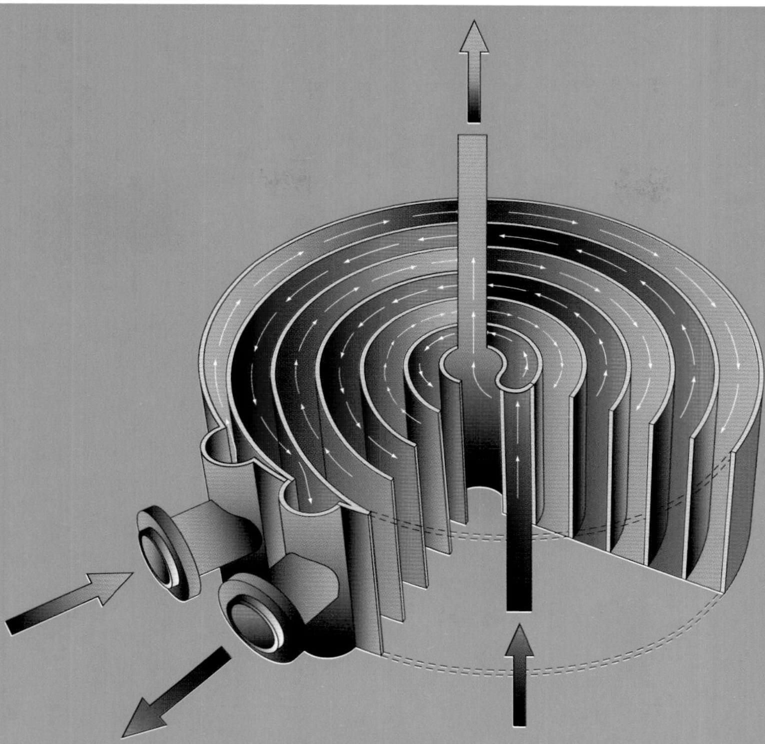

螺旋板式换热器

螺旋板式换热器(SHE)指的是螺旋（圈状）管的构造，尽管它更多地指一对平滑的管壁弯曲以形成两套通道，形成对流系统。每套管道都有一条长而弯曲的通道。两个流体端口切向连接到螺旋的外臂，轴向端口也很常见，但不是必需的。

SHE的主要优势是对空间的高效利用。根据换热器设计中著名的折衷做法，该属性通常发挥杠杆作用，其中一部分经重新配置以优化性能（一个明显的折衷是资金成本与运营成本的平衡）。一个紧凑的SHE可以用较小的碳足迹和较低的全方位资金成本，而超大的SHE则意味着较低的降压水平和泵能、更高的热效率和更低的能源成本。

http://en.wikipedia.org/wiki/Heat_exchanger

老彼得·勃鲁盖尔（Pieter Bruegel the Elder）巴别塔，1563

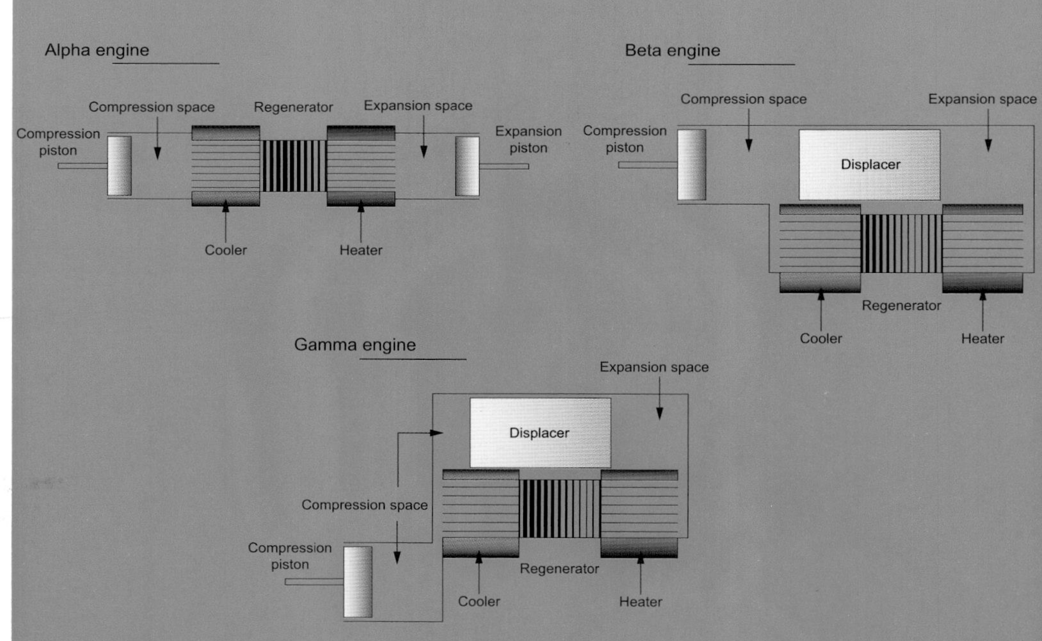

斯特林发动机：机械配置

斯特林发动机的机械配置通常分为：阿尔法、贝塔和伽马三组排列方法。阿尔法发动机在单独的汽缸内有两个活塞，由加热器、再生器和制冷器串联连接。贝塔和伽马发动机采用置换器－活塞排列，贝塔发动机在一个同轴的汽缸系统内同时有置换器和活塞，伽马发动机则采用单独汽缸。

http://www.ohio.edu/mechanical/stirling/engines/engines.html

西藏拉萨布达拉宫

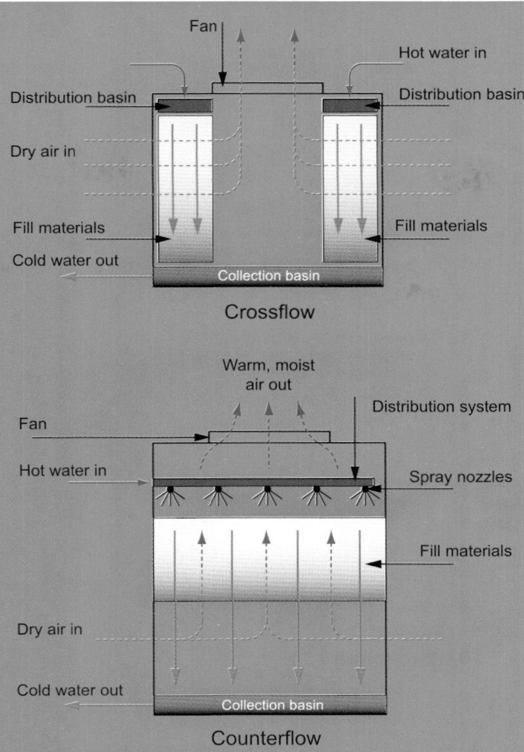

冷却塔　按空气－水流分类

冷却塔是一种散热装置，通过将水流冷却到一个较低的温度来从大气中提取废热。它能利用水蒸发去除生产用热，冷却工作流体以接近湿球空气温度，或者在闭路干式冷却塔的情况中，仅仅依靠空气将工作流体冷却到接近干球空气温度。

http://en.wikipedia.org/wiki/Cooling_tower

西班牙巴亚多利德市（Valladolid）蒙泰亚莱格雷德坎普斯城堡（Castle of Montealegre de Campos）

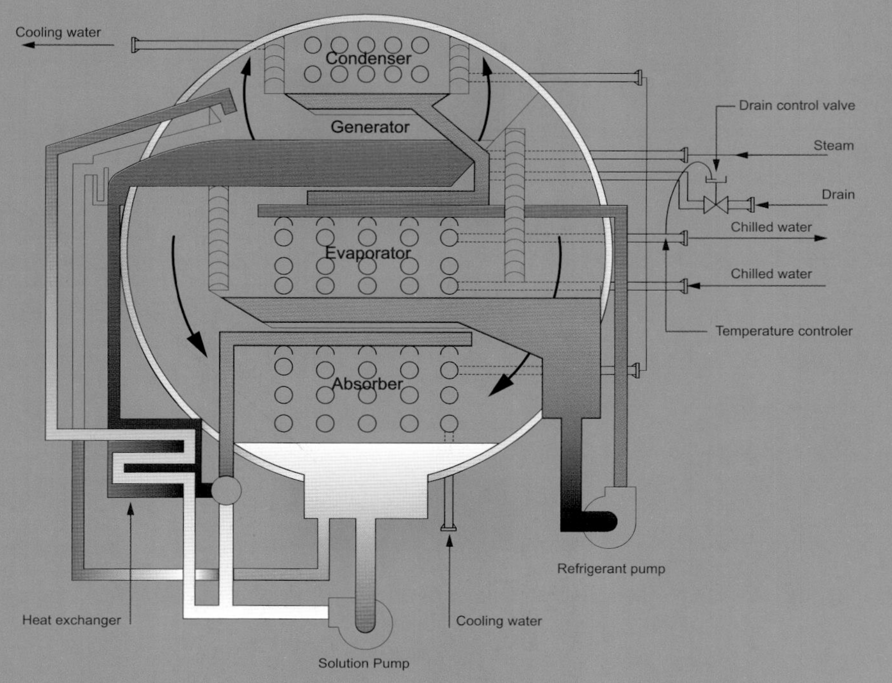

吸收式制冷机

吸收式制冷机是一种利用热源（比如太阳能、化石燃料火焰、工厂废热或区域供热系统）作为驱动制冷过程所需要的能量。这条原则同样适用于空调控制的建筑，以燃气轮机或热水器里的废热能作为能源使用。

http://en.wikipedia.org/wiki/Absorption_refrigerator

意大利罗马卡拉卡拉大浴场
(Baths of Caracalla)

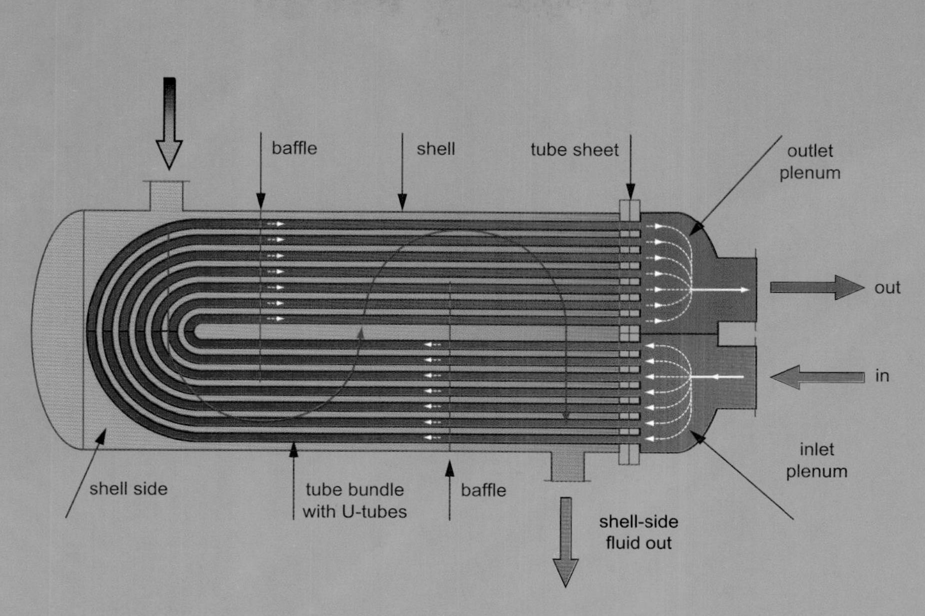

管壳式换热器

管壳式换热器的组成包括一系列管体，其中一套装的是既可以加热又能冷却的流体。第二种流体流过正在被加热或冷却的管道，能根据要求供热或吸热。一组管被称为管束，由几种类型的管子组成：平纹、纵向翅片等。管壳式换热器通常用于高压操作下。

http://en.wikipedia.org/wiki/Heat_exchanger

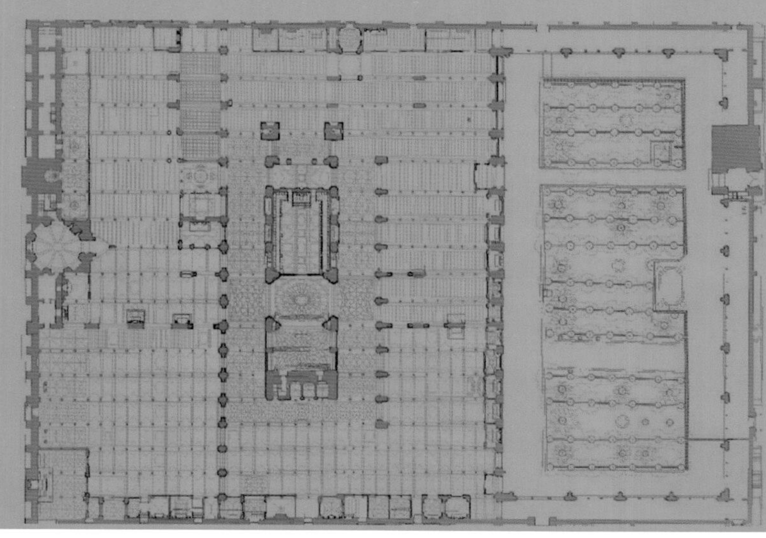

西班牙科尔多瓦大清真寺（Great Mosque of Córdoba）
加布里埃尔·鲁伊斯·卡夫雷罗（Gabriel Ruiz Cabrero）绘制

2014年威尼斯双年展西班牙馆室内

意大利威尼斯

投影变形图片示意

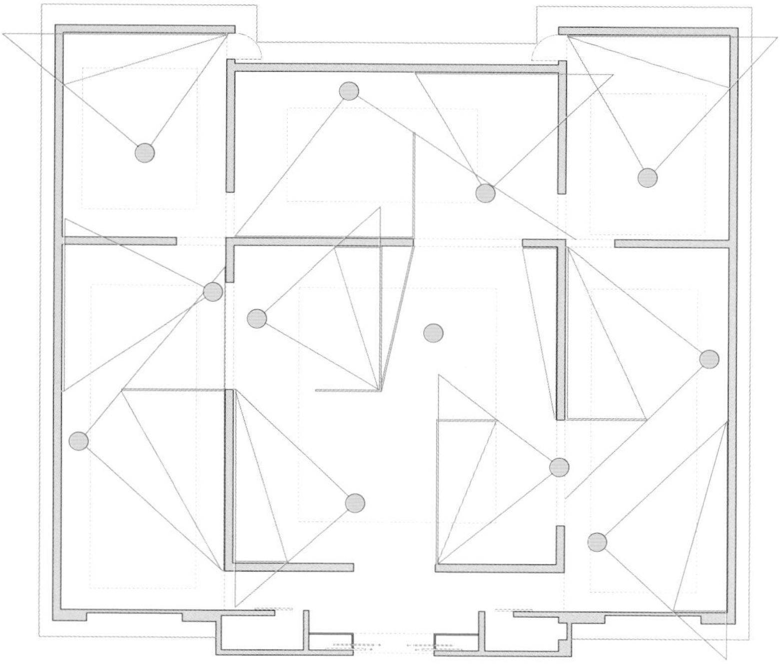

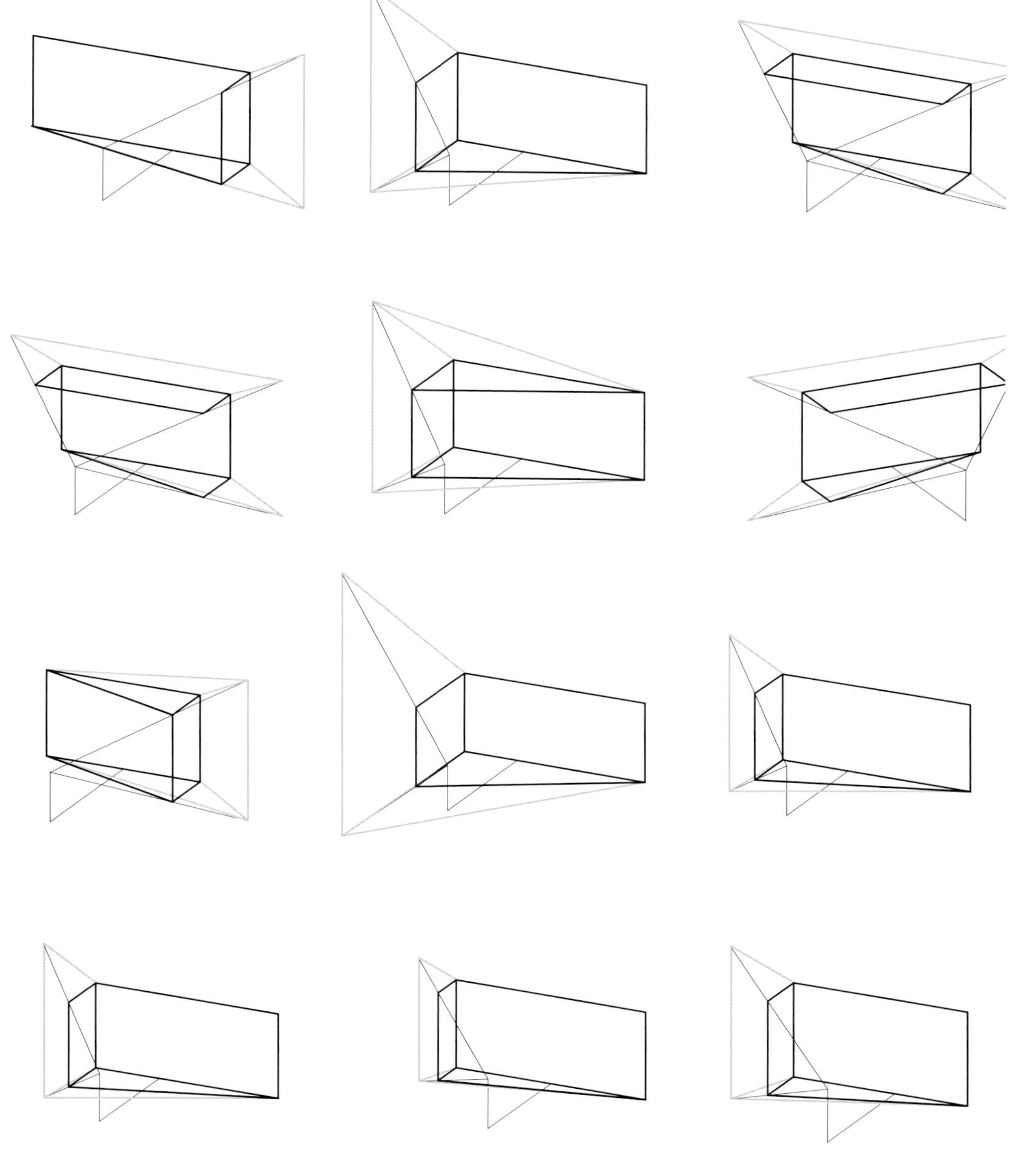

视点重建，平面分布

源与库：一种类型学（热力学）的原则

伊纳吉·阿巴罗斯　蕾纳塔·森克维奇

在经由热力学反思材料性的过程中，对所谓的“建筑室内”概念的关注至关重要。在空调的对流模式下，室内意味着一大堆巨大而烦琐的系列“产品”的到来，商业专利迫使建筑师们放弃了应有的创造整体空间设计的能力。随着热增量的传导和（或）对流通道成为建筑概念中不可分割的一部分，“热力学唯物主义”这种全新的观念给那些组织空间所需要的材料和体量，还有结构力的传递带来了新的生命力。热力学唯物主义重新定义的不仅是对物质的实际需求或是我们对材料和产品的选择，同样改变了我们形成室内空间的方法，还有建立一种崭新、综合的建筑之美的观念所必要的工具和知识。

室内是现代性的阿喀琉斯之踵，唯有臣服才有可能在这个不断变化的、机械的世界里残喘。学科知识的传统体系被颠覆，取而代之的是技术统治下的材料系统和环境。随着第二次世界大战后最发达国家的军事工业被投入民用，这种技术化的倾向倏忽走向台前。这普遍意味着美国建造技术的全球化，它无视于最终的用途、气候和材料，无视于当地的类型学（尽管这仍然是诸多公民生活和文化的重要依据），对当地的材料文化也漠然视之，哪怕这些文化促进了建筑的创新和这种创新对当地社会和生产状况的适应。

室内是这样一种建筑门类，它与特定类型的材料文化与气候相关。在这点上，地中海地域的室内展现出一定的连续性，这不仅发生在现代建筑与当代建筑之间，同样发生在历史时期与当代。今天，这种延续性被视作一种传统，也是现代时期北方霸权文化推行下还留存的另一种连续范式，而20世纪后半叶热带和亚热带地区大规模的人口爆发也从侧面印证了这点，因为这极大地改变了大城市的分布。几乎整个区域内具有现代性的类型、材料和形式的设定都是不起作用的，或者起反作用。

无论如何，对建筑“室内”的讨论暗示的是对一个基本观念的认可：对室内的定义会随地域气候的差异而发生改变。两种广义的气候地域（寒冷和温暖）导致了两种不同的惯用做法（modus operandi），由此产生出两种基本的建筑原型。前者与致密的、技术化的、参数控制还有人工氛围的创造有关，依靠人工手段调节舒适度，所采用的环境策略适应于较寒冷的国家的季节更替；后者从更“阳光”的地域发展而来——热带、亚热带，包括地中海——它们依赖于对不同基本资源更有技巧、更感官化的调用（克劳德·列维-斯特劳斯称之为“拼装”（bricoleur））。这种热力学上轮回每天都在发生，而不是季节性的。显然，这两种惯用做法对任何可能的收敛梯度都是开放的，但它们的定义（或变相）都明确地指认出两种原始的参考类型：温室和遮阳篷。或者更确切地说，是马克·安托内-劳吉耶原始小屋模型的两种升级：理查德·巴克明斯特·富勒设计中最普通的玻璃穹顶和阴影下的海滩酒吧。这两种简单的小屋乍看之下毫无新意，事实上却反映了不同文化背景下处理实体环境与建筑之间关系的两种截然不同的手段。

通过这些不同室内的类型学原型和变相，我们能辨别出基于物质之间的热力学关系，实现室内—室外辩证的不同方法：那就是热的“源”与“库”。在北方的气候下，房屋的中心——往往是壁炉（火炉），是最基本的源，特别是那些蓄热低、辐射高的房屋里，比如木结构。室内的核心是热增量，通过不同的策略补偿房间周边部分的热损失，材料属性决定了这些策略：传导和辐射，热滞后等。所以，室内是紧凑的，被提供热舒适的实体核心所激活。在室内环境下，这个供热点靠近楼梯，以此集中热源，并通过对流存储上层楼面在夜间所需要的热量。

在温暖宜人的气候下，室内总是扮演热库的角色，带庭院的住宅和随处可见、尺度各异的内院明确地昭示了这一点。阴影下的庭院通常由水表面被动控制，而质量较轻的热空气产生了双向通风和上升对流，以此将热量散入大气。室内的概念也因此改变了：建筑室内不再被某样实体占据，而是空的；不再是一个热源而是热库；不再是一部机器而是有特定布局和材料性的建筑空间，是不同规模下社交生活发生的重心。在这里情况相反，室外的边界不再作为阳光收集器使用，而是用来遮挡因为直接照射而产生的眩光。外墙的不透光材料空隙率最大化，使得留在材料（土砖或黏土）内的空气能作为保温用。房子之间紧紧相连，留出狭小的街道，阴影投在墙上。相反，寒冷气候下的房子长久以来都相互远离，以此获得最大的日照，因而创造出低密度的城市肌理。所以在需要热库的气候下，建筑形成的室内和室外是气候作用下的“自然”模式；而那些气候长期处于热舒适状况之外的地域里，热源则是特定的，或者说原型形式。在那里室内被占据，被当作热机器。

对室内的关注引导我们建立另一种现代计划以外的当代可能性，它来源于建成空间的建构和热力学行为，而弃绝表皮（envelope）与结构之间错误的分野，正是前者导致了“商业产品”的泛滥——在现代性一路高歌猛进中胜出的模式。倘若对各种现代的设定是如何适应当地气候作一番材料和形式上的回顾，会发现无论是个体还是集体，无论是从健康还是享乐的角度，都存在无数经济和材料上的优越之处。再加上当代的材料文化，包括数字工具和对热力学的全新理解，这其中蕴含的强大技术潜力我们现在才刚揣摩出一二。从社会意义来讲，它将丰富公民的社交生活与感官体验，那些从前定位尚不明确的空间将向他们打开，以富有创造力的方式加以使用。

因此，这里描述的“室内”并不只是那个蜷居于建筑内，或多或少受外界状况影响的室内，而是特定的空间组织模式，它们的形式和材料性反过来帮助调节环境状况（与空气、通风和辐射的关系，由热容量和阴影造成的延迟反照等），还有发生在暴露的室外与封闭的室内之间各种类型的转换。室内在这里指向了一个简单直接的假设：在现代时期那批精于技术统治型舒适的专家手里，空气是被不小心遗忘的材料，但空气是对建筑而言最有价值的材料，很可能是建筑师最不应该放弃的材料。这是获得单纯愉悦感的关键，通过对材料、形式和空间排布合理的组织来实现建筑。平衡不同热力学因素（辐射、阴影、光、物质和空气）需要出神入化的技艺，这对建筑至关重要，对此，这位毋庸置疑是现代的、却又

不墨守成规的建筑师亚历杭德罗·德·拉·索塔（Alejandro de la Sota）用他独有的戏谑智慧总结道："建筑是我们呼吸的空气，空气里所承载的正是——建筑。"

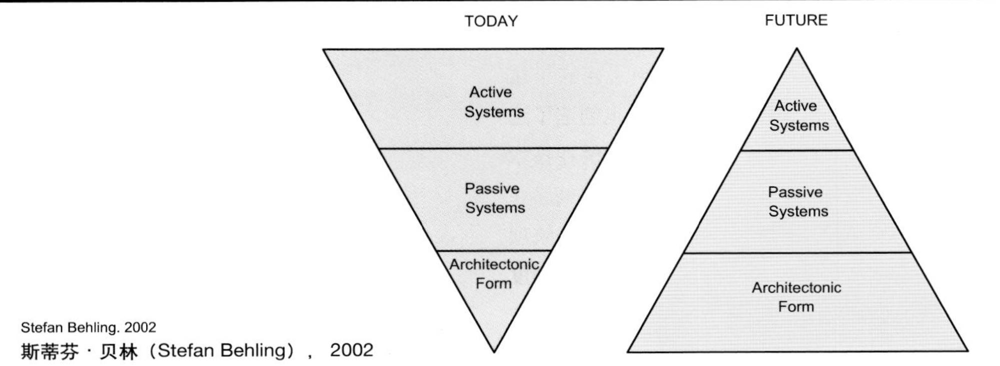

Stefan Behling. 2002

斯蒂芬·贝林（Stefan Behling），2002

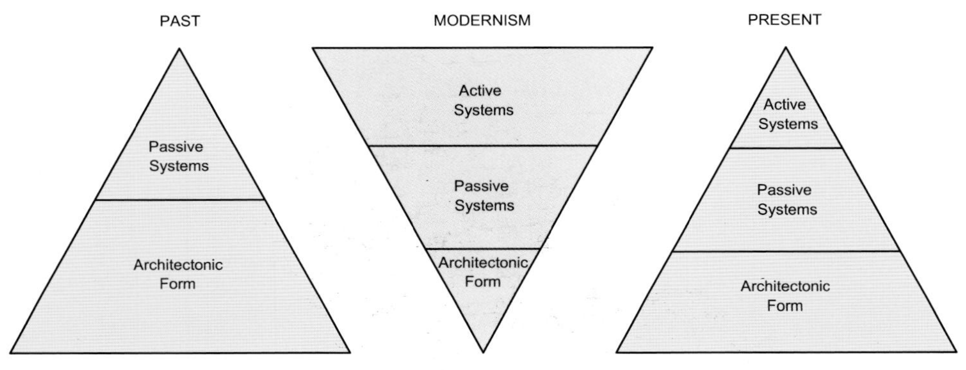

伊纳吉·阿巴罗斯 蕾纳塔·森克维奇，2013

热力学唯物主义计划

伊纳吉 · 阿巴罗斯　蕾纳塔·森克维奇

这篇文章的结构遵从的是对场地平面的处理，后者被看作是一种对基地状况的可行路径的示意图。这些基地状况限制了项目，同时也创造了这个项目，一系列楼层平面或基本概念能够在技术和文化层面加以组织。通过叠加平面形成剖面，也可以说是功能分类的索引。就像以往的传统项目里，不同的工作阶段按照由简入精的深入程度先后排列，这篇文章为方案设计阶段而写，这个阶段设计会与介入建造的其他工具发生互动，与不同的专家和使用者建立有效的对话与合作。也是在这个阶段，设计的意图被最恰当地可视化，产生空间和逻辑的框架：那就是这个建筑最基本、最纯粹的本质。

1. 场地平面

第二次世界大战之后，控制建筑室内舒适性的技术手段迅速发展，从根本上改变了建筑外皮与室内的话语和设计——那就是建筑。不仅建筑进深随之增加了，功能主义复杂的意识形态也被新的人工空气调节技术所挑战，其他形式的功能灵活度得以实现。建筑外皮传统的角色被取代，从调节热量、通风和自然光转变成一个分离的范式，目的是将室内从室外独立出来。为了做到这一点，建筑师逐渐发展出一种多层的外皮，外露表面最小，隔热性能最大，竭尽所能做到密闭。因为使用了威利斯 · 开利发明并推广的空调技术，这样有助于室内环境的计算与控制。结构必须放在建筑内部，以便把冷桥减到最小，于是建构表现力大大减弱了。用来组织室内空间的材料不再具备特定的建构或者技术功能，而是基于外观或者品味的标准选择。基尔 · 默在《隔热北美》[1]中精准地写道，制冷技术的计算模型与技术，不但在美洲代替了类型与建构传统，在其他大洲和气候条件下也是一样。这些重大的建筑转变与全球的热带和亚热带前所未有的人口和经济扩展不谋而合。也正是在这些地方，在结构和外皮之间做隔热和区分的概念是最无效的。垃圾空间成了室内空间的范式，而隔热正是其在室外的

1.Kiel Moe, “Insulating North America”, Journal of Construction History, Vol. 27, January 2013, pp. 87-106.

盟友[1]。

对这种模式的批判此起彼伏。伯纳德·鲁道夫斯基（Bernard Rudofsky）1964年在当代艺术博物馆的展览和《没有建筑师的建筑》（*Architecture without Architects*）一书可以看作触发了这个话题，尽管这样的想法有些浪漫甚至怀旧，多次的再版[2]说明这样的话题在今天同样重要。鲁道夫斯基特别提到了乡土和更原始建筑中对建构和热力学适应的能力，这也是他提到的唯一模型，继而间接地挑战了早期现代性在对机械和幼稚的进步论的迷恋之下所强调的单一技术统治模型。20世纪后半叶人类开始认识到工业化发展模式弊端，因为现代化进程所造成的放肆又不负责任的资源开采和无法逆转的全球效应，必然会出现看待城市和建筑的不同方法。对适应和减少生态足迹的强调开始让位于"智能"或者"可持续建筑"这样的名词，尽管它们并不健全的框架暴露了被忽略的问题：技术和建造的模式还没有被质疑，在某些个案中甚至被最大化，尽管这只是与开利的基本概念在程度上的区别，即对环境的最大隔热（不管是什么）＝内部最小的消耗。但这种让位依然得到了基本的认可。

媒体和政治对可持续建筑概念的迅速接受反映了社会的潜在需求。但是很多建筑师怀着对那些投机营销制度快速接受这个概念的质疑，客观地持保留态度而不愿意接受。今天，我们意识到遭逢可持续是社会和技术专制范式并存下的结果，不同于为学院和文化范式而做的图示化实验，后者是对早期数字化设计技巧的分散响应。这种拆分的结果是建筑师的角色变成室外装饰师，为建筑

1.Rem Koolhaas, "Junkspace" ,October vol. 100, Spring 2002, pp. 175-190.

2.Bernard Rudofsky. Architecture without Architects, Doubleday & Co, Garden City, New York, 1964.

提供招牌图像，而建筑的空间设计完全由其他工种完成，只有他们才能保障产品与市场需求的同步，包括高度的可持续理念和形象，这也是建筑师可以发挥创造力的最后阵地。以往建筑师对空间的掌控现在由整体控制取代，建筑师在投降之余还没有充分认识到文化模式对技术专制模式的批判力，把学科带入一个明显的死胡同。尽管不乏直觉，也意识到为不同尺度的城市环境设计能量消耗是重新与社会发生对话的重要方式，但是这门学科并没能及时地明确这些知识领域。在建模和动画（表现）软件的介入之下，学院项目和试验新形式的吸引力加深了这样的分野。一批有技术和科学训练背景的专家和参数建模、（性能）模拟软件作为能源方面的“专家”崛起，促使建筑师开始从能源议题中撤退。因为这些软件中的主体曾经是、现在仍然是基于项目的返回性的测试，无论是体量上的还是材料或建造方面的信息都是已定的，建筑师的角色被简化为给能源领域“专家”的测试提供模型。不难理解为什么机构或私人甲方会系统化地把项目委托给这些专家而不是建筑师，毕竟后者只是盲目地提供原始模型。建筑师的权威性受到挑战，因为建筑师或者学者们没办法处理当下对建筑提出的技术和文化意义上的要求，更没有能力在设计中整合这些要求。

在这样的语境下，不同的个体和亚学科看到了一种新的要求的出现，建成环境的技术化和它的学科成所带来的问题需要被重新定义；另一方面，也有这样一种需求，即争论这些问题的文化和科学领域需要更广义的重新定义；伊利亚·普里高津（Ilya Prigogine）重新定义的生物科技的语境被重构，或者在更狭义的定义里，精密科学、自然科学和社会科学里被热力学统一成通用语汇[1]。这个概念在建

1.Prigogine, I. and Isabelle Stengers. Order out of Chaos: Man's New Dialogue with Nature. Toronto: Bantam, 1984.

筑领域中被桑弗·昆特（Sanford Kwinter）[1]明确地阐述，这也迈出了关键性的第一步，“重新描述”面向一种崭新、不同的社会－技术模型的学科实践全景，让之前现代主义的机械模式黯然失色。被机械化的空气和它的技术专制模型，以及持续性被理解成文化和技术变化过程中产生的问题，需要以一种整体的方法重新思考热力学在建筑学科重构中的角色。在全球各地，在多样的社会经济背景和气候下，这个主题的重新定位逐渐在新世纪中成形，并且成为专业和学科的通用语汇。

在学科领域中，传统设计话语中的“过度”失去了魅力，同样失色的还有一向以图像为先的设计习惯，这么做的结果是把注意力转向数字工具，它为最关键的环境参数的实时建模提供了可能的雏形（建筑软件也因此有了新的商机）。热力参数软件的进化包含了在十年前还未知的算法化操作方式和建模手段。通过案例学习邀请“专家”为缺少专业知识的学生提供建议和窍门的模式开始让位于建筑师，这些建筑师为热力法则发展了一套建筑议程，以及为建筑设计服务的实践应用。他们开始通过技术导则和操作守则解释和系统化设计方法，从而能够让学生接受。更明显的变化是，历史学家开始与这些讨论课和设计课互动，解释时间和空间中热力学概念中的文化和学科维度，追溯它们在不同的历史实践和时段中的表现。

从热力学的角度来看，这样的进化是对建筑技术化的重新定义，目的是培养建筑师在新的语境中技术化的、有想象力的操作能力。在这一语境中，技术与科学的模式与从现代主义中延

1.Sanford Kwinter, “A Materialism of the Incorporeal”, Documents of Architecture and Theory Vol. 6, Columbia University, 1997, pp. 85-89.

续下来的模式完全不同。怀着这样的目标——也可能是幻想，要把遗失在现代主义中的基础与权威寻找回来，服从于学科知识和责任的重新分配。在当代的实践中，科技和文化的关系被彻底地改变了，建筑师的角色也随之被重新安排。首要目标是修复对当代社会现实的干预能力，以及与大都市和其中建筑的相关形式，但创造新的形式、材料概念也是目标之一，这样的概念才能表现出技术创新和美学更新的双重需要。以往不可见的现象和材料建立模型开启了建筑定义的新领域，随着这种概念的出现，发展出对形式、材料、空间和功能之间关系的新的理解方式，建筑设想不受束缚：美学的新理念出现了，随之浮现的是建筑中的社会、技术和美学维度的新希望。

在对现代性的重新评估中，这种新方法扮演了一个重要的角色，近期甚至被认为在社会、技术和美学阶段起着引领作用。从新的热力学观点来看，建筑和现代城市开始在很大限度上被视作降服和对立的关系，因为建筑师不熟悉这个“游客”环境，部分建筑师在这个时刻撤退了，雷纳·班纳姆（Reyner Banham）在《第一机器时代的理论与设计》（*Theory and Design in the First Machine Age*，1960）结尾处对现代建筑师的评价是往往被不熟悉的学科所吸引。沉默的退出（密斯）和对建构的捍卫（路易斯·康）可以看作是这样一种现象，它标志着在撤退和击败发生的同一过程里，建筑和建筑师反而更加能找到自己。然而在20世纪叙事的历史化回顾之外，热力学的辩护中内含的政治意味既是对主宰生产过程的材料文化的批判，也是对干预的方法和技术的批判——其中建筑、景观、城市设计和环境在学科上的分野是现代性的遗留。

对问题状况的观察全部指向需要检视特定的总法

则，以摆脱现代机械语汇，把建筑学科的传统元素放在全新的机械和文化语境中——即便不是生物和政治的语境，这样才能带来系统化的知识，为建筑以热力学为核心的概念的适应与创新铺平道路。

学科认识论上的转变永远不是直接的，快速的勾勒很可能在第一眼就产生了误会。在与数字化转向关系密切的热力学转向中，既不是方法也不是结果为短暂的乐观提供了基础。很多建筑师在依靠直觉解决形式、材料和能源的基本问题时，把它们当成是单一、趋同的实践，因此陷入困境，也就丧失了整体掌控热力学现象的能力。知识曾经是建造实践的一部分，这样的想法已经无可挽回地逝去了，反而对现有的气候和资源在经济和类型上的适应才是技术课题。知识是一门死掉的语言。毫无疑问，开利(空调)或冰箱效能，今天高等教育中科学参考的领域，还有最近建筑领域中出现的单一完美模式应该为建筑中死气沉沉的热力学实践负责，也是最常见的环境软件在数据输入和结果回应之间造成的不幸距离，这个过程常伴随巨大的误差累积。相反的，人们对基于历史文献、科学知识和热力学过程可视化的设计方法有着巨大的需求，借助技术－建筑的说明来理解习得的现象，以此激发出整体直觉，就像建筑师中常见的对建构的思考那样。如是，当下的知觉现实要求建筑师的职业训练需要更新。

---

2. 剖面

对新的热力唯物主义的辩护集中在设计过程和向建筑趋同观点的回归，在最大限度上结合所有可见与不可见的材料，营造出建筑和城市的体验。形式、身体、自然元素、材料、功能、时间和美学是“唯物主义”一词的系统中最基本的类别。这个词根据使用场合的不同有多样的意义，即哲

学化的（否认在物质，运动和改进以外还有其他的存在）、政治化的（由材料环境决定的意识和欲望）、口语中或经济上的（材料占有和身体舒适比精神价值重要）。建筑反映的是属于时代的材料文化，建模的材料和形式作为两个因素共同主宰了建筑的体验和效果，主观和客观的，个人和集体的。对这些分类简洁的描述方法在想象的建造过程中形成了楼层平面，有助于理解使用的设计技巧。

2.1 形式

在所有热力学设计中，对形式的确定是关键原则，它对建筑的设计法则有多重的影响。热力学中最重要的一课就是，任何涌现的形式都会消散已有的能量；所以在建筑与环境的交换中，形式并不是最重要的决策因素，它应该是最初的基础性因素。任何偏离基本法则——形式适应不同气候背景——都会不可逆地阻碍设计过程。在单纯的能量设计中，大量的表格和说明书以令人惊奇的简单方式解释形式适应气候的基本法则，这些道理显而易见，以至于没有获得应有的关注。但必须承认，它们掩盖了为热力学形式进行的辩护中存在的文化维度。

斯蒂芬·贝林关于现在和未来的认识的著名图解是对这几年情形最清晰的综述。然而它并不触及历史视角，总是关注于未来，也就此宣称了当代实证主义观点里固有的弱点。如果放到更广泛的历史视角中，就意味着要采用另一个图解，给未来的三角结构补充一个原始三角结构，减掉分给（有细微差别的）“主动系统”的那部分，把标题改成“过去”，然后改变初始的现在与将来图标，来重新定义过去、20世纪，以及现在的三角结构。因而创造了一种能够理解即将发生的功能的新方法，还有对现代性、后现代性和它的附带现象“可持续”的政治和技术批判。

在热力学设计中，三角结构表明了建筑师潜在的权威，因为三角结构中两个最基本的部分在建筑师的职责范围内：主动系统的意义在于解决重要或者不理想的情形，包括那些与环境隔绝或者在空间上绝热的设计。对（在数量意义上，也在质量意义上）被动方法正当性的完全肯定是最显然的结论，特别是当设计技能的所有者扮演着功能决定者的角色时。但是同样需要说明的是并不是所有类型和地点都适用于单一的被动策略，实体环境的参数化在决定每个案例的边界时有决定性的作用，所以要求工程领域中更具个性化的创新和发明。这不是对过去的怀旧式捍卫，而是对各种形式的知识的捍卫，特别是对先进的知识的捍卫。

最后，三角结构的基础和重心支撑着热力学最重要的责任，所以我们能得出一对一的形式和材料之间的关系。材料的形式和形式的材料相互交织在自成形和校准多孔性的辩证领域里，这对热力学设计至关重要。

尽管目前是在图表上解释热力意义上的建筑可持续性，但是它也能毫无困难地沿用到城市中，具有在不同尺度下应用的潜质。同样的，类型作为经验主义历史系统随着时间在不断试错中进步，社会结构中的适应和创新的关系是发生的渠道。

在描述意义上，“形式”很大限度上意味着辩证的形式，有典型也有原型，前者是历史化的；后者是科学或者实验上的。

2.2 身体

人体的生理和神经行为作为热力学全部的知识，让我们把建筑看作调节与环境交换的一种扩展。这种观念培养了建筑室内这种人工的环

境，而人类物种大多生活在这样的环境中。它同样在未建和建成空间中，在自然和人工元素的基础上创造了同等的人工室外——城市环境。人体、建筑室内和城市环境三者以这种方式组成一种调节系统，如同人工的生物建设那样，实现了物种和城市的全球化扩张。相较于古典几何和数学概念（列昂纳多的草图），或者是现代建筑有机概念中形象化的生物形态，这种对人体与建造的类比方法适用范围更广。在动物世界中，行为学的挑战产生了与环境－个体和环境－组群有关的神经生物和身体法则的合作，这先于建筑中身体的出现。有关体内热交换的模式和比例，还有皮肤上神经接收器策略的相关知识让我们看到了身体、建筑、城市之间互动的不同方式，而不是建立在20世纪对舒适和不舒适的机械化划分上，后者是传统空调设备的基本观点。与生物系统相似，人体的生理和神经机制带来的视角能被用作设计能量交换的氛围和技巧，塑造了空间的整体体验，也能够因此重新定义空调技术。身体和建筑材料辐射互动的系统是迈向理解体外、体内交换现象的第一步，因此可以提高空气质量，减少室内空间的噪声污染，重新定义舒适的概念，减少建造不必要的建构部件，把建筑的大体量当作完全的热力调节器。简单来说，辐射范式重新在身体和建筑之间建立了一个共生的对话，在传统的、纯视觉或现象的关系之外，反映了知觉和身体的意义。它同样削弱了空调的作用，后者将资源优化与对静态、数据意义上的舒适概念联系在一起。舒适与否以及舒适的不同程度由此变成设计的主体，而非设计对象。对空气的化学操控和大气组成部分的参数变异引起的感官传导和体验，补充了或者改变了那些原来由建筑引发的身体感觉。这个过程被乔万尼·波拉西（Giovanna Borasi）和米尔克·扎第尼（Mirko Zardini）定义为“建筑的医学化”，将热力学材料主义的领域向空气的心理－生理参数化和它的粒子、化学成分打开的可能性，影响着个人和城市体验的不同尺度[1]。“美好生活”和它的定义、组织和公共辩论最终形成参考的框架，这个框架连接了人体、建筑和城市的不同尺度。

把身体理解成热力学整体，与建筑和城市存在感官和身体上的互动，这进一步包含了组织和布置的现象，还有个人和组群的态度。按照朝向、估计、回避、进攻、合作或等级的精确法则从身体转移到建筑环境，这些生物和文化（行为学上的）法则不再局限于类比，而是组成一个共享的物质基础。

1.Giovanna Borasi; Mirko Zardini.Imperfect Health. The Medicalization of Architecture.CCA/Lars Müller Publishers, 2002.

2.3 自然元素：空气、水、土地和火

亚里士多德的物理学中把能量描述成法则，掌管着四种维持生命的基本元素。“系统”的概念让热力学能够描述组织的两种方式，但这一概念很久之后才被归入生态话题并为第一代控制论理论学家所用。有些系统是封闭的，还有一些不与环境发生材料或能量交换的系统，所以当它们处于热力平衡时发挥较少的潜能会达到系统的平衡，同时也是热力失去活性的先兆。也存在远离平衡、受制于物质和能量的开放系统，那些可以自我组织的波动，接收着那些能驱动系统远离平衡的输入数据，允许短时间内结构的成立和更高层秩序和内在稳定的状态，特别是生物现象——也就是活着的生物——还有其他持续变化的有序现象，与之相关的物质、能量和信息造就了城市环境和建筑。

在这种方式中，每种建筑和建成的整体可以被看

成代谢或热力学系统的组成部分，它们远离平衡，一直处在活动和控制活动的自然元素持续互动的状态中。在这样的语境下，建筑形成一种活动内核与活动边缘之间的辩证关系，必须通过形式、材料、被动系统和类型组织激发出波动的交换。自然元素与材料和信息互动，后者与建造建筑的生命周期相关——根据每个特定的功能和场所形成的每一天和季节周期。所以，四种元素（水、空气、土地和火）被视作建筑和城市系统的固有部分，被理解成真正的建造材料，它们的力量可以在地域、时间的周期中分析。更重要的是，在设立一个与建筑生命和代谢同步的波动系统和交换时，在像活体那样的系统化的组织中，四种元素必须放在先决位置上。将这些元素（日与夜，夏与冬）列表和排序，可以在设计中扮演重要的角色。自然元素放弃了它们传统的诗意与隐喻的角色而变成馈入系统的一部分，可以在其他建造次级系统同样的标准下来建模与设计。形式和自然元素的互动，形式、材料和气候之间的互动，变成设计过程和材料中一个既抽象又可以参数化的时刻，这与19世纪学院派的方法存在某种程度的可比性，被自然和人工之间的输入和交换过程激发。对每个元素和建筑之间的交换的分析，在材料性和原型形式的层面上定义了决策的优先权。

2.4 材料

建筑和城市是材料和能量的聚集，它们以与自然资源有关的方式系统化地组织，创造出一个会随时间推移而发展的特殊生态系统，具备不同的自我组织能力。聚集的材料组成建造系统，以能量流的形式与实体环境发生持续的互动，依照不同的来源（电磁波、空气运动或材料中的分子运动，取决于我们面对的是辐射、对流还是导热的情况）适应不同的形式。物质将这些流与承担结构作用的部分（同时负责将重

力、风荷载和地震荷载传向地面以维持稳定性和不同构件之间的匹配性）的潜在能量同时磨合。在理想的情况下，建成体的材料和几何形式在这三个次级系统（空间组织、建构组织与热力学组织）内协同合作，并且与自然元素在不同的尺度下形成一个编排过的自成形多孔系统（形成空间系统的空腔；结构材料中实体和空心的部分把机械张力传向地面；材料内在的孔隙率决定了传导、发散的相对程度，以及组织对流的能力）。在物质方面，建筑是对不同尺度、混杂组成的材料和空心空间的组织，形成的“聚集体”可以协调能量流与内在生命（新陈代谢）的关系，随着时间获得相对的稳定。

热力学材料观念中，所有用来建造的材料是一个系统，是经过整合的能量协调。把建筑分散成不同的时刻和职责（结构、内隔墙和外皮）是现代以机械、专业化分工范式的遗留概念。这样的范式导致现代建筑在整体上效率低下，单一功能量层和次级系统被盲目地复制，同时维护困难，有用的生命周期需要不计其数的材料与复杂的安装来维系。而热力材料性是合成的、多功能的，但也是混杂的；不仅包含空腔空间与实体体量，而且以两重方式组织：一方面，由惰性材料负责存储和调节热增量；另一方面，由活性材料负责捕捉能量和在短时间内适应外部变化。反过来，对空腔空间的安排转化了空气和由空气引起的对流组合，将其变成混合材料性中的重要部分。

热力材料主义试图达到一种新的被动性（消除对机械设备和供热装置的依赖——建筑本身就是热力装置），分工化的多层系统和产品也消失了，如隔热、纤维、隔声、防水、管道、减震、吊顶等，被有机的、专门化的只有少数构件的整体替代，形成一个根据组织而设计的结

合了流和材料的系统。

尽管这样的概念触及某些历史和乡土化的美学和功能性，但不意味着对往昔大规模建造的怀旧回归。相反，它希望将材料属性、科学进步和创新的知识实现，以获得对自然和人工材料更恰当地使用，根据它们的属性获得理想的隔热、导热、辐射或散热，还有将建构与结构作用、可用性和经济性以及相容性在共生组织中统一。

热力学材料性所关注的不是把建造细部作为一种表现的时刻，或者把外皮当成一种首要表现形式；相反，它最优化的表现形式出现在抛弃这些想法的时候。由一个三维的整体代替，理想情况下是自然和人工，可见和不可见材料的聚集，在一个高性能的系统里相互结合，有着最大化的兼容性和复杂性，也因此有着最小化的繁复性。

这些看待城市中材料的方式可以看作一种尺度上的跳跃——从自成形的空腔和流——到可以在建筑尺度上描述的材料系统，复杂的行为是不可缺少的环节。

2.5 功能（热力混合器）

按照“泰勒主义”（Taylorist）对劳动力进行程序分配的法则发展而来的功能主义系统仍然处于不容置疑的地位，但是热力学的概念与之相反，建筑和城市中存在的生命观念，人类、机器与建筑、城市的互动造就这个内在的建设、代谢活动。这样的活动与由外界自然元素提供的热增量的管理有关，由此形成一个系统，系统日常和季候性的组织是按照内部和外部两种资源的焦耳数或瓦特数的数值来设立的，并且按照“交换环”来组织的。这些资源通常与特定的储存区域或

者“蓄热器”有关，这些储存区反过来运用材料和设备的惰性，既有传统的方式（片式热交换器）也有先进的方式（与特殊需要协调的分阶段调节材料）。这些热存储对应服务的不同区域，依靠导热系统（水）或者对流系统（空气）把材料和空气中分别获得的热增量运输和分配到不同的服务区域。

这样的程序可以理解成待组织材料的组成部分，这些材料产生了可以被参数化的热增量，所以能够整合入其余的材料次级系统。功能组织的热力学概念优先强调功能的混合和建筑延续的生命概念，与现代主义建筑功能化的分隔相反，因此把功能组织入“源”与“汇”的活动变成可能。这样的活动伴随着热增量的盈余和不足，形成的交换环创造了一个连续的能量传递系统，经由传导和对流的步骤实现，（集热墙、斯特林发动机、制冷单元和水冷壁之类等）热力设备维系着这些导热与导流的活动。这样一来，通过材料组织的方式，把创造和设计建筑变成整体的热机械，有时在建筑的尺度上复制热机械的拓扑结构。这样的热传导系统需要使用阈值温度（工业焚化、发电厂、冷藏、数据库），组织源与库之间连锁反应。它同样暗示了以新的方式看待对混合活动的规划。理想情况下，源与库附属表面的一定比例形成整体平衡，试图趋向于热平衡。通常与公共设备的联系是一个选项，用来控制能量盈余（交通站、区域供热与制冷，回收工厂等）。

对混合功能的热力学组织代表了在当下混合使用商业逻辑之外的另一种选项，可以看作是共生现象中的生物互动（热力学）和有机生命中的寄生关系（商业逻辑）之间的差别。这些尺度迎合了混合热力学聚集体的要求的而不需要屈就于传统或者当代城市中生命单元的尺度（城市街区或者

混合功能塔楼）。从这个角度来说，热力学组织使城市生产的当代形式适应一种合作式目的，倒是与城市的原始目的相符。

特别是要保证活动之间导热的连续性，对不同活动的内部安排需要在剖面上设计，以拓扑化的方式组织，不可能与使用功能安排的商业逻辑（根据层高从公共到私密排列）相同。热力的混合使用基于对连续层的组织，安排的准则是源和“交换环”的连续性，这样的源和“交换环”服从于主要资源，以此获得的平面和剖面的复杂性很大程度上复制了活的生物体的结构。

2.6 时间

把时间概念整合到科学知识中，这是热力学作为传统科学的对立面所获得的最显著成就之一。从早期原人的洞穴、原始小屋、最早的聚集群落到现在，热力学观点所理解的建筑和城市是一种符合波动和持续进化过程的现象。这个过程中形成物质、能量和文化的聚集，有时在特定的时间内结晶成稳定的结构。今天，这些结晶体影响了我们的工作，与物理位置或历史位置无关。它们成就的那种对建筑的理解方式，与传统的历史学的结论既不相同也不相异，而是平行的，后者是编年的、风格化的、意识形态上的或者图像上的。这样的观点以及它看待材料文化、生物和热力学策略、城市和建筑的整体的方法，很大程度上与克劳德·列维-斯特劳斯的人类学观点相吻合，在他看来，城市是“最杰出的人造物”。

不同于现代主义者的偏见——将时间视作一个连续的优化过程（实证主义的进步思想），也不同于后现代主义者的偏见——把历史学方法建立在质疑前者的简单化和工具化上，热力学唯物主义提供了无数种方法来看待时间中的体

验和建成遗产，同时延伸了历史学的角色和实际技巧。重新描述我们学习到的亦或我们是如何学习的，同样影响了人文主义知识的体系。历史学家接受最多训练的范式思想，不可逆转地引导他们看问题的方式还有他们与现实互动的困难，这样的现实往往有着多价值的立场，所以看待事物的方法本来就是不同的。数字化的转向和热力学转向能走到一起绝不是偶然，它们把时间的概念以及时间作为设计工具的价值完全重建。这种观点激发的认识是把现代性的片段看作建筑的投降，反映在大量弃用的建筑上，尽管也不乏天才的先锋之作。抛弃室内或者封闭的隔热外皮的普遍现象证实了这点，那就是物质和传统建构概念在全球范围内的消解——甚至没有成形的替代方案，除了伴随着人类历史上前所未有的人口爆炸所发生的20世纪材料和能量的大量流通。

现代性的新历史学观既不是末世论的，也不是道德上的，而是基于热力学观点重新书写材料的文化。在对过去的历时性回顾和它对未来的影响里，这种新的历史学发挥了重要的作用，在其他参数的影响下评估既有的知识和传承的遗产。在现代性的情况里，评估巨大成就（比如摩天大楼模型）不专注于形式，而是把它们与完成的工作和消耗的能量关联起来，有特定的尺度（建筑）、集体的尺度（城市）和全球的尺度（世界）。换言之，现代性的叙事，还有现代性与更久远时代相关的叙事，从热力学视角来看，是另一种看待和理解建筑的必要方法。或者说，现在当我们看万神庙、庞贝和卡拉卡拉浴场时，当我们看来自瑞士、巴斯克（Basque）和中国本土建筑的遗产时，当我们看欧洲的哥特教堂和城市、水晶宫或19世纪的资产阶级城市时——我们能领悟到别的东西。因为我们设计的时间、文化和设计的方法改变了，很大程度上归功于科学应用在日常生活中的平行发展。

从数字或热力学转向的观点来看，时间是不可见的材料，却影响了实现的过程——也就是整合、组织和协调——正是它们支配了复杂性理论中从虚拟到真实的转换，是两种转向的特征：用桑弗·昆特（Sanford Kwinter）的话来说，“在建成过程中，图解的剥落”。这种情形下的建筑表现为人类设计的一种操作了这些建成过程的生物工程（与自然界自发性的设计还是有不同），由其他真实而无形的财力——也就是时间形成。这样的概念可以与历史意义合成一体，因为从建筑身上看到了这种过程的生产：“建筑扮演着，能够或者应该扮演一个特权的角色，把这些过程——组织、整合和协调带入公共和文化现象中显要的位置，还有体验中最细微的领域。在那里，事物的时间和身体的时间是一体的，都是空间的直觉。通过建成的材料化，建筑拥有了从三维空间中释放想象的能力——从所谓的‘不可见过程’和隐藏图解的魔咒中解放出来，向我们展示赋予世界形式、还有我们生命如何形成的过程和事件。”[1]

2.7 美学

把热力学材料性理想化成一种审美事件的来源是一个诱人的想法，能重新捕获自然哲学中存在的有机体法则。但是这可能会忽视热力学变化、非均衡和波动中最基本的方面，还有它作为文化、技术和科学建造的情境。用尼采的话来说，是像“隐喻的机动部队”那样的哲学观念。尽管它着重强调了材料和形式，但热力学美学缺乏稳定性或正统性，而是从结合新的校准材料的参数化方法出发。这些材料在日常和实用方面存在缺

1.Sanford Kwinter, “A Materialism of the Incorporeal”, Documents of Architecture and Theory Vol. 6, Columbia University, 1997, pp. 85-89.

陷，表现出令建造物和城市相互类似以及像住在其中的居民那样呼吸的主观愿望，同时也表达出他们最高的意愿。热力学美学的假说建立在这样的推测上，即文化和知识让物种在混乱中达到片刻的秩序。

迄今为止对设计过程的描述缺乏确定性以及明确的图像。相反，这样的设计过程以守则的方法组织，分成两个阶段：初始的、客观化和递增化的时刻——激发所谓的“热力学怪物”的聚集过程；还有主观的、综合的时刻——协调建成的怪物原型与现实世界、自身实践和材料文化中本质缺陷之间的关系。一方面怪物的概念总是与丑陋的事物、错误或者失败联系在一起，热力学美学的理解是，就像它提到的如画风审美观那样，只有通过体验和接受大量的丑陋，才能获得新的美学观念。事实上怪物是美的催化剂，只有在这个时刻才可能建造出远离陈词滥调的形式和材料基础。怪物的概念同样理解并且分享如画风景的观点——不完美、界限和概率形成张力，其中的美学潜力和精心维系的确定性和安全性不分伯仲。

热力学美学意味着以往自然和文化之间的分野已经不再有效，就像知识不再等同于隔离的实验，而是在全球范围内大举影响社会和生活。对奥拉夫·埃利亚森（Olafur Eliasson）[1]在伦敦泰特美术馆所做的装置《天气计划》（*The Weather Project*），布鲁诺·拉图尔（Bruno Latour）给出了恰如其分的评论：“既然科学已经扩展到这样一个地步，它们把整个世界都变成一个实验室。艺术家们不得已变成穿白大褂的人，混迹于其他的白大褂中。也就是说，我们所有人，都从事着同样的集

1.奥拉夫·埃利亚森（Olafur Eliasson）是当代著名艺术家，以制作抽象的雕塑、大型装置闻名。译者注

体实验。彼得·斯洛特代克（Sloterdijk）[1]和奥拉夫·埃利亚森在探索着从现代主义的夹缝中脱逃出来的新方法。他们受益于科学提供的丰富腐殖质，但他们把成果反过来说，并没有讲述一个关于进步的叙事，只是单纯地探索这样一种我们试图共同生存的氛围的本质。”[2]

1.彼得·斯洛特戴克（Peter Sloterdijk）是当代最重要的哲学家和文化理论家之一，执教于卡尔斯鲁厄艺术与设计大学。译者注

2.Bruno Latour. “Atmosphère, Atmosphère”, The Weather Project (catalogue), Tate Modern, London, 2003, pp. 29-41.

THP热力学原型

THP是一种对九个串联但是环境相异的空间在空间、结构和热力学上的组织。

这些空间是综合解决三种组织结构（空间、建构和热力学）的方法，使材料使用最小化，并将使用或性能上的多样性最大化。

房间的几何和拓扑结构（还有它们在相邻的不同开放空间内设立的热收集器，将静态和动态的区域结合在一起），与最基本的热学设备（集热墙、热交换器、斯特林发动机、吸收式制冷机）一起，同时运用建构和热力学参数选择材料和建模，所有这些都与气候因素、由自然材料提供的能源有关——土地、水、太阳和空气，共同协作配置出一种能推定出热力学差异的结构，获得不同的空间体验。

PROTOTYPE SCHEMATICS

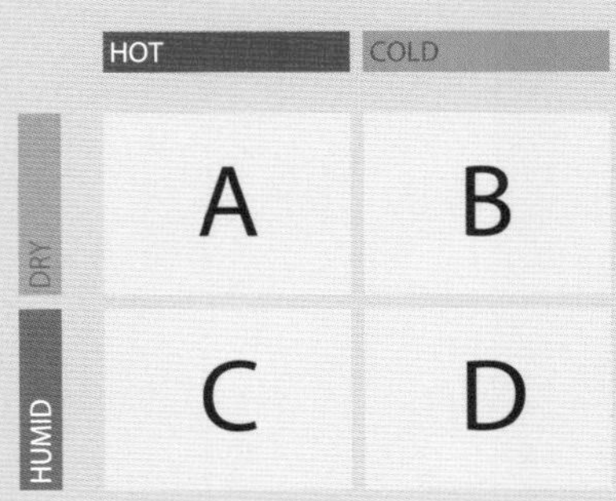

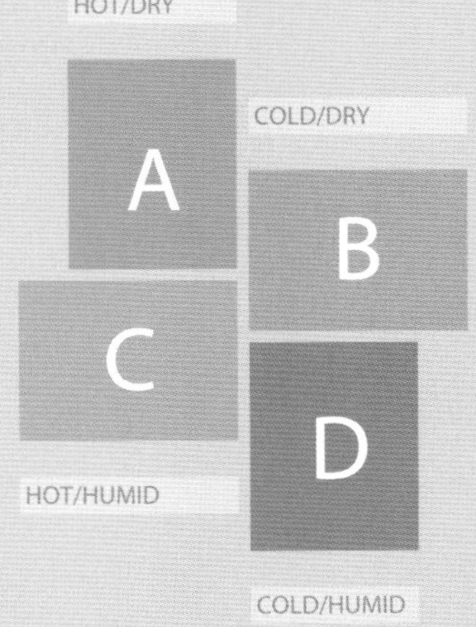

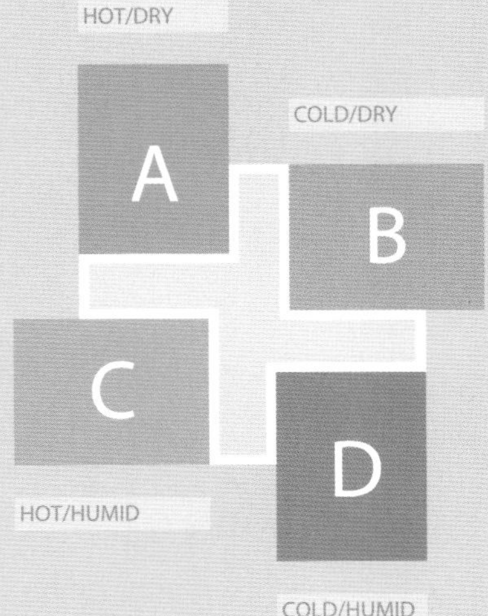

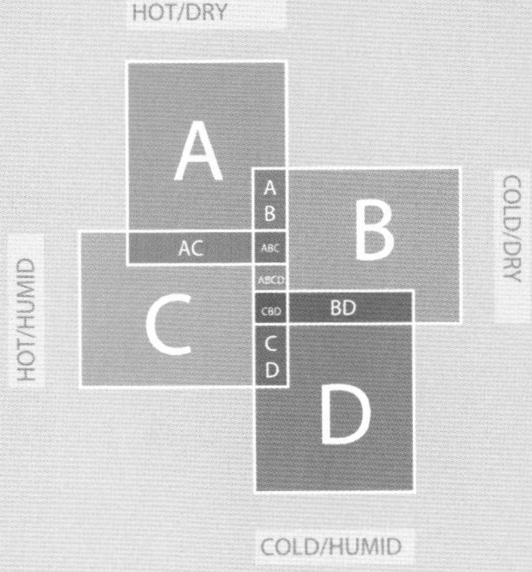

STIRLING MACHINES

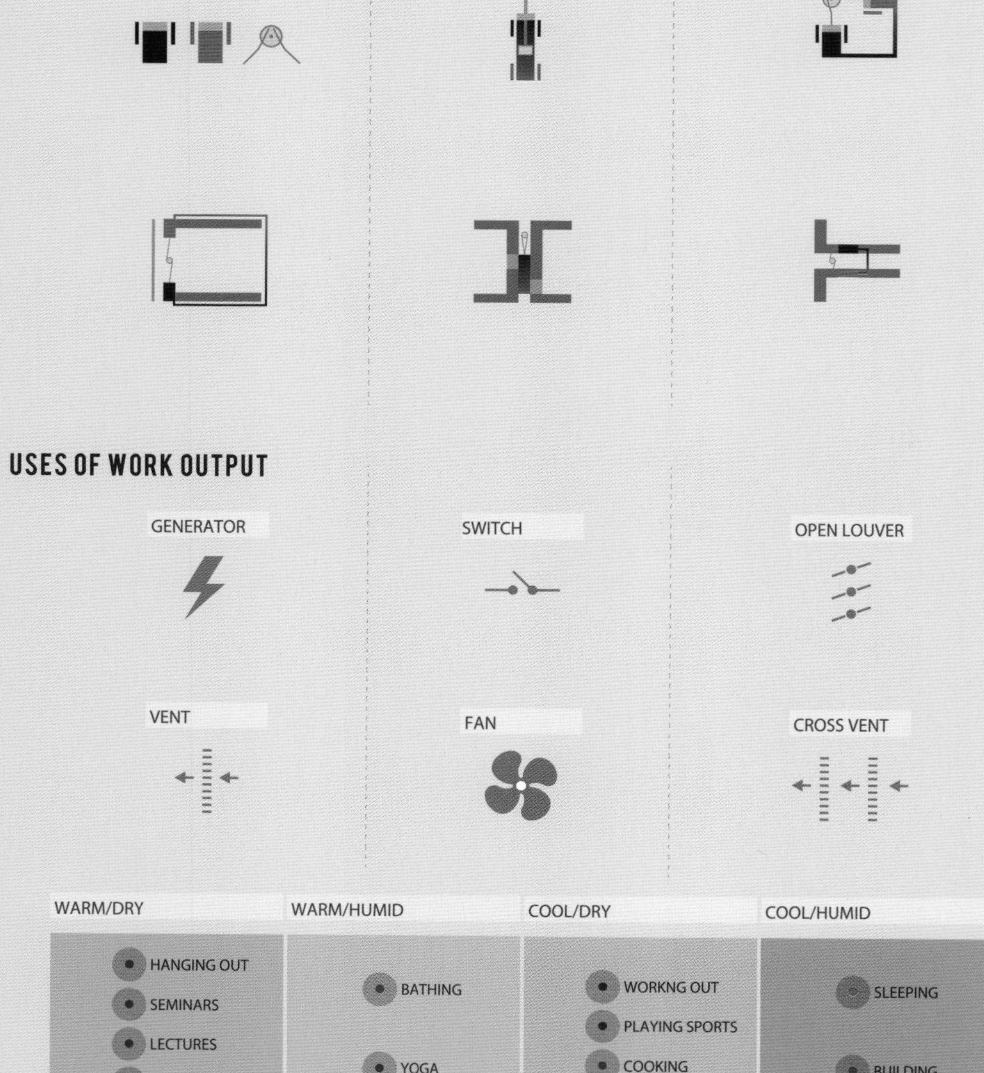

WARM/DRY	WARM/HUMID	COOL/DRY	COOL/HUMID
HANGING OUT SEMINARS LECTURES EATING	BATHING YOGA	WORKNG OUT PLAYING SPORTS COOKING	SLEEPING BUILDING

FIRST BIDIMENSIONAL DIAGRAM

WARM/DRY
WARM/HUMID
COOL/DRY
COOL/HUMID

HIGH VOLUMETRIC HEAT CAPACITY
HIGH THERMAL CONDUCTIVITY
LOW THERMAL CONDUCTIVITY
TRANSPARENT

VEGETATION
HOT WATER
COOL WATER
AIR TEMPERATURES
PHOTOVOLTAICS

FIRST BIDIMENSIONAL DIAGRAM _ INTRODUCING THERMAL MASS

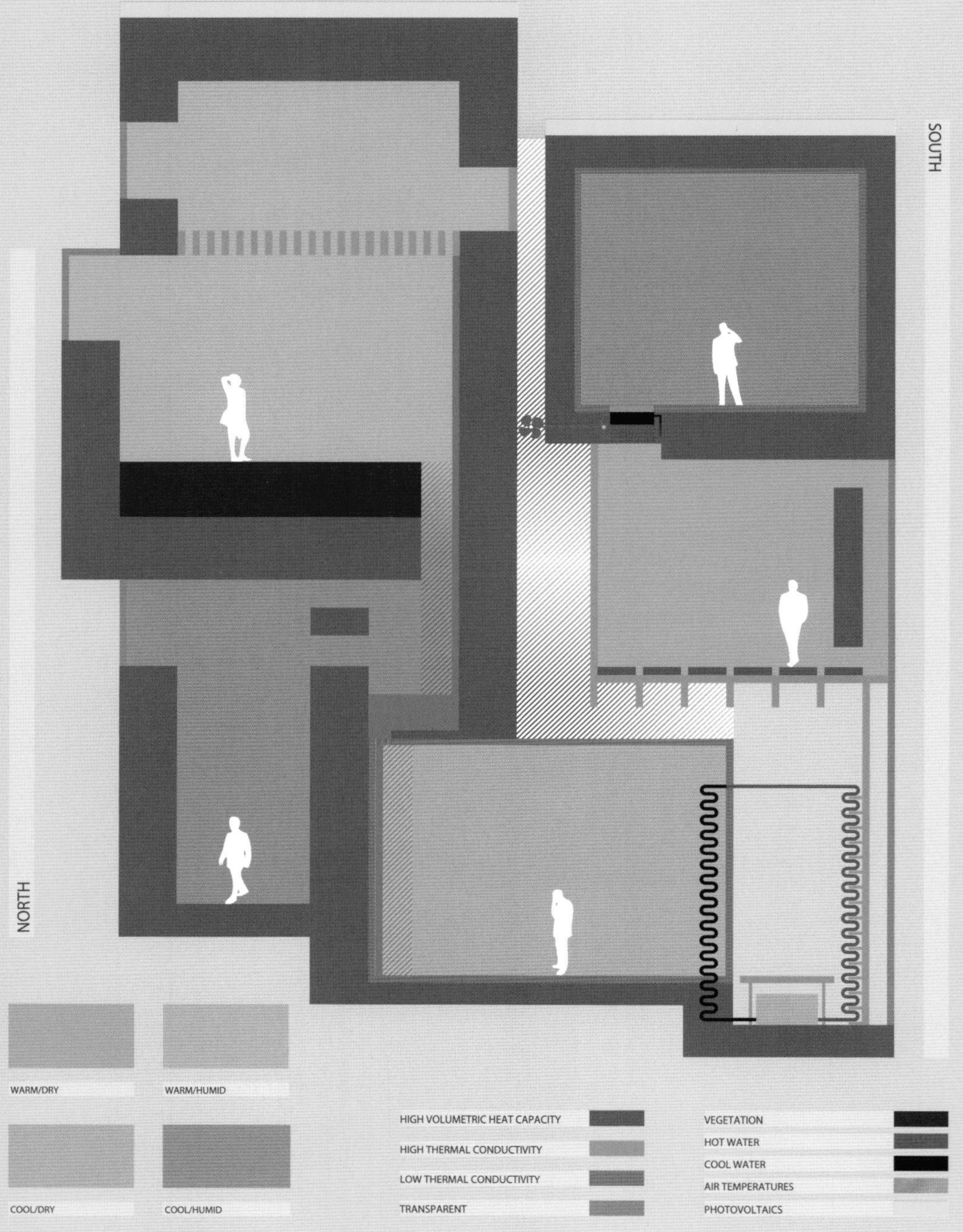

TABLE A_ VOLUMETRIC AND THERMAL INTERSECTIONS

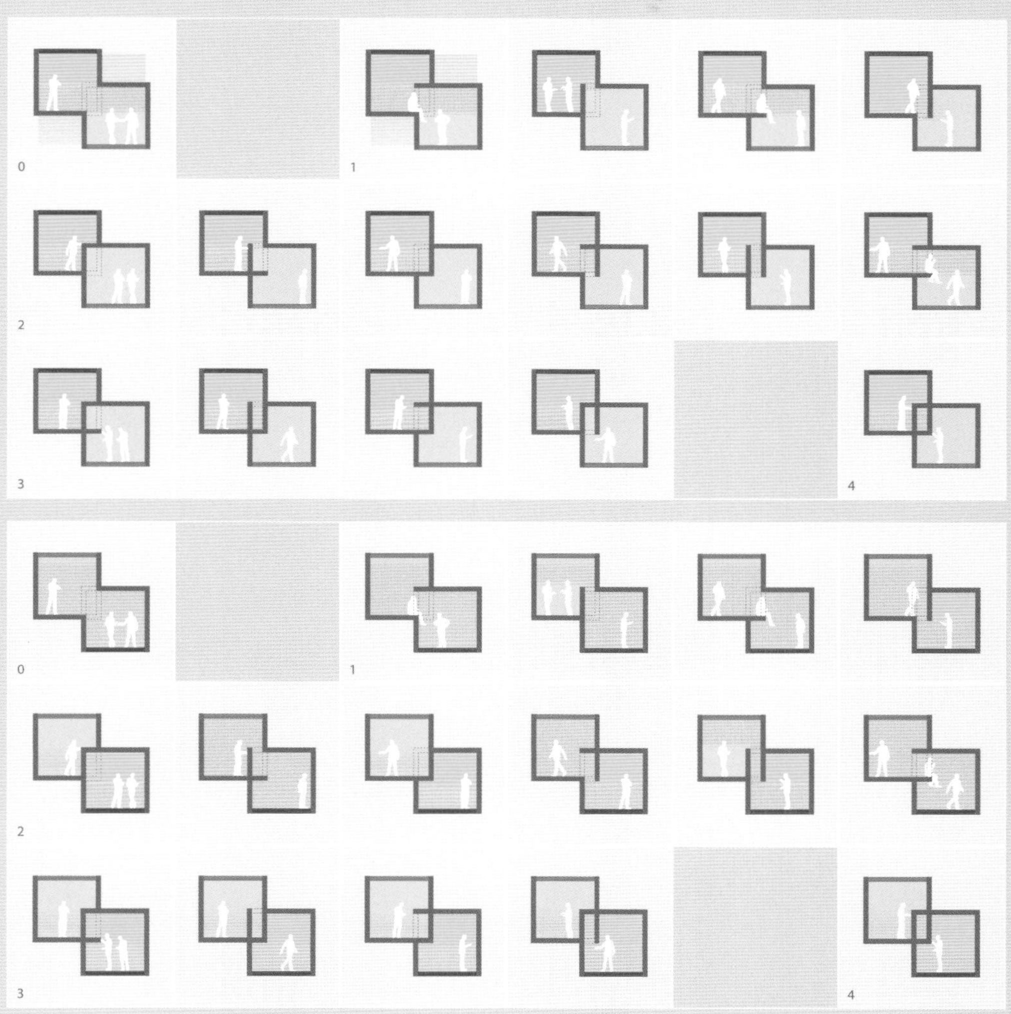

GROUND INSULATIVE ENVELOPE STRATIFIED AIR AIR FLOW AIR TEMPERATURE HEAT SINK HEAT SOURCE

TABLE B_ RELATIONSHIP TO GROUND

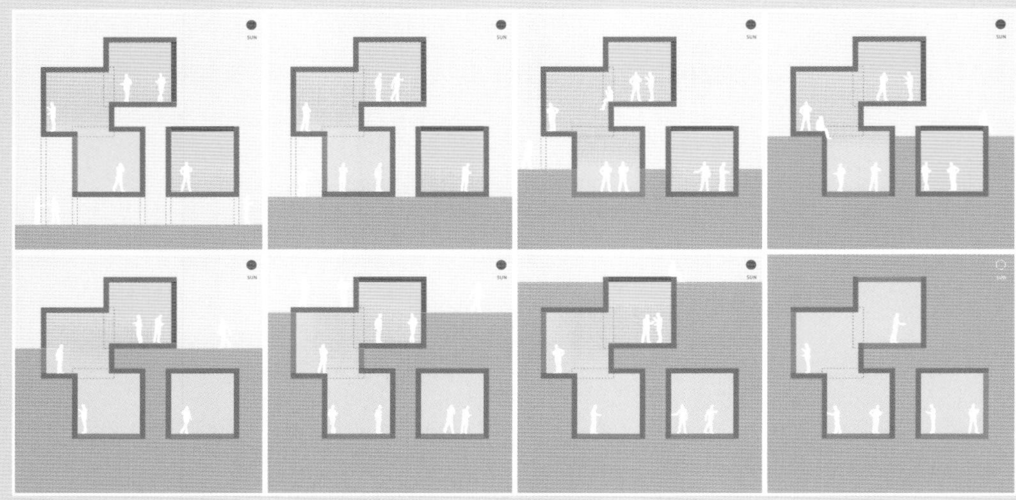

TABLE C_ THERMODYNAMIC TRANSFORMATIONS

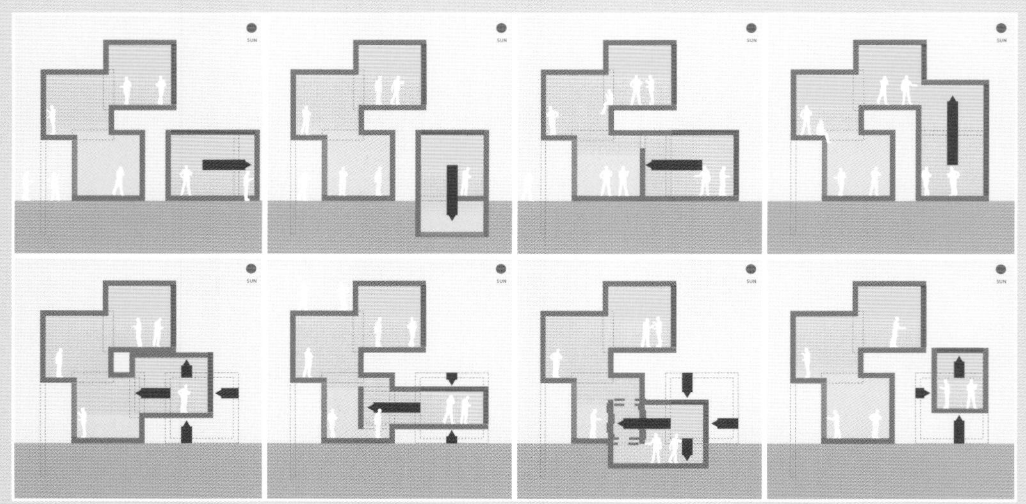

EXPANDING / CONTRACTING

E.C

GROUND INSULATIVE ENVELOPE STRATIFIED AIR AIR FLOW AIR TEMPERATURE HEAT SINK HEAT SOURCE

TABLE D_ ENVELOPE ASSEMBLIER

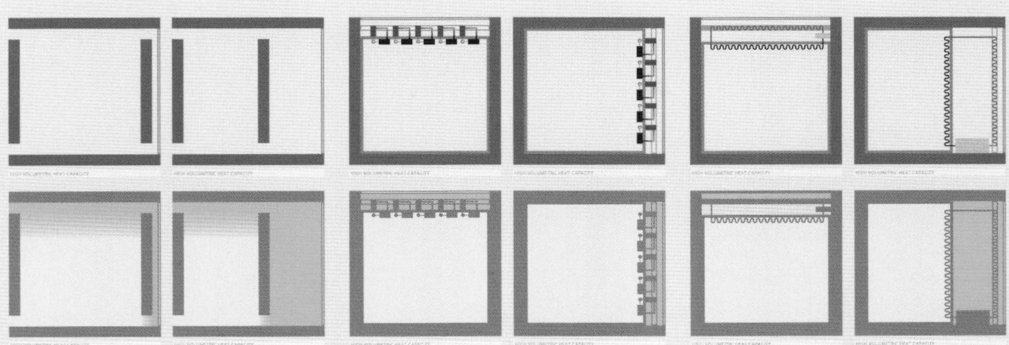

TABLE E_ DEVELOPING ENVELOPE CONDITIONS WITH THERMAL ASSEMBLIES

SUN

SUN

ENVELOPE ASSEMBLIES

GLASS WOOD STEEL CONCRETE GROUND INSULATIVE ENVELOPE AIR TEMPERATURE HEAT SINK HEAT SOURCE

PROTOTYPE_ WORK IN PROGRESS

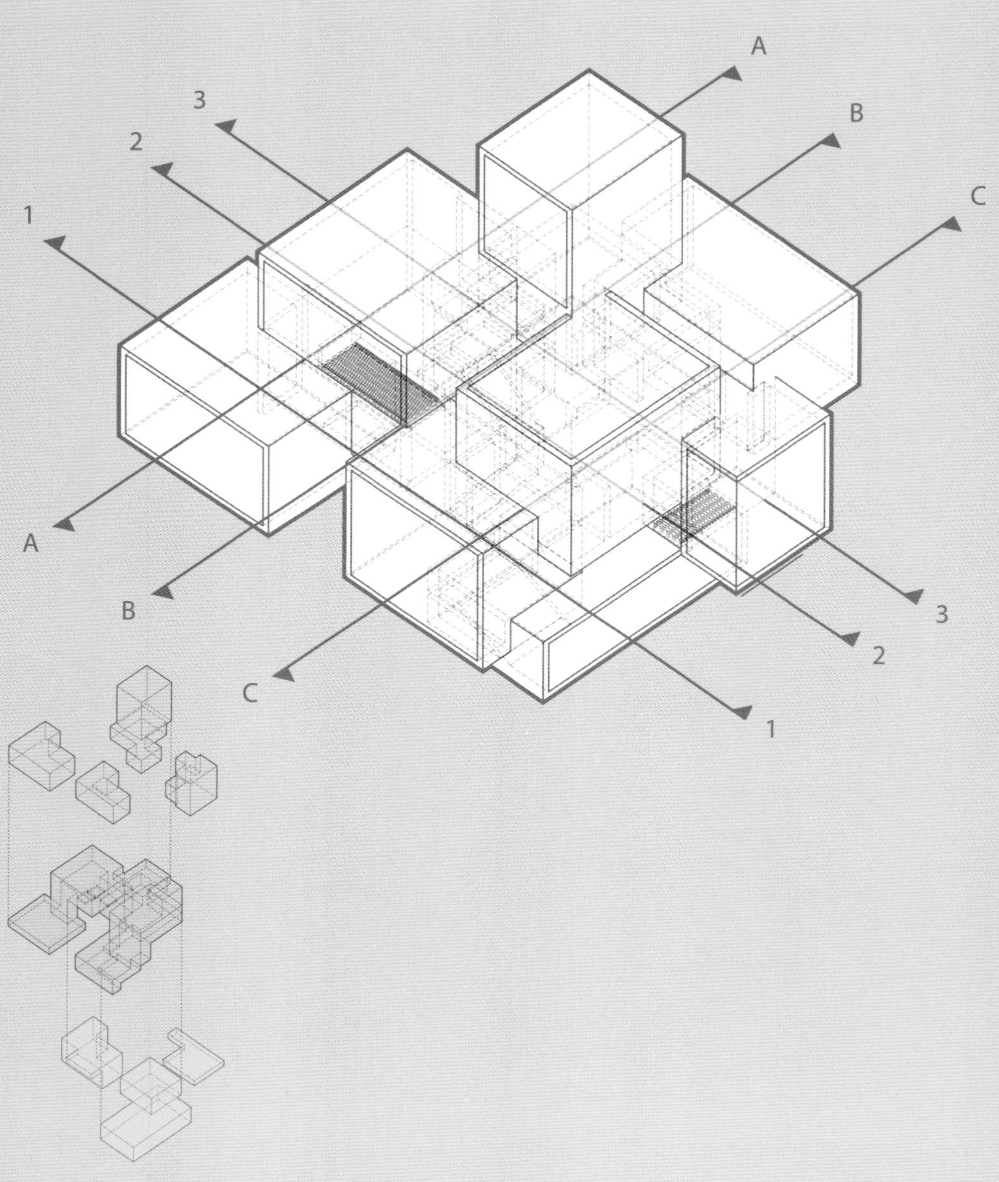

GROUND INSULATIVE ENVELOPE STRATIFIED AIR AIR FLOW AIR TEMPERATURE HEAT SINK HEAT SOURCE

PROTOTYPE_ SECTIONS

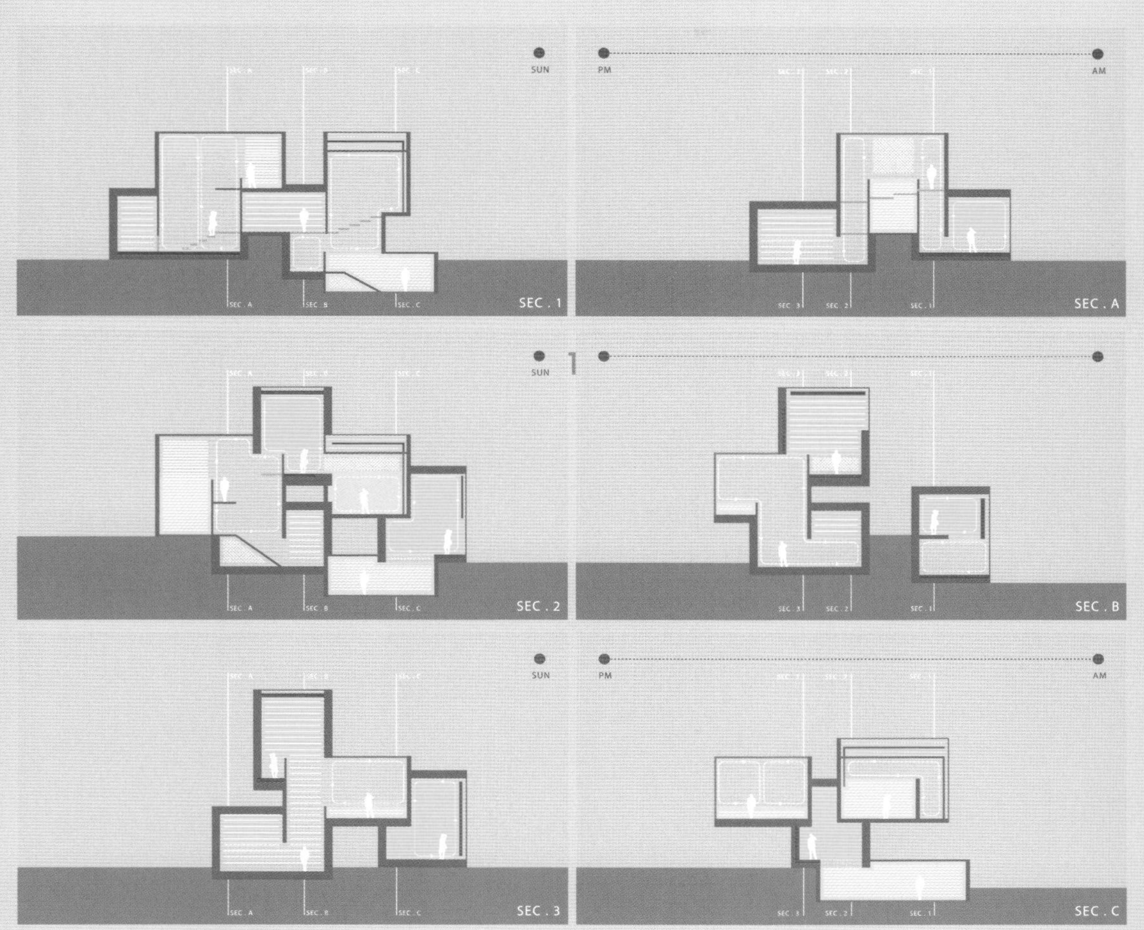

GROUND INSULATIVE ENVELOPE STRATIFIED AIR AIR FLOW AIR TEMPERATURE HEAT SINK HEAT SOURCE

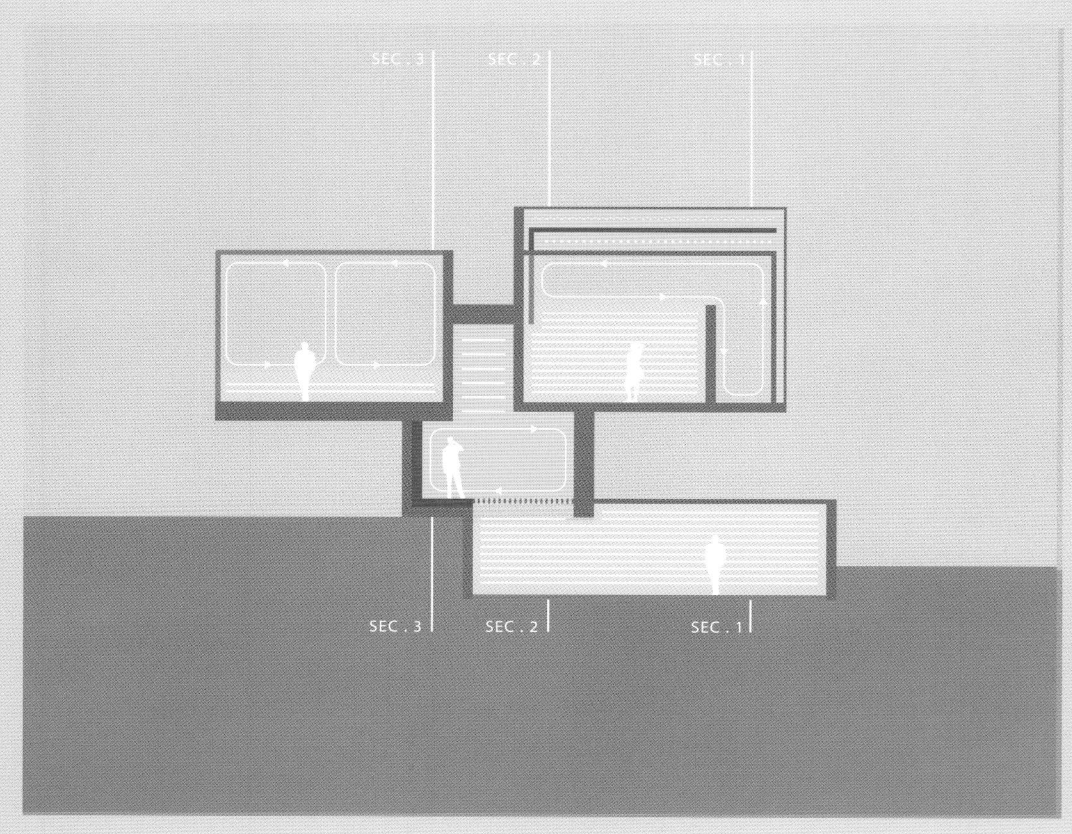

它是一个在可控尺度（九个房间）上的原型，把房屋视作一部基于全面差异和相似热力学的机器，差异和相似的二元性在其中显现、加剧。

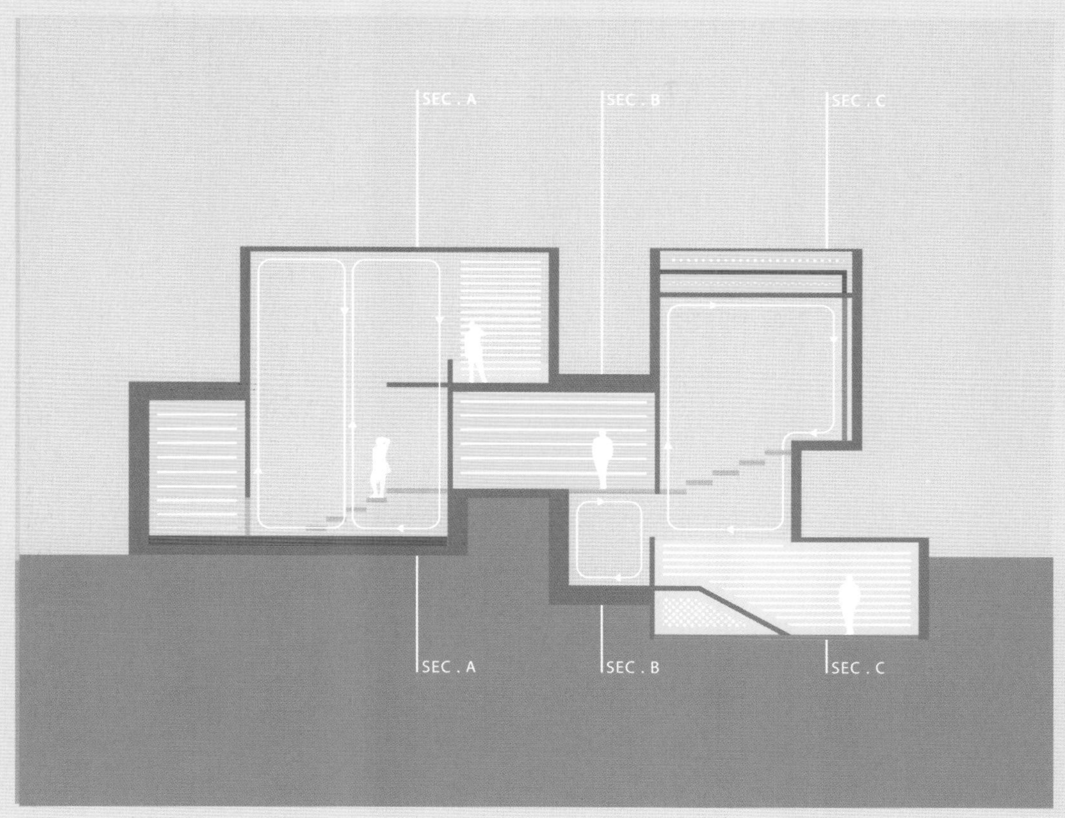

这种原型虽然仍处于发展阶段，但在三种气候和三种不同的材料文化中实验，以探索形式、材料和能量之间的关系，寻找实验中内含的守则和优化材料的应用。

ANTONI TÀPIES

安东尼·塔皮埃斯基金会

西班牙巴塞罗那

安东尼·塔皮埃斯基金会（Antoni Tàpies Foundation）改造的首要目的是借由新的画廊、档案和教育空间将这座历史建筑向公众开发，将行政空间集中在地块末端新建的三层结构里，庭院里的出口引向城市中心地块。

然而，安东尼·塔皮埃斯基金会旨在建立新一代的博物馆——一种文化产业中心，为艺术家多样的实践和热力学平衡提供各种空间，欣赏传承的遗产，从氛围的创造转向为参观者提供更强烈的体验，让人们看到支持文化生产的一系列功能综合以及作为展览系统组成部分的现代主义建筑。

从环境角度上说，在原建筑基础上进行的扩建对自然采光进行了实质性的改造，改变综合体的形式，增加建筑表面积和调整现有的空调系统，以在建筑单体中加强控制并减少能量消耗。

Eva Hesse
Treballs de

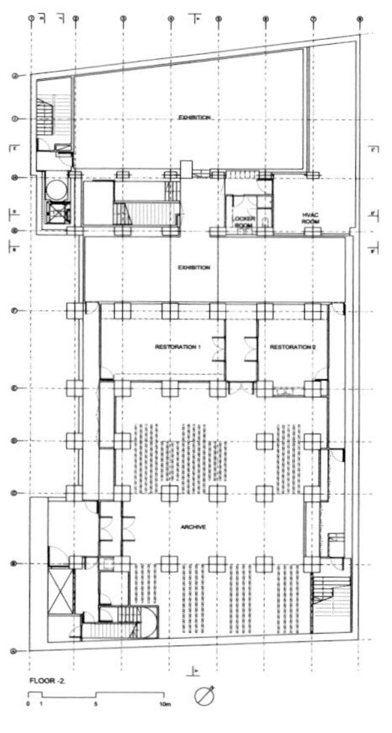

FLOOR -2.

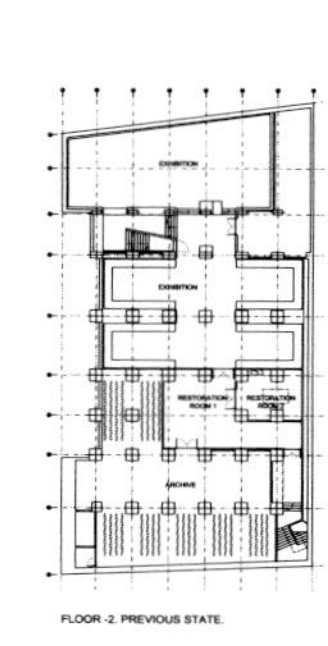

FLOOR -2. PREVIOUS STATE.

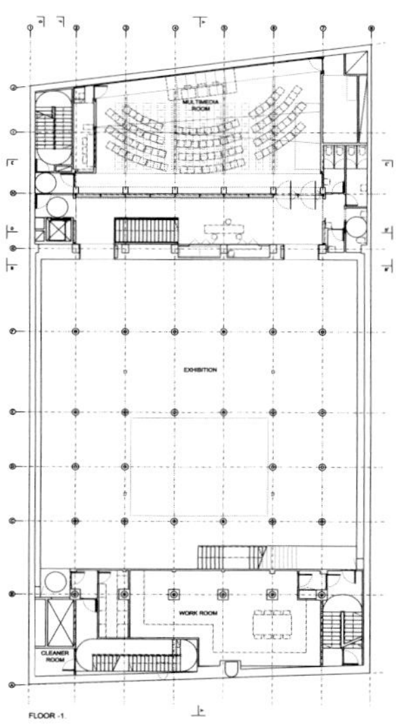

FLOOR -1.

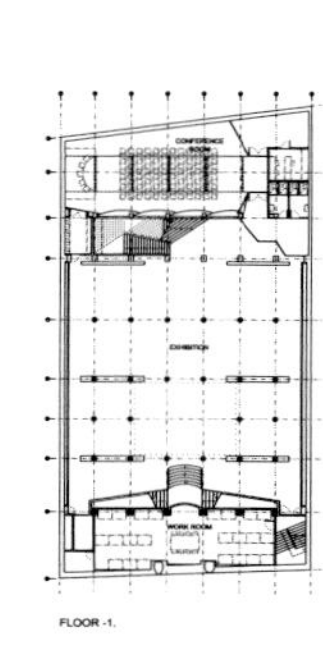

FLOOR -1.

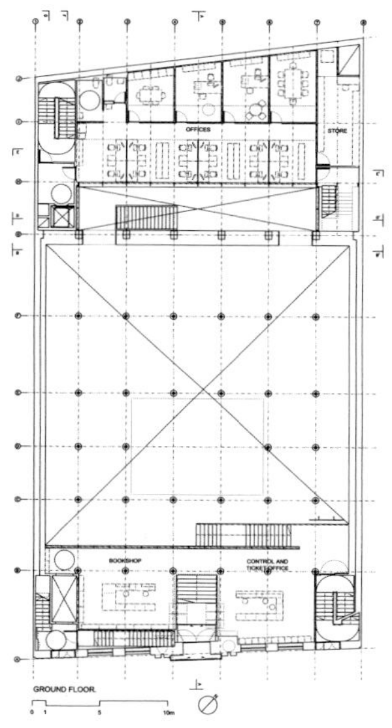

GROUND FLOOR.

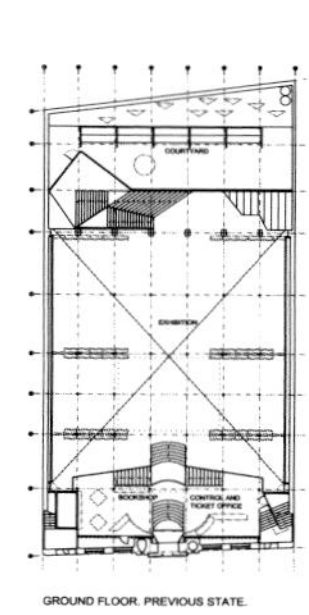

GROUND FLOOR. PREVIOUS STATE.

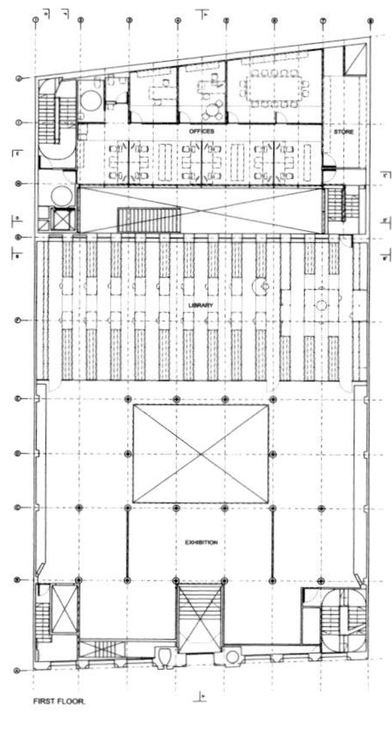

FIRST FLOOR.

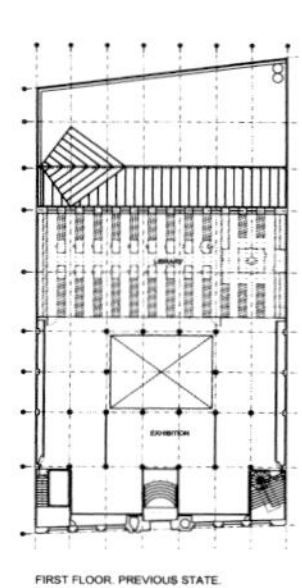

FIRST FLOOR. PREVIOUS STATE.

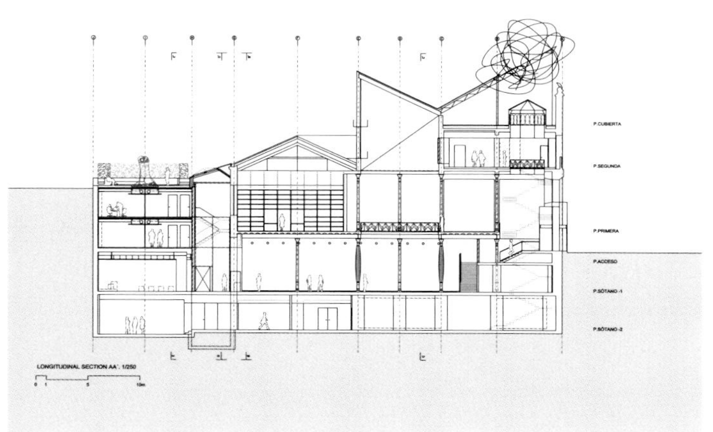

LONGITUDINAL SECTION AA'. 1/250

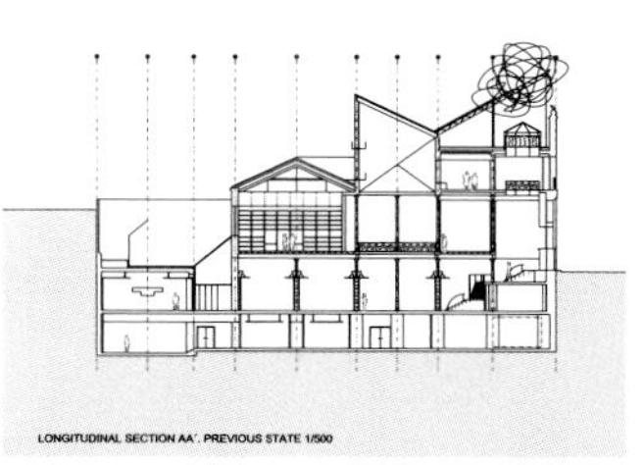

LONGITUDINAL SECTION AA'. PREVIOUS STATE 1/500

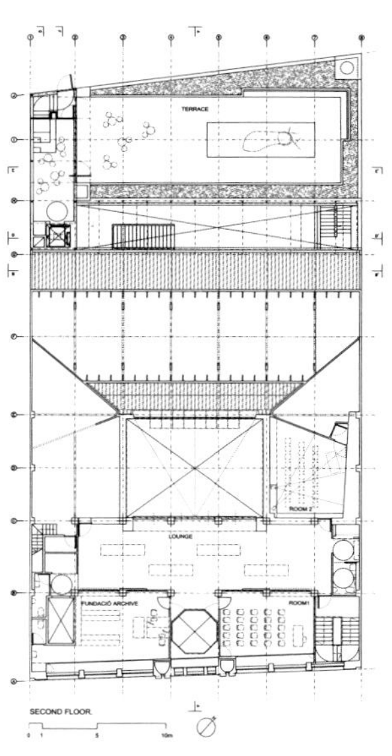

SECOND FLOOR.

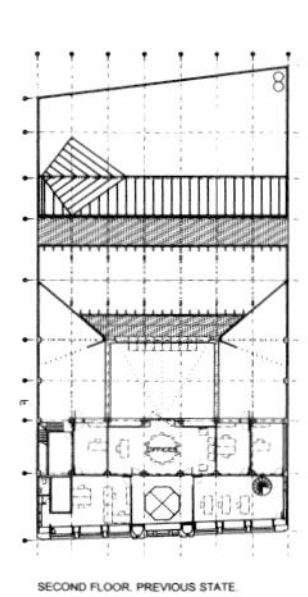

SECOND FLOOR. PREVIOUS STATE.

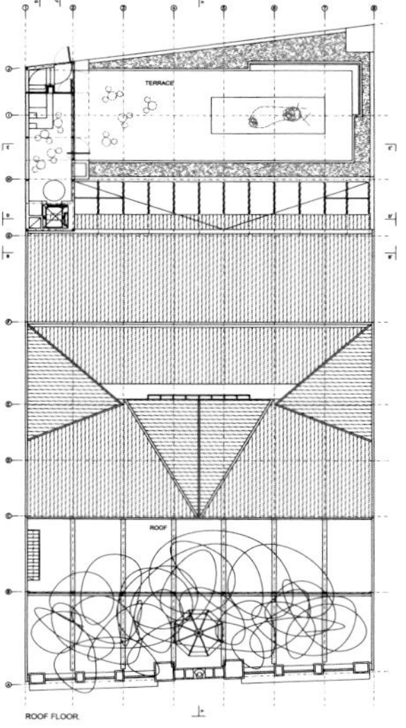

ROOF FLOOR.

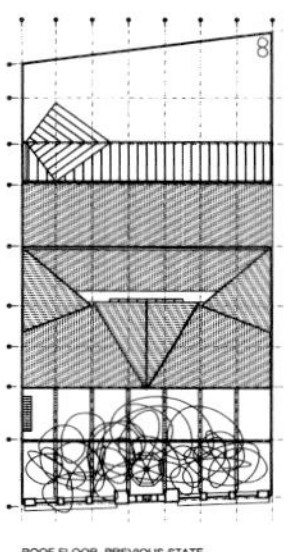

ROOF FLOOR. PREVIOUS STATE.

ntoni Tàp

阿祖奇卡黑纳雷斯休闲中心

西班牙瓜达拉哈拉

瓜达拉哈拉（Guadalajara）的阿祖奇卡黑纳雷斯（Azuqueca de Henares）休闲中心由一组并肩排列的房间组成，在传统的俱乐部模式上形成现代变奏，功能性的房间在休闲主题下随性地组织在一起：阅读、游戏、谈话和跳舞。这一在市政厅对面的地块主要用做公共设施和公园，以低矮、朝南的凉亭为主，垂直体量是中心办公室、储藏和其他空间。

项目的空间布局、建造系统、设备安装、通风、外围护和景观经过系统的研究，以创造出一定的氛围，并且实现一个不排放有害气体的建筑。建筑的原型是卡斯蒂利亚（Castile）中央平原上一种传统的交流空间和交互庭院，还附加屋顶绿化和地热能量。

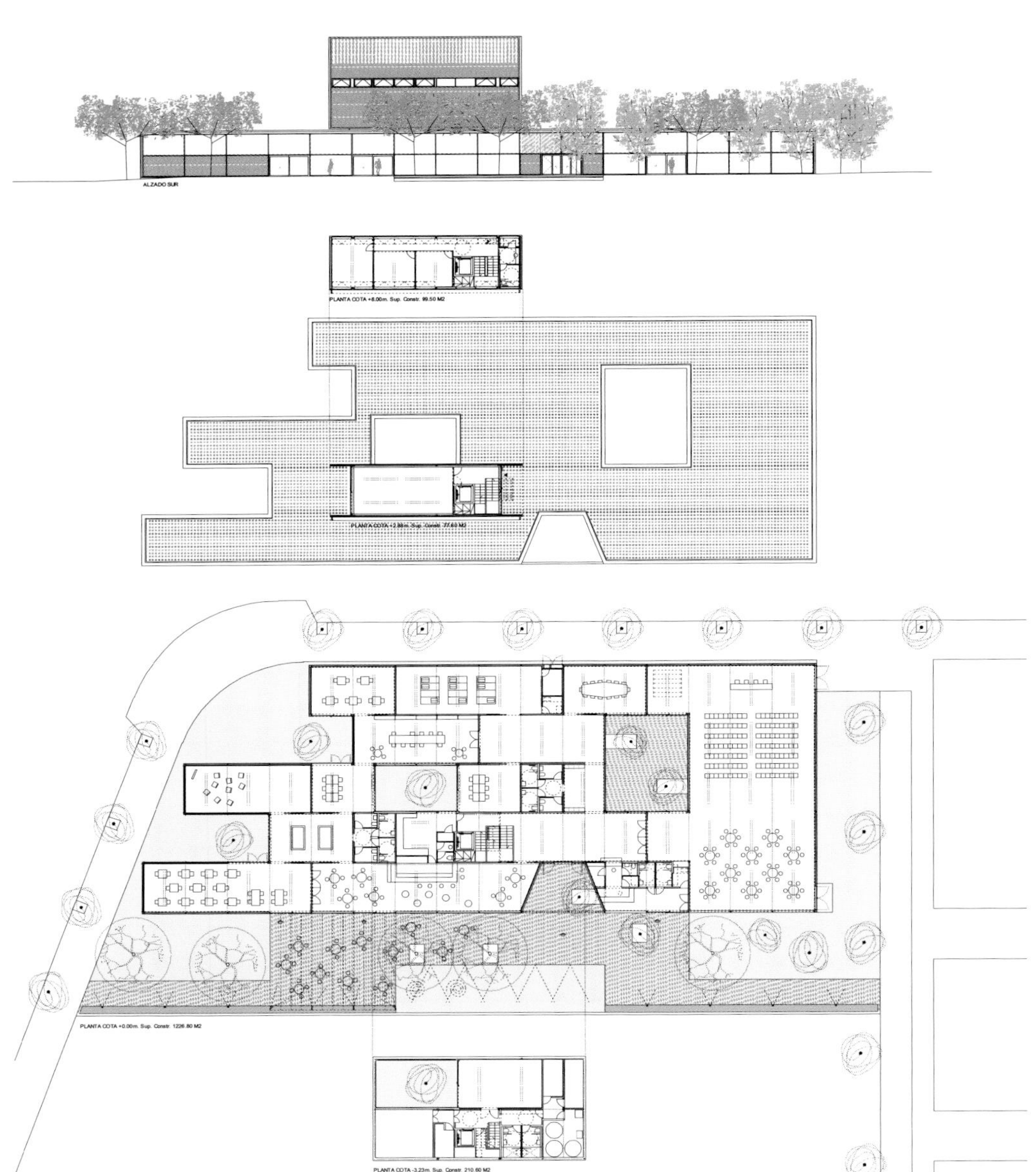

PLANTAS Y ALZADO

0 5 5 10m

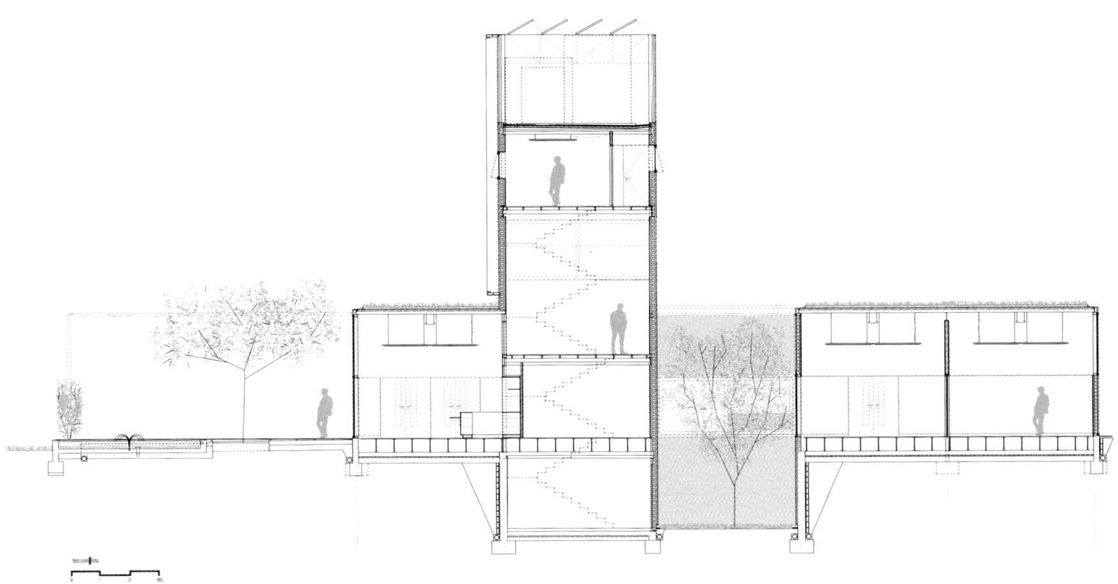

阿尔伯特·厄伦工作室（Atelier Albert Oehlen）

瑞士布赫勒（Bülher）

这栋坐落于一片陡坡上的小型建筑，在几乎终年被白雪覆盖的基地上创造出一个纯白的棱柱体，插入北面山地，并向南延伸入景观。建筑包括一个开放的艺术家工作室空间和储藏用的半地下室。一个超大的景观窗将工作室与室外景观联系起来，两个天窗提供了顶光。建筑的主要体量和天窗是凸出山坡的三角棱柱体，勾勒出建筑独特的轮廓。这个项目通过工业化预制的完成面、体量和色彩，寻求与周边住宅和圣加仑地区的雪景可能的相似性。

从环境层面看，建成体量做到尽量集中，其中一部分埋入地下。朝南的开口（带可调、可控的室外遮阳）收集太阳光辐射，并且为工作室提供最好的光照。高惰性建造系统的地源热能供暖。地下室的混凝土结构和其余的层压板、颗粒板材和回收的纸质隔热层被工业板覆盖。绿化屋顶是对基地的延续。

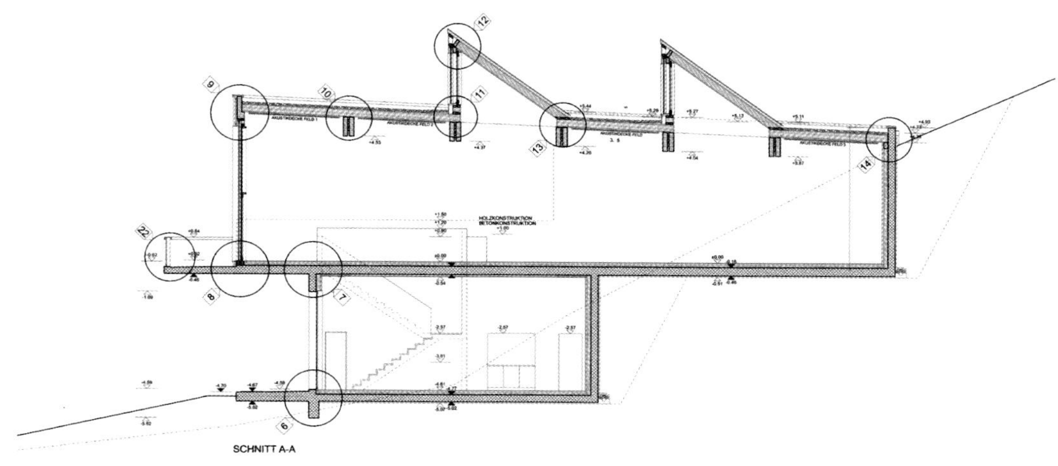

SCHNITT A-A

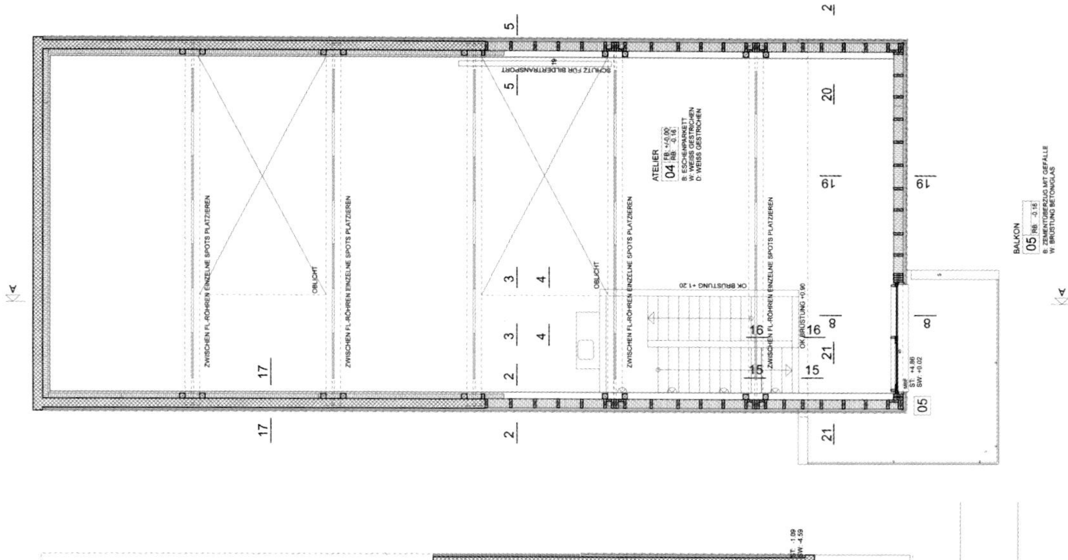

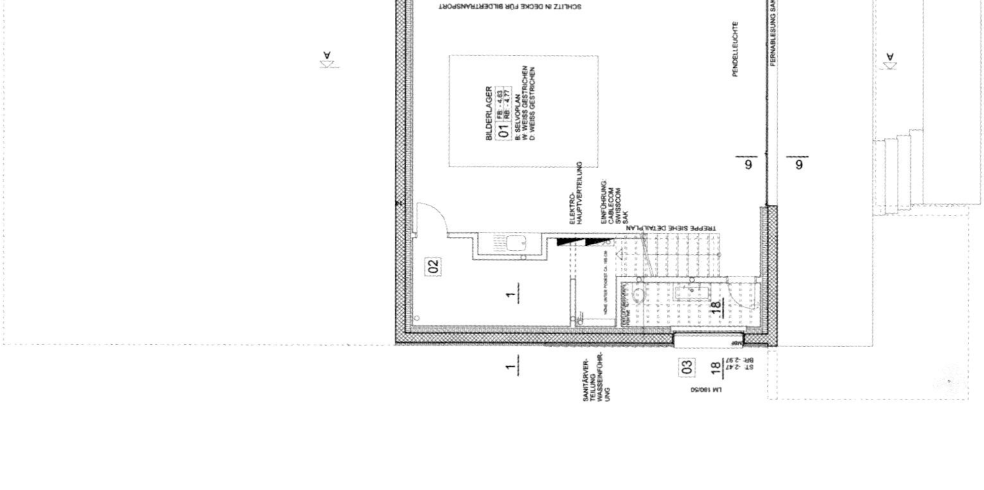

Original
LUKAS

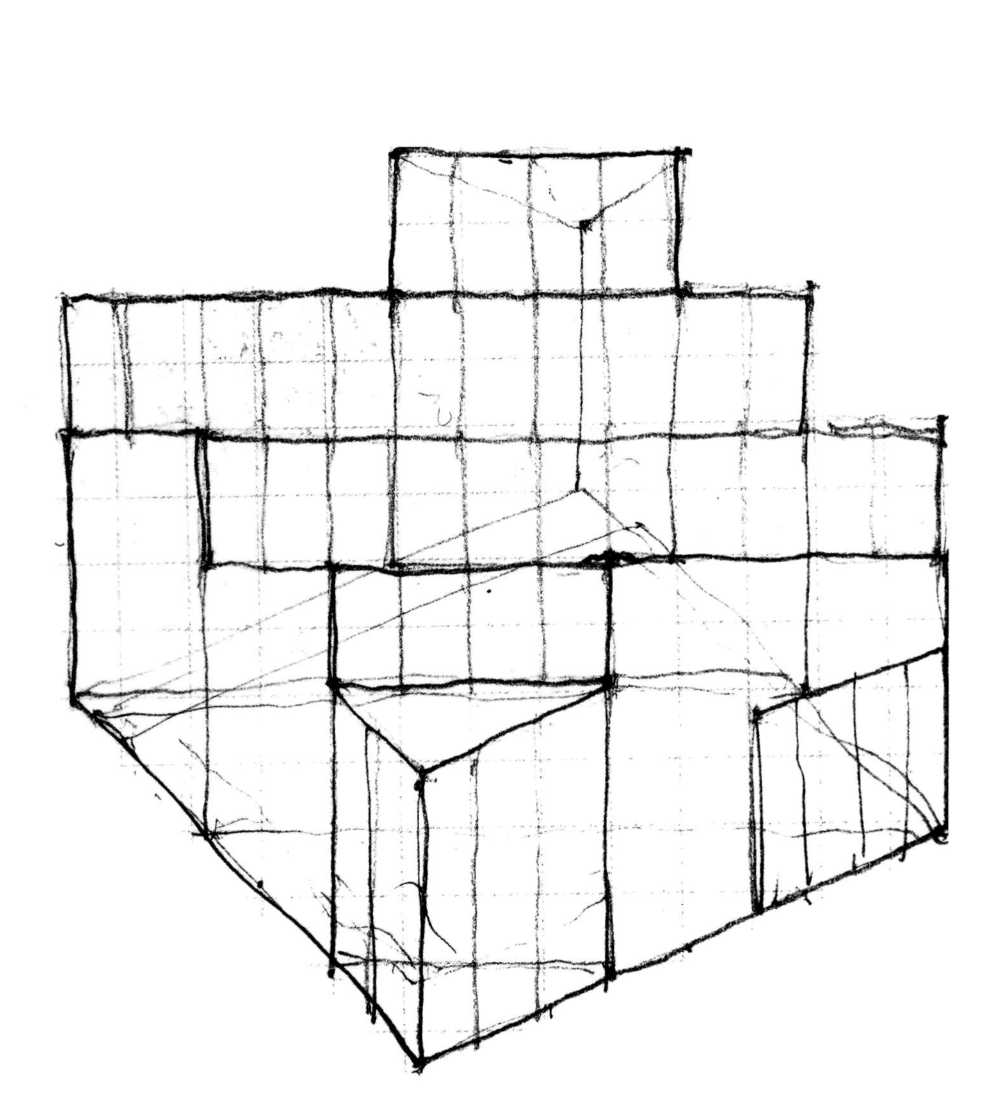

瑞士馆（Swiss Pavilion）

瑞士盖斯（Gais）

瑞士新馆由两个重叠的体量构成。下部空间是住宅的车库兼入口、起居室、卧室和厕所；上部体量则更具私密性。南向屋顶上的切口让整层的工作室充满光线。

立面由一个变形的立方体演变而来。立方体南面放大北面收拢，以获取最大的热能。建筑形体上有三个主要元素影响热力控制和日照：

——底层一扇收集辐射热和东向阳光的大窗；
——东南和西南转角处，一扇大落地窗是太阳能的主要收集器，通过热传导和地板辐射供暖系统为其他房间提供热能。
——两扇天窗在冬天补充光照和热收集，同时和楼梯平台下方的窗户一起确保整个住宅在夏季的对流通风。

整个建筑将由超轻实心混凝土（北立面和东立面）以及传统混凝土建造。建筑造型、门窗开口、室内外材料相结合，以一种简单、传统的方式实现了房屋的被动式节能（开窗、百叶和门的开启取决于气候状况）。

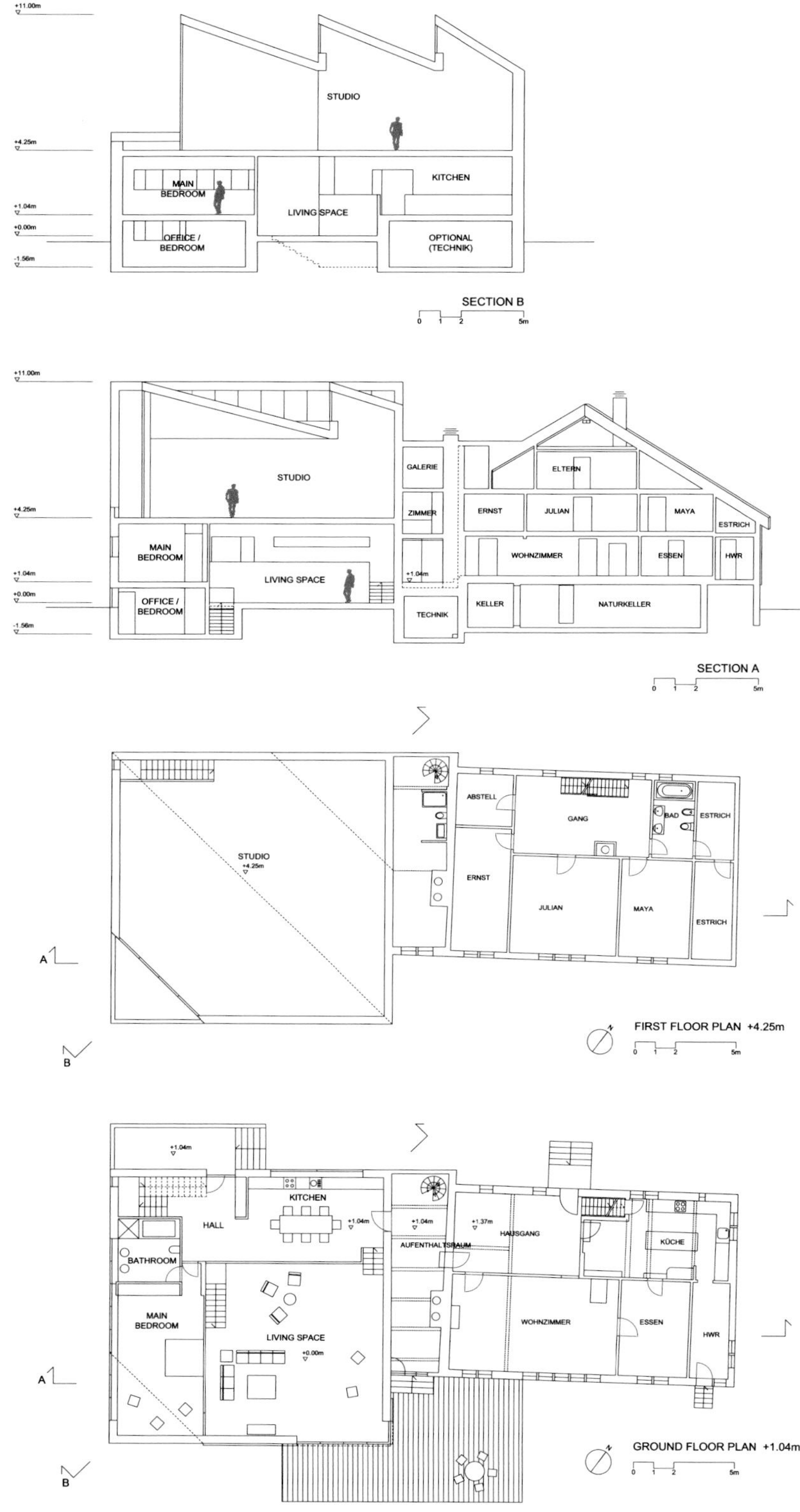

+11.00m
STUDIO
+4.25m
MAIN BEDROOM
KITCHEN
+1.04m
LIVING SPACE
+0.00m
OFFICE / BEDROOM
OPTIONAL (TECHNIK)
-1.56m
SECTION B
0 1 2 5m
+11.00m
STUDIO
GALERIE
ELTERN
+4.25m
ZIMMER
ERNST
JULIAN
MAYA
ESTRICH
MAIN BEDROOM
WOHNZIMMER
ESSEN
HWR
+1.04m
LIVING SPACE
+0.00m
OFFICE / BEDROOM
TECHNIK
KELLER
NATURKELLER
-1.56m
SECTION A
0 1 2 5m
ABSTELL
GANG
BAD
ESTRICH
STUDIO
+4.25m
ERNST
JULIAN
MAYA
ESTRICH
A
B
FIRST FLOOR PLAN +4.25m
0 1 2 5m
+1.04m
KITCHEN
HALL
+1.04m
+1.04m
+1.37m
HAUSGANG
KÜCHE
AUFENTHALTSRAUM
BATHROOM
MAIN BEDROOM
LIVING SPACE
+0.00m
WOHNZIMMER
ESSEN
HWR
A
B
GROUND FLOOR PLAN +1.04m
0 1 2 5m

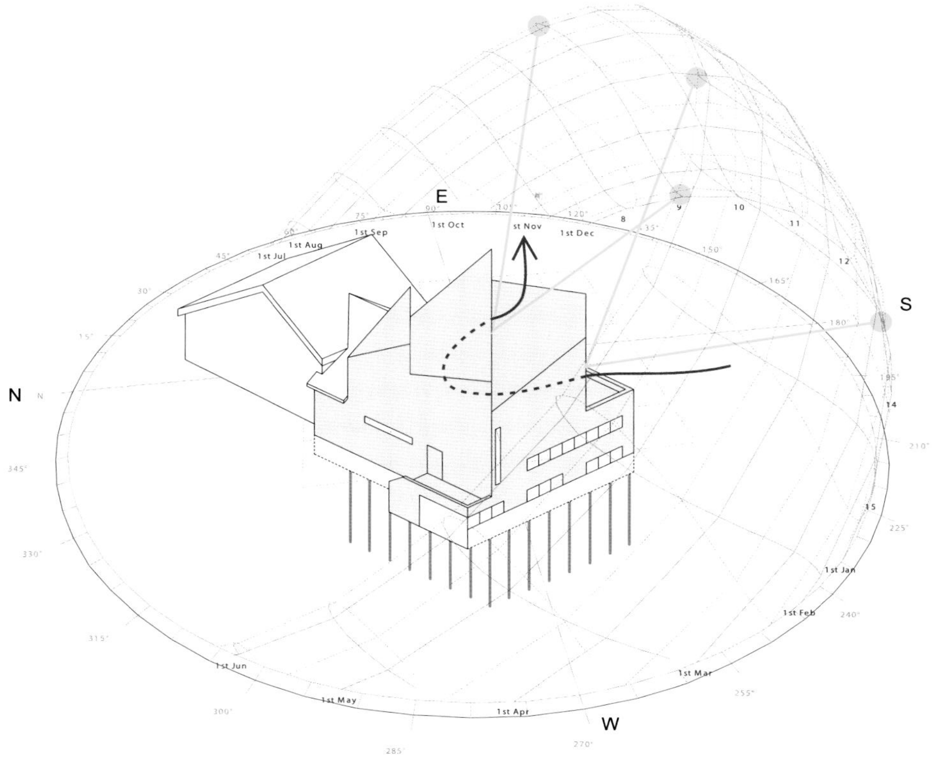
E
N
S
W
1st Jul
1st Aug
1st Sep
1st Oct
st Nov
1st Dec
1st Jan
1st Feb
1st Mar
1st Apr
1st May
1st Jun

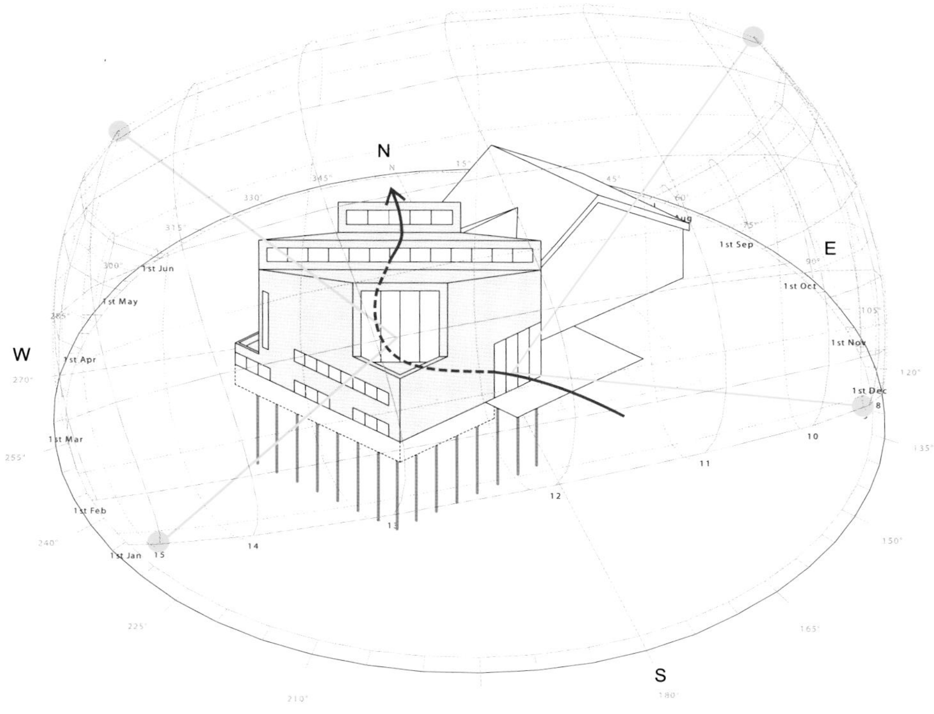
N
E
W
S
1st Jun
1st May
1st Apr
1st Mar
1st Feb
1st Jan
1st Sep
1st Oct
1st Nov
1st Dec

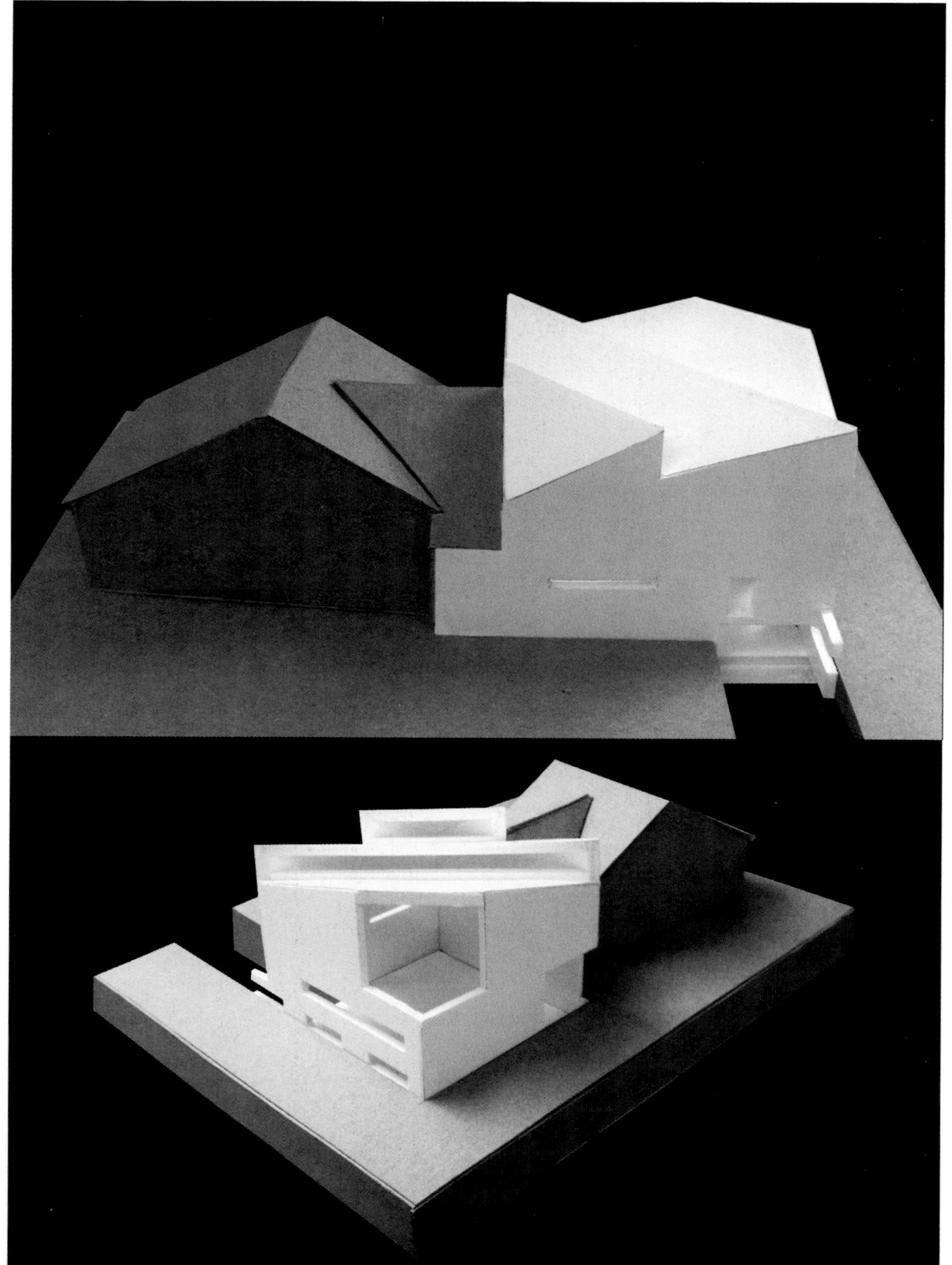

阿巴罗斯的热力学和性能转向

查尔斯·瓦尔德海姆（Charles Waldeim）[1]

本书中伊纳吉·阿巴罗斯提出的热力学计划，在今天为对立的两极（即自主性和工具性）之间的争论提出了第三个概念。这是个恰如其时的命题，书中呈现的种种工作都在这一命题的主导下进行，热力学为调和自主性实践的批判性和日趋紧迫的社会、政治和环境问题提供了一种解决方案。

至少自艾森曼（Eisenman）在20世纪70年代中期提出“后功能主义”[2]以来，建筑学科凭借否定实用的批判性确立学科的文化价值基础，尽管这种否定本身带有假说性质。对商品化和使用价值的否认同样宣扬着建筑学文化的“自主性”，它被解读为建筑学对参与社会、政治和经济的运作所采取的抵抗姿态。在过去的十年中，虽然建筑如何影响环境和气候这一课题重回议程，但很多人仍然坚持应当延续自主性的批判文化，而不能将建筑等同于工具性。长期以来，这被理解为建筑对参与能源和环境等“外部”议题的一贯抵抗。从这个角度来说，建筑学科不断地自我离间自身与工具性的关系，于是气候这样的议题完全被建筑文化价值视为外物。[3]

过去十年中，这一批判计划还遭遇了另一面，即所谓的“后批判”立场，它

1. 查尔斯·瓦尔德海姆（Charles Waldheim）是哈佛大学景观建筑约翰·E.厄文教席教授，景观建筑系主任；是著名的建筑师、城市理论家；著有《景观都市主义》。译者注
2. Peter Eisenman, “Post-Functionalism”, Oppositions, vol. 6 (Fall 1976): 236-239.
3. 普雷斯顿·斯科特·科恩（Preston Scott Cohen）是表达该类立场的一员。见他的近作Return of Nature project: Scott Cohen and Erika Naginski, eds., The Return of Nature: Sustaining Architecture in the Face of Sustainability (Routledge, 2013).

信奉氛围、文化商品，以及“设计智能”[1]，传统的“作者身份”被“距离化”。阿巴罗斯的热力学主义在这些争论中提供了第三条道路。他并不是要给当代建筑学找到一种“投射”的，甚至多少带有救赎意味的走向，他回避了这种简单的对立关系。

在最近有关“理论的终结”的讨论中，热力学计划所提出的这种看似矛盾的“性能”自主性，承诺了一个可能的转向。阿巴罗斯的命题暗示了这样一种可能：建筑学中被离间的作者身份，可以与高度计量化的性能获得统一。不同于围绕着功能、结构、城市相关性、人文延续和资本聚集而作的建筑，阿巴罗斯的热力学模型往往能通过“最”工具的手段，得到超出预期，不受限制，又令人迷幻的建筑学产物。这种对作者身份的“疏远”或者摆脱，在当代建筑文化中并非无先例可循。但热力学模型却与它们有着本质的不同，因为它并没有呈现简单的可见的效果，而是诉诸室内和地下更复杂的热力学秩序的排布。这样的内部秩序始于精心的编排，却往往能随着时间推移持续显示出非线性的热学交换。

1. 有关“批判性”和“后批判”的争论记录详尽。见Michael Speaks, “Design Intelligence Part 1: Introduction”, A+U Architecture and Urbanism (December 2002): 10-18; Robert Somol and Sarah Whiting, “Notes Around the Doppler Effect and Other Moods of Modernism”, Perspecta, no. 33 (2002): 72-77; George Baird, “Criticality and Its Discontents”, Harvard Design Magazine, no. 21 (Fall 2004): 16-21.

自21世纪以来，“性能”方向令景观建筑重焕生机。从某种程度上说，阿巴罗斯的热力学计划可以与之比肩。[1]他对“景观思考”的兴趣恰逢其时。从密集编写的生态逻辑参数和涌现的形式中产生这样一种看似矛盾的自主形式，就“性能”而言，景观建筑正是通过这种形式中的潜力重新获得动力。物种和它所在环境之间的关系里存在着高度编排却本质相异的参数，这与距离化的作者身份不无相似，也正是性能化景观建筑所追求的。最近很多人开始这样一种探索：借助计算和制造的逻辑，从自然世界中找出一种双重距离化、成对出现的性能模型。这项工作的有趣之处在于，通过对人类之外的物种和其生存环境的关系模拟，可以发现能量与气候问题作为工具参与也存在着一种推定的批判距离。如果说人文主义者对功能、形式和匹配抱有期待，那么阿巴罗斯的热力学方向提供的是另一种可与前者类比的可能，还拥有超越社会参与性与文化重要性两者简单对立的潜力。[2]这种实践同时兼顾建筑学内部的争论与外部的需求，以此重新激活这门学科。

1. 对景观从“外观到性能”的转变最早可见Julia Czerniak, “Challenging the Pictorial: Recent Landscape Practice”, Assemblage, no 34 (December 1997): 110-120.

2. 从这个角度上，阿巴罗斯的热力学建造呼应了科恩个人对对称、切口和形式原则秩序的坚持，对他而言，这是形成正确的建筑学议题的必要思想。见Scott Cohen, Contested Symmetries and Other Predicaments in Architecture (Princeton Architectural Press, 2001).

伊扎镇（Itziar）伊萨西之家（Isasi House）

西班牙吉普斯夸（Guipuzkoa）

伊扎镇选择在一片地形被粗野破坏过的基地里，建造山间乡村设施和临近快车道的工业用房。在同一个体量里的四套住宅，都可以分享综合体内的地面和空间。这个住宅是对乡村生活和蔬菜种植的现代诠释，但是既不太过民俗也不漠视传统。为新建筑选择的位置满足了私密性，优化了日照、通风以及山海景观，并遵循了当地传统中的气候适应准则。

通过材料和形式对当代工业背景的强调，标识了伊扎镇两个现实之间的差异。在半地下室和屋顶还有一个木工坊、工作室和家庭成员的庇护所。双层屋顶的设计在剖面上呼应了建筑从中升起的地形：花园、蔬菜种植地、山与海相接，成为每个独立住宅的景观参照。

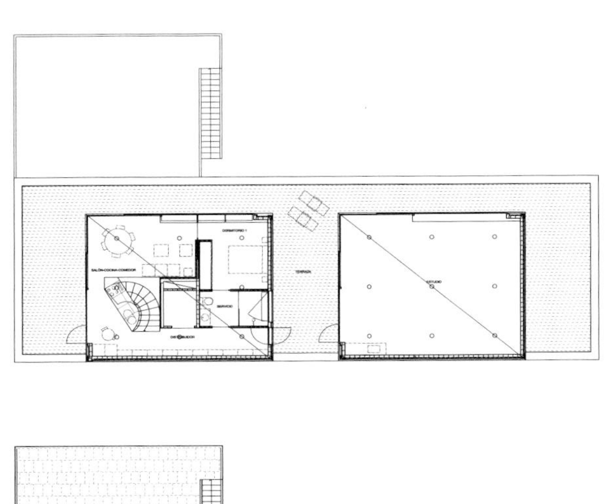

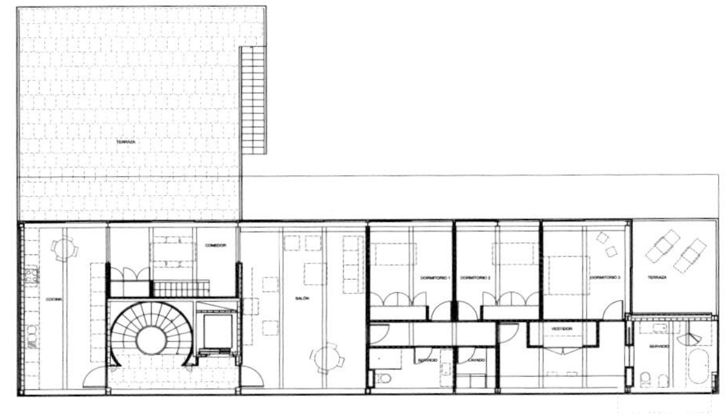

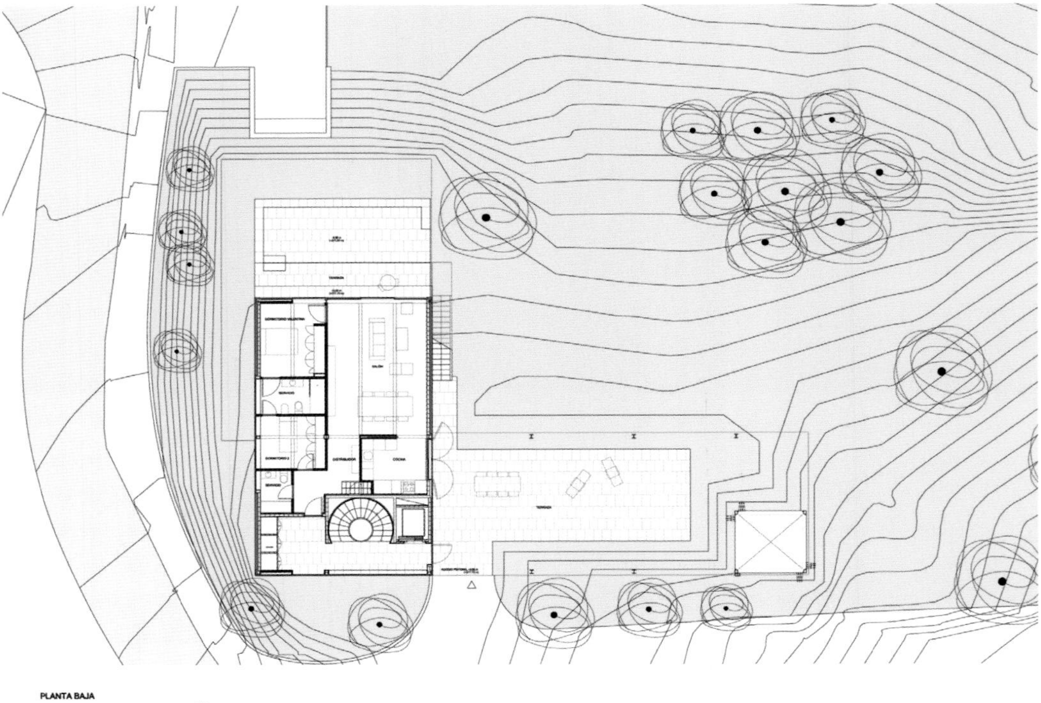

PLANTA BAJA

0 1 2 5

身体主义

垂直主义

唯物主义

怪物聚集

身体主义
垂直主义
唯物主义
怪物聚集

怪物聚集

©伊纳吉·阿巴罗斯

怪物自身并不是最终的目的。怪物是建筑学中我们需要知道的和我们需要学习如何遗忘的纠结，在项目技术建造逻辑和逻辑以外寻求新美学欲望的转折点。在这个状态里，从无关的客观数据的简单积聚中创造凝聚力，拒绝和选择同样重要，任务的核心是有效地控制“不完美”。

怪物的聚集可以是实体（形象）上的；也可以是数学（参数）上的。必须警惕提早消除对立逻辑的做法，这样的逻辑会影响系统并且赋予系统连贯性。要正确地建造出怪物，重要的是保留不同的冲突材料与空间组成之间的非连贯性，同时留下“战斗”的痕迹。形成怪物的疤痕继而从不同方向，有时甚至是同时触发后续的步骤，直到达到畸形的最大化。如果畸形导致的是拒绝，工作就应该导向局部减少逻辑之间的矛盾，主观介入以决定什么是最主要的。其他情况下，这个过程的重点是保持由聚集产生的张力或力场。换句话说，畸形中包含的是一种好奇，一旦这些特性之间没有矛盾，好奇也就不存在了。在后者中，怪物是值得欣赏的，时间再次恰当地发挥了作用，而前者中怪物太过偏离，只追求奇特而不具备生产力。

所以整个过程基于一种绝对丰富的起源：为了达成一种新的美学，必须经历几番丑陋。

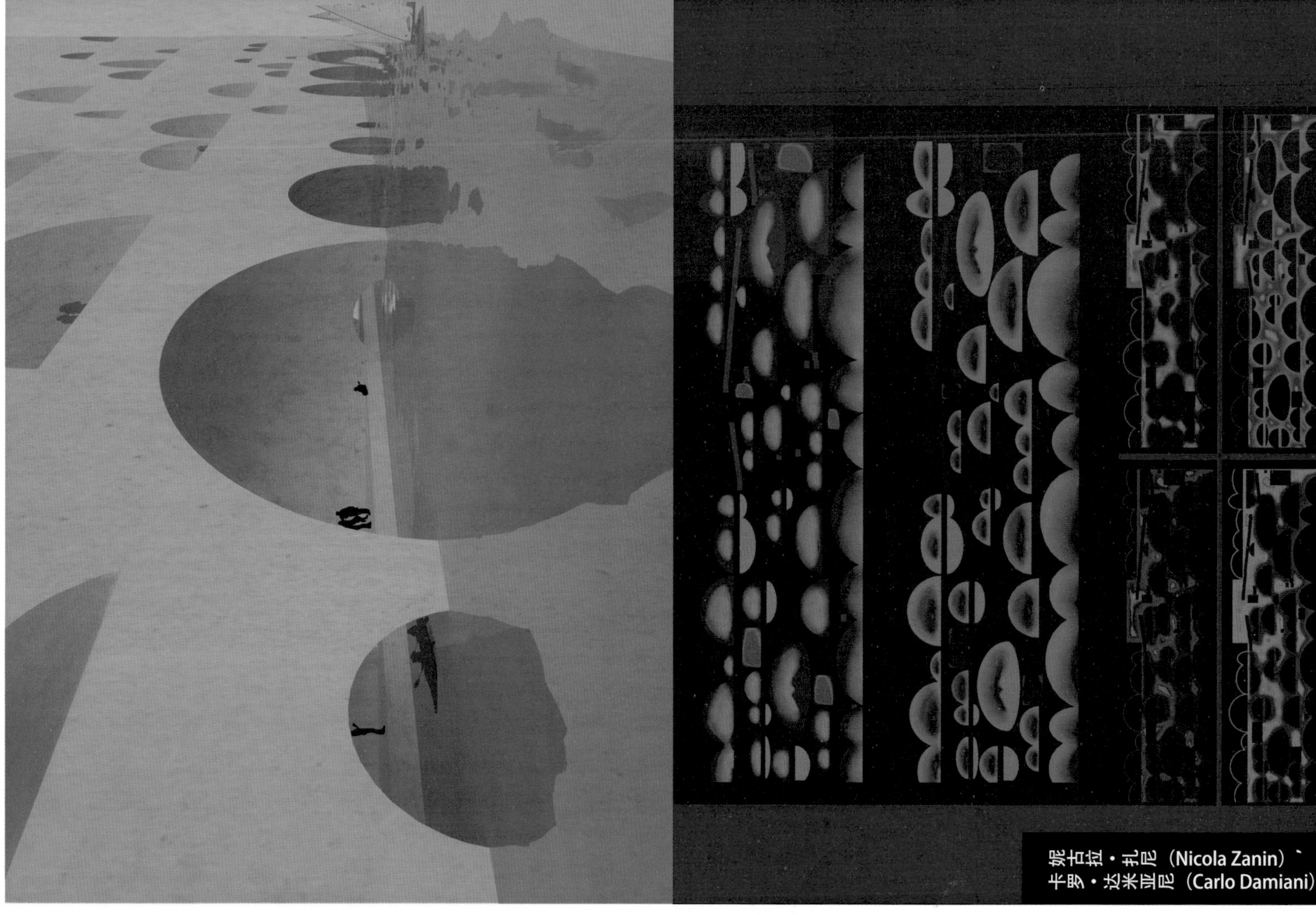

妮古拉·扎尼（Nicola Zanin），
卡罗·达米亚尼（Carlo Damiani）

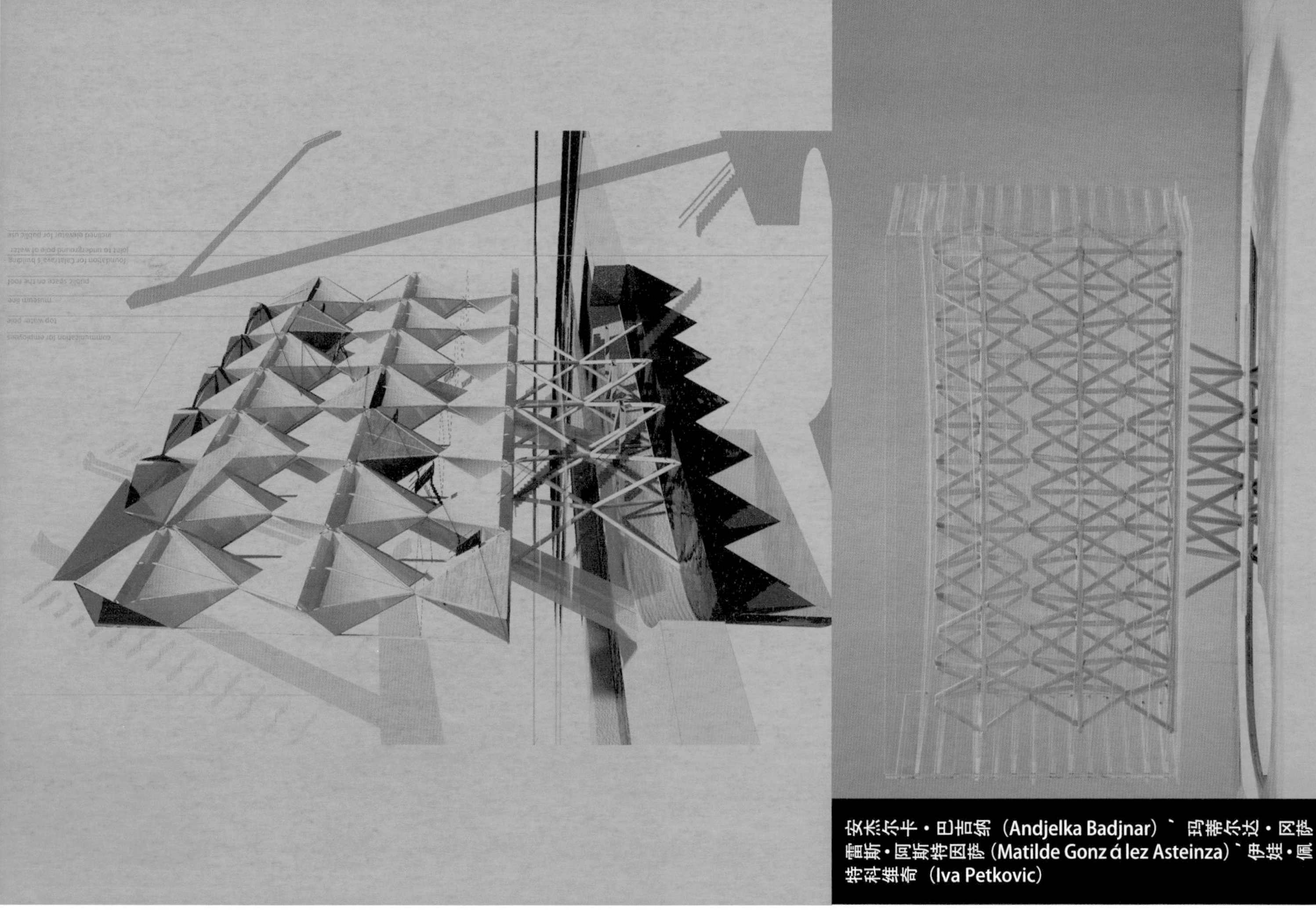

安杰尔卡・巴吉纳（Andjelka Badjnar），玛蒂尔达・冈萨雷斯・阿斯特因萨（Matilde Gonz á lez Asteinza），伊娃・佩特科维奇（Iva Petkovic）

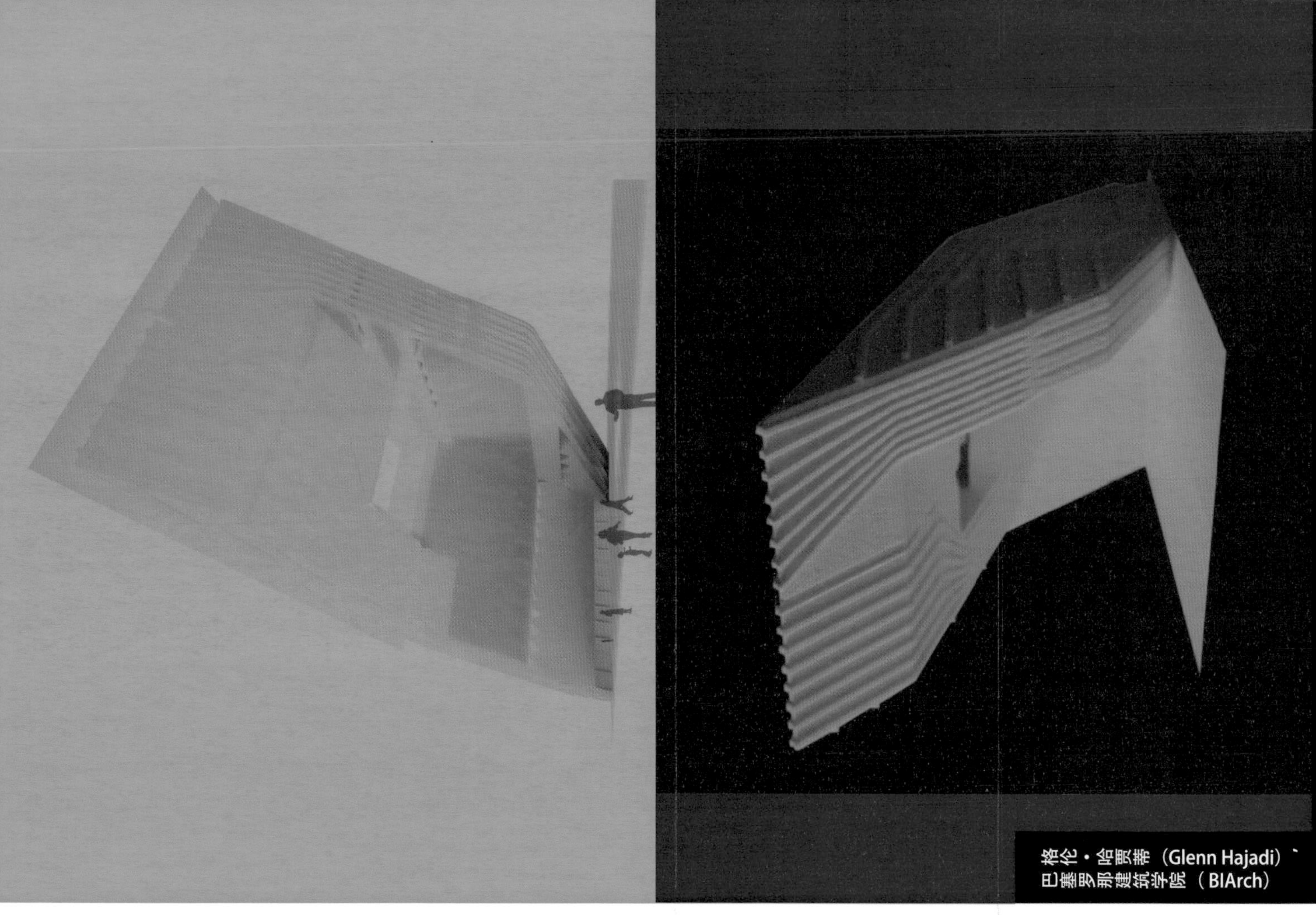

格伦·哈贾蒂（Glenn Hajadi），
巴塞罗那建筑学院（BIArch）

这个世界是一个能量的怪物，无始无终；是一股坚实固定的力量，既不会变大，也不会变小，不会扩展，只会改变面目。它是一种不改变大小的整体，一个没有开销也没有损失的家庭，当然也没有增益或者收入。“虚无”是边界，包围着它。它不是模糊或者浑噩的东西，不会无限制地延伸，而是像一股确定的力量出现在一个确定的空间内。这个空间不是随意可见的“空”，而是无所不在的力量，是一种力量的表现和波动，在同一个时间出现，忽而为一，忽而为众，此消彼长；是力的海洋一起冲刷流动，变化不息，又永远复涌，经历千年轮回，或潮或汐。从最简单的形式向最复杂的形式努力；从最静态、最僵硬、最冰冷的形式向最炙热、最动荡、最自相矛盾的形式努力，然后在这种丰富中回归最简单，从矛盾的纠葛中回归和谐的愉悦，在奔流和经年的统一中仍然肯定自己，祝福自己能最终回归，就像一个永不满足、永不厌恶、永不疲倦的变化。

弗里德里希·尼采（FriedrichNietzsche）《格言·1067》（*Aphorism*1067），《权力的意志》（*Will to Power*），1888

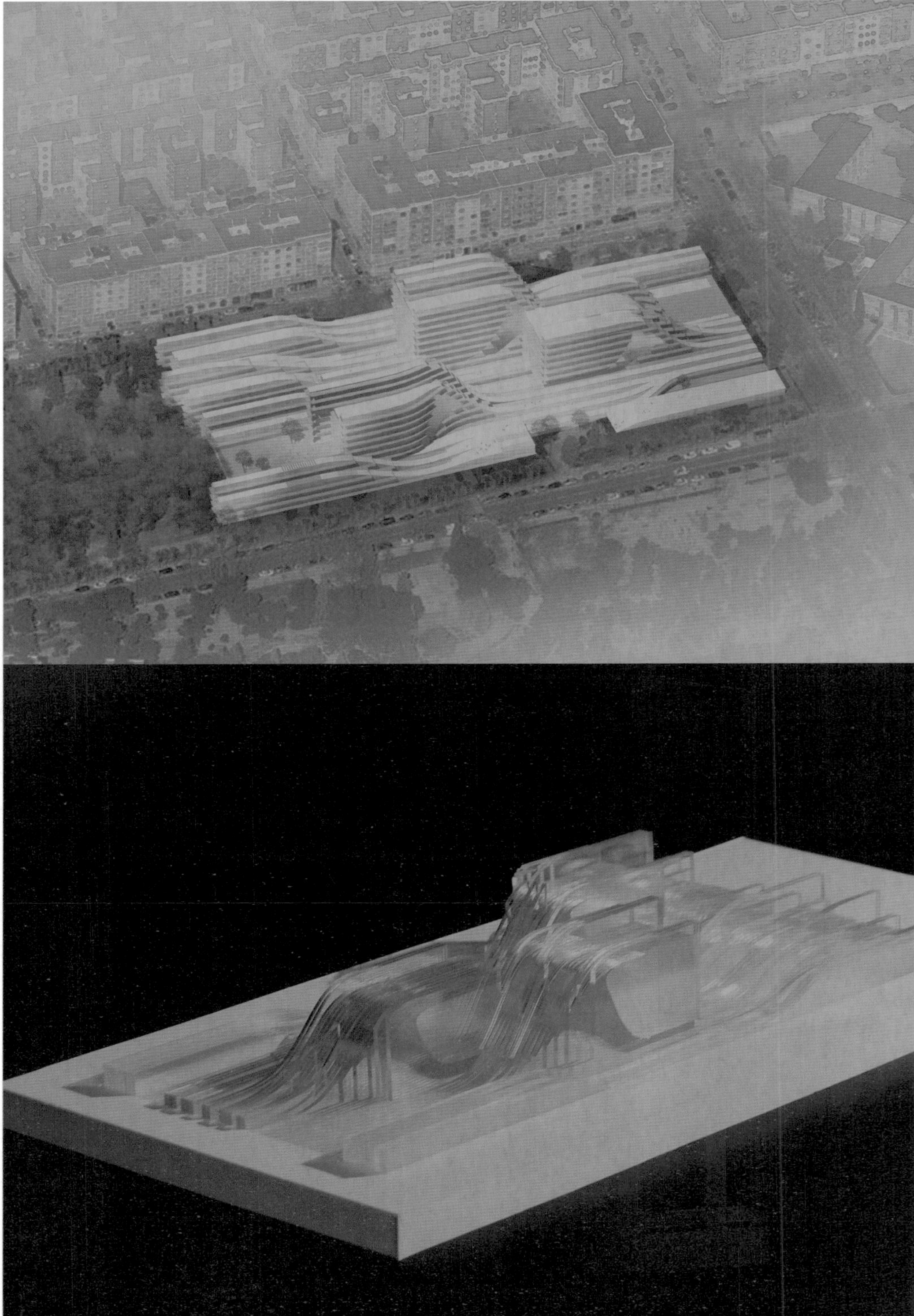

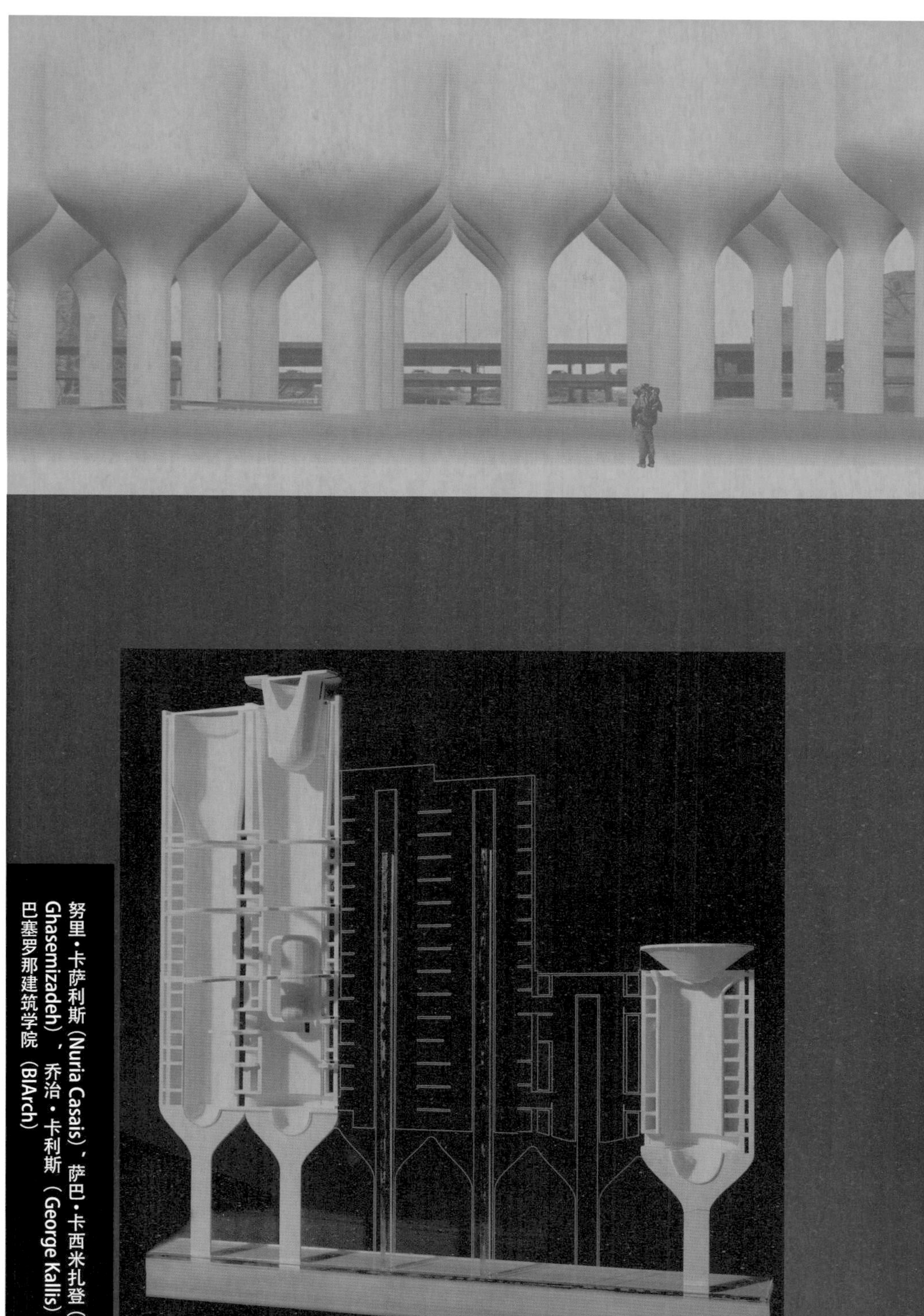

努里・卡萨利斯（Nuria Casais）、萨巴・卡西米扎登（Saba Ghasemizadeh），乔治・卡利斯（George Kallis），巴塞罗那建筑学院（BIArch）

陈昊，哈佛设计研究生院（GSD Harvard）

怪物聚集不是一种设计技巧，而是一个简单的起始守则。设计守则的目的是为了指引建筑的两种智能——艺术化和技术化，图像化和性能化。文化和科技代表了那些既无意又不希望抛弃任何一种愿景的人，昭示着技术与文化需求之间的矛盾是当代项目中力求的真正媒介。我所指的建筑内含的“不完美”正是因为确切地认识到合成是不可能的，但又是绝对需要的。忽视这种富有辩证性的作品，会困顿在陈腐的形式主义和毫无批判性的技术专制之间。正因为此，如果说项目是一篇短文，那么怪物聚集的技巧必定是其所属的语言。更确切地说，是一种语用能力，帮助我们享受这种不断转变的辩证性，并且从中学习。

黄笑恺，哈佛设计研究生院

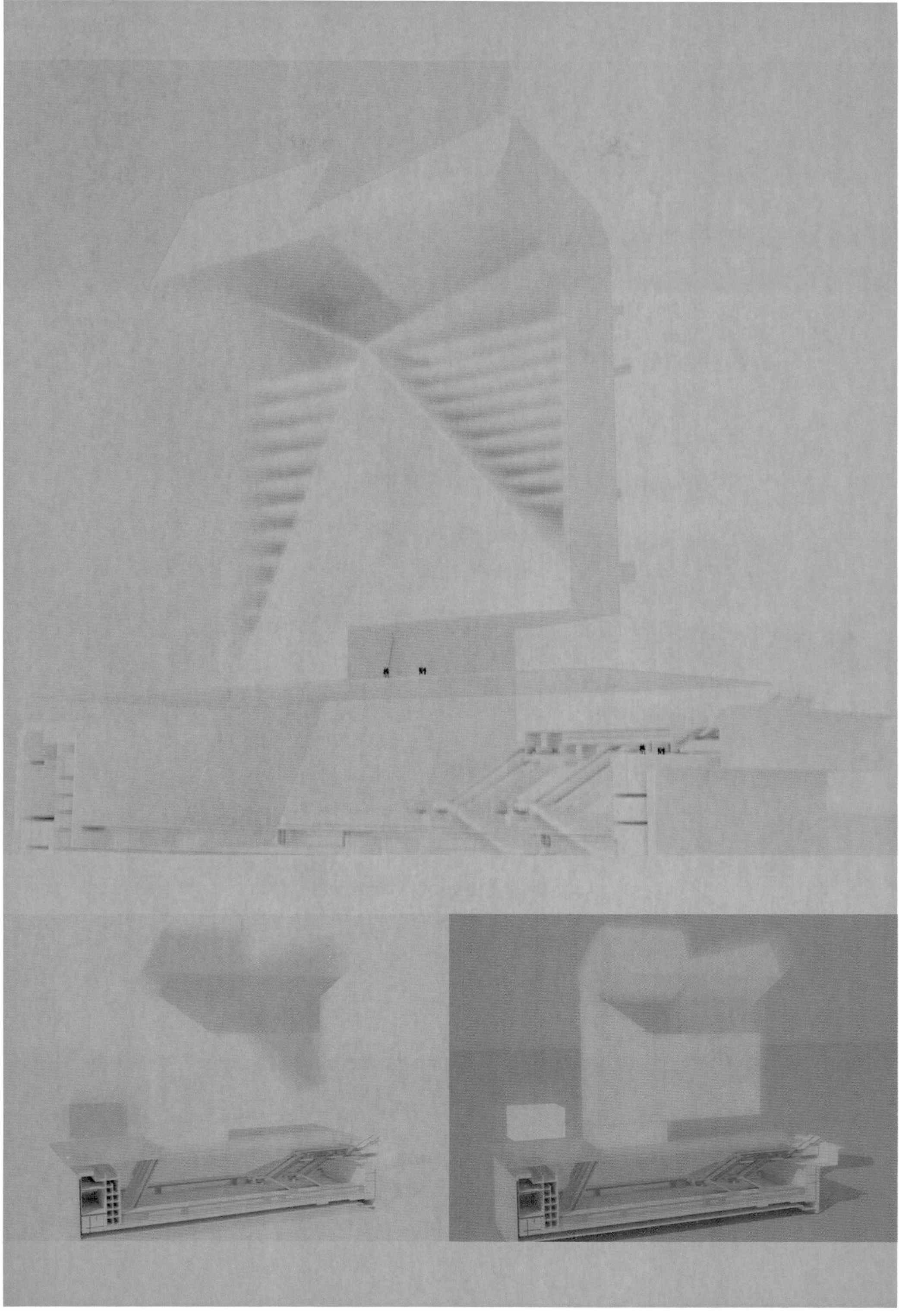

高层混合功能原型适用协议

©伊纳吉 · 阿巴罗斯，蕾纳塔 · 森克维奇

密斯与芝加哥湖滨公寓，1956

序言：
密斯之外

当下摩天大楼的泛滥伴随着单一的功能配置（在居住和办公空间之间的划分），它围绕的建构和流线核心，对城市环境毫无建树，自我重复，是高密度城市的专属，对气候、经济和日常使用一贯地无差别地对待。

如果我们把重力的想法连同现代高层项目的核心建构传统暂时搁置一旁，会发生什么？如果我们暂时忘记摩天大楼固化的形象，单纯地以热力学标准重新评估它，我们能不能发掘这种可能性，介入这种不带属性的介质，从激进的热力学法则重新思考这种新生的类型，结合公共和私人的使用，把空气变成空间组织的主角？

这种想法似乎以一种隐喻的方式出现在1957年3月的《生活》（*Life*）杂志上，一幅由弗兰克·塞舍尔（Frank Schershel）制作的双重拼贴。从我们的角度来看，它引发了当时还没有成形的问题：有关物体的创造、技术与美感之间的关系、空间的属性和摩天大楼类型里展现的环境逻辑。从密斯头顶弥漫的烟，反射在湖滨公寓玻璃上的云，都是技术处理的空气和一定的天气环境组成的一种刺激。当元素最基本的混合——云、烟、网架和主体——以恰当的方式组合时会开启新的方法，探索当代高层建造属性。

我们的目标是建立一个实验室，把摩天大楼从所处的建构干扰中分离出来，在热力学原则的基础上创建一个系统化的协议，以此创造基于能量平衡的整体。这样做的结果不仅是新的原型，而且获得处理使用功能的不同方法，结合能反映当代垂直城市基质的公共维度，与之互动，并且启发另一种介入其调整和组织机制的方法。把热力学法则应用到混合功能的高层建筑中，以此替代原始摩天高楼中的建构法则、网架结构、流线核心和单一功能环。这种方法鼓励了对类型具备潜力的创新性探索。

体操与表现

这项协议的第一步是用体操训练帮助学生暂时忘掉建构法则，开始用能量输送的动态发展出对空间的精通掌握，摒弃所有对空气或空间属性的隐喻或诗意的手段。这个阶段有三步：通过简单的单元研究理解导热、对流、辐射和蒸腾现象；通过上述单元的叠加来实验法则，建立一个效率叠加最大化和无效的一览表，以此来理解形式和能量交换之间的关系。最后，系统分析这些现象使热增量的转换变成可视的，又不同于标准规则（比如，不表达热力学中不存在的“冷空气”，而是以表达传热的不同属性来替代，物质（导热）、空气（对流）或者电磁波（辐射））。这个阶段主要使用矢量表现的技巧。

CONVECTION

Convection is the transfer of heat energy through the contact of molecules of the fluid between zones with different temperatures.

$q = hc \times A \times dT$ (W)   hc (W/m^2K) air (f.c.) 5 - 25

water (f.c.)	20 - 100
air (forced c.)	10 - 200
water (f. c.)	50 - 10 000

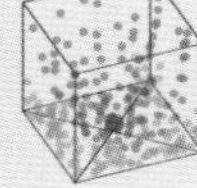
central point source

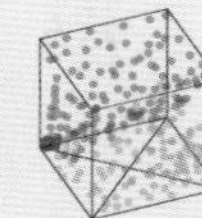
bottom point source

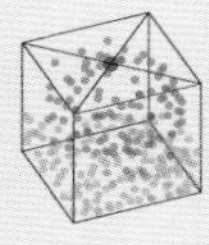
corner point source

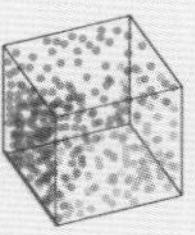
upper point source

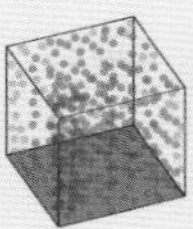
linear source

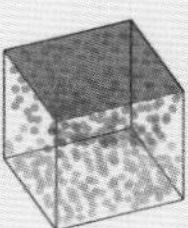
bottom surface source

upper surface source

$\Phi = \rho \times Cp \times q \times dt$ (W)

The interchange of heat energy is vertical and happens as a result of enlarging the volume of hot fluid - which leads to decreasing its density, so that hotter fluid goes up, changing the position with the fluid less hot. This process repeats and creates one continual interchange of energy - convective cycle.

Free/natural convection - by wind or density differences; Forced/assisted c.-by external mechanics.

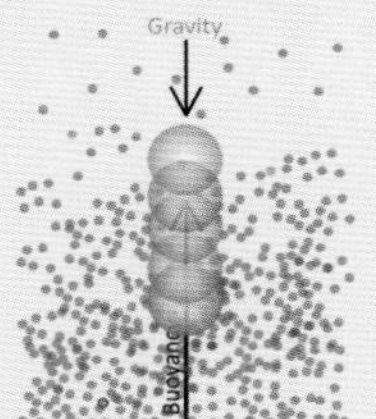

Free convection

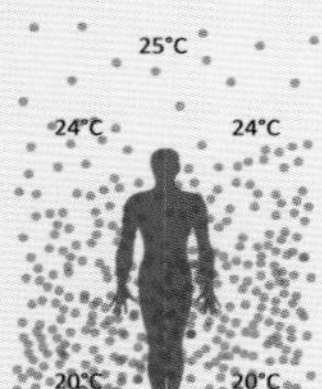

Vertical stratification of Temperature

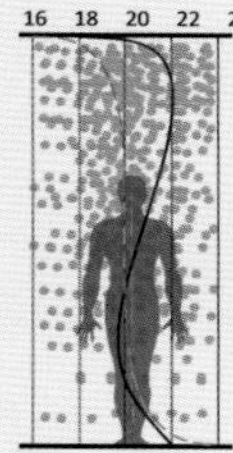

Baseboard

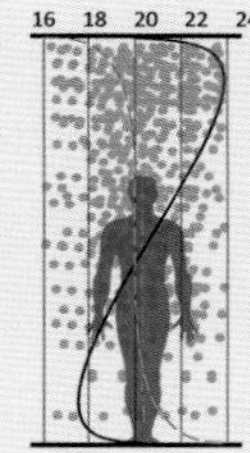

Forced air

Q = A V

Vc = 0.65 [g L dt / (273 + te)] ^ 1/2

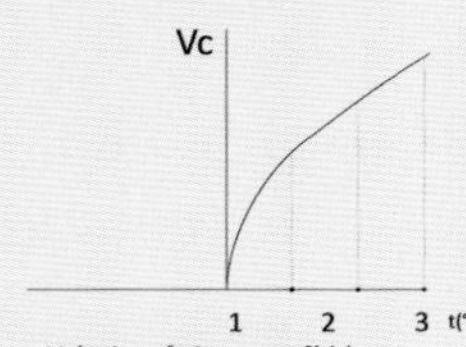

Velocity of airstream f(dt)

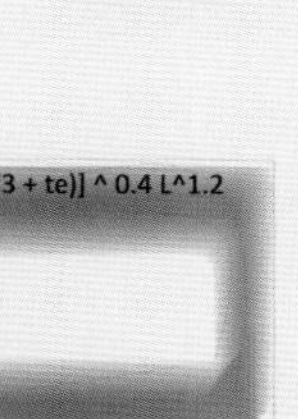

Air flow in function of Velocity

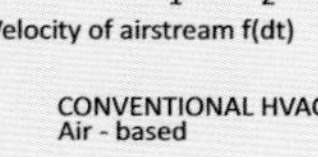

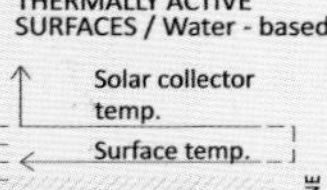

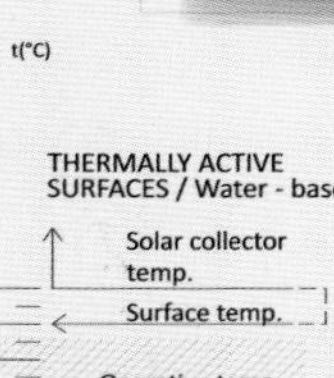

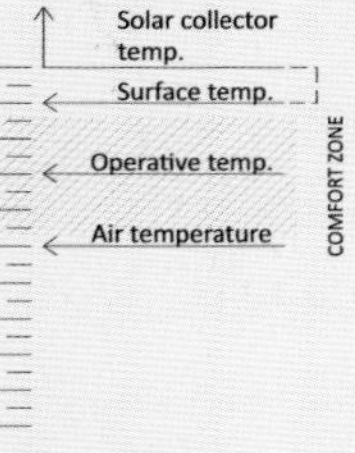

High Air temp. Heating   HEATING MODE   Low Air temp. Heating

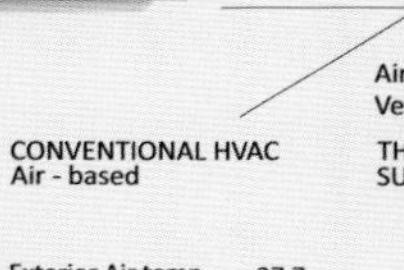

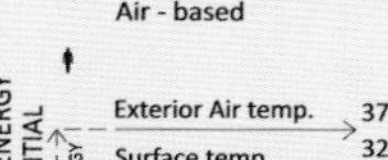

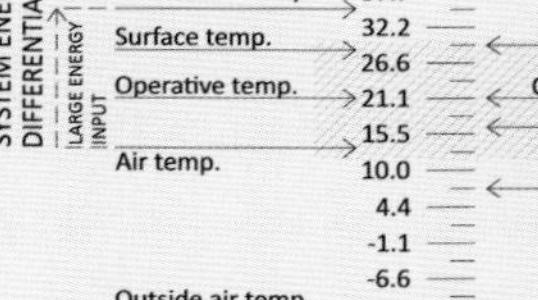

Low Air temp. Cooling   COOLING MODE   High Air temp. Cooling

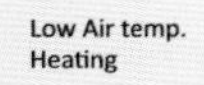

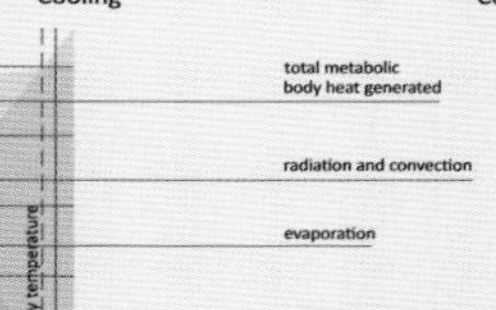

体操与表现.马丽亚·博约维奇（Maria Bojovic），内哈·古普塔（Neha Gupta），努尔·扎因·萨卡尔（Nour Zeino Saccal），巴塞罗那建筑学院

CONDUCTION

Conduction is a mechanism for transferring thermal energy between two systems based on direct contact of it's part net flow of matter and that tends to equalize temperature within a body and between bodies in contact by means of waves.
According to Fourier's Law for Conductivitiy, for a body to rapidly attain thermal equilibrium is directly proportional to the thermal conductivity of a material (k), the area of influence (A), the difference in the temperature between thetwo extremes (dT) and inversely proportional to the distance between the ends (s)

$$q = k\,A\,dT/s$$

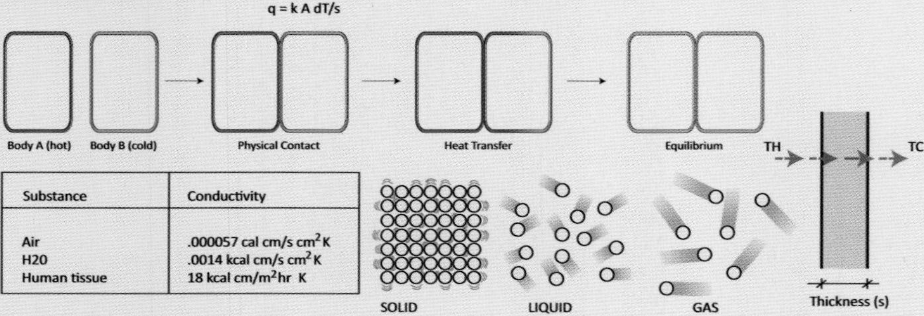

Substance	Conductivity
Air	.000057 cal cm/s cm^2 K
H20	.0014 kcal cm/s cm^2 K
Human tissue	18 kcal cm/m^2hr K

The speed of transmission of heat through a body is directly related to the microscopic composition of the body. The denser the composition, the faster the heat transfer, hence solids are better at conducting heat.

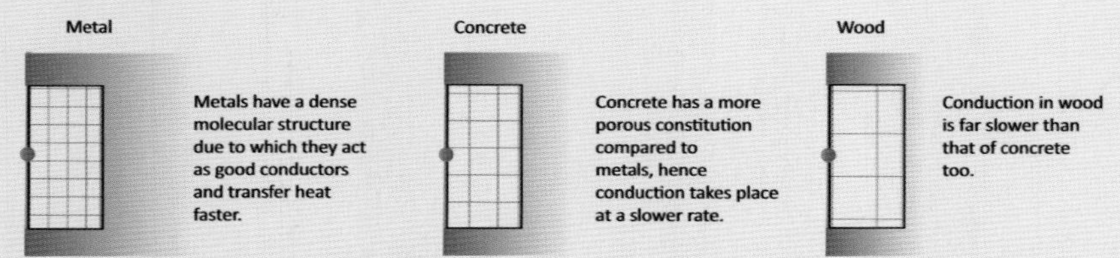

Conduction along with the materiality can be controlled by the thickness of the material.

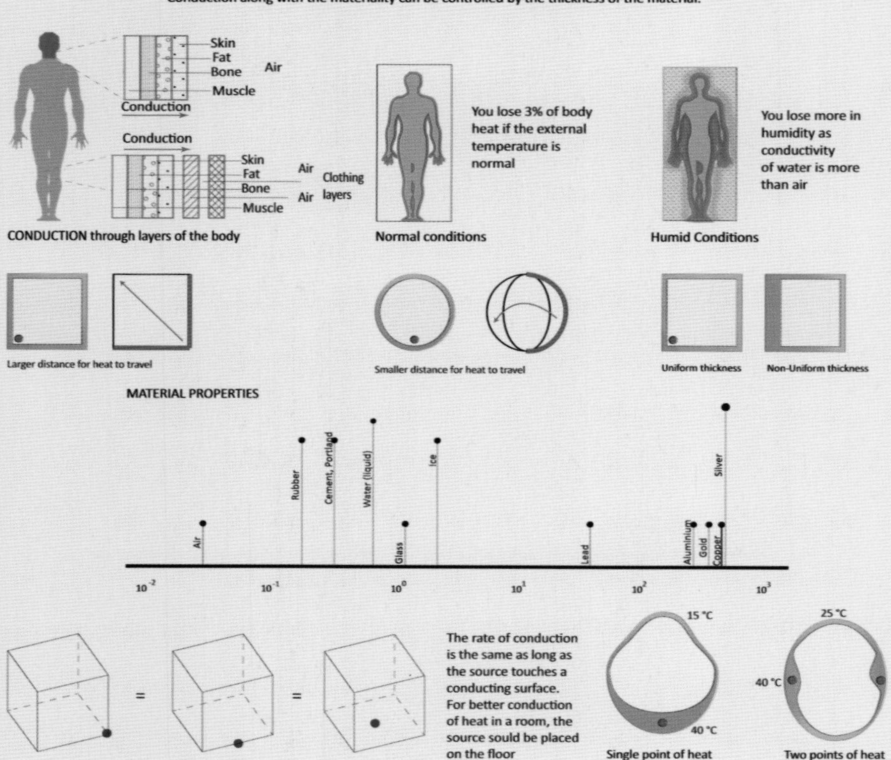

RADIATION

In physics, radiation is a process in which energetic particles or energetic waves travel through a medium or space. Two types of radiation are commonly differentiated in the way they interact with normal chemical matter: ionizing and non-ionizing radiation

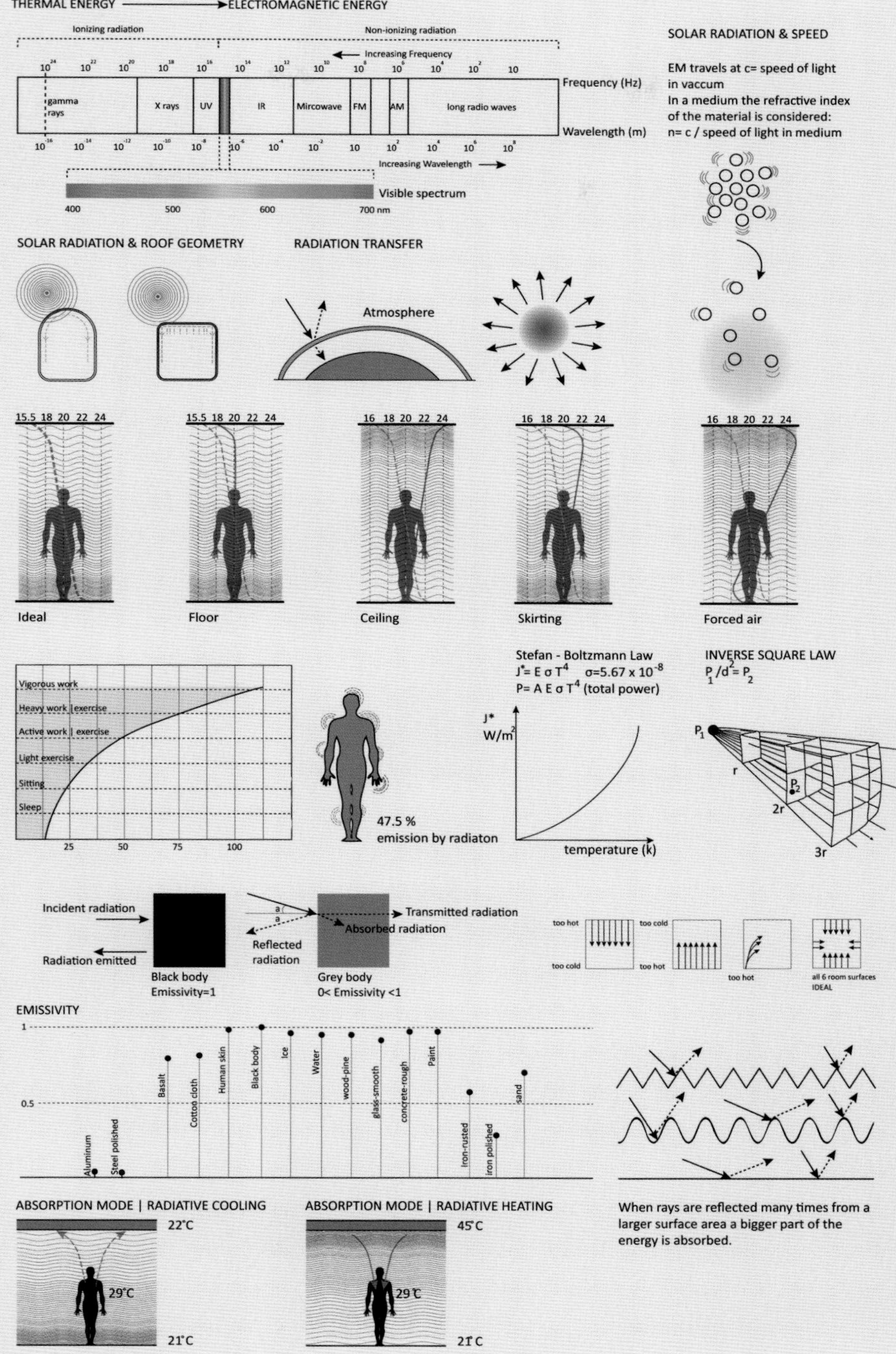

When rays are reflected many times from a larger surface area a bigger part of the energy is absorbed.

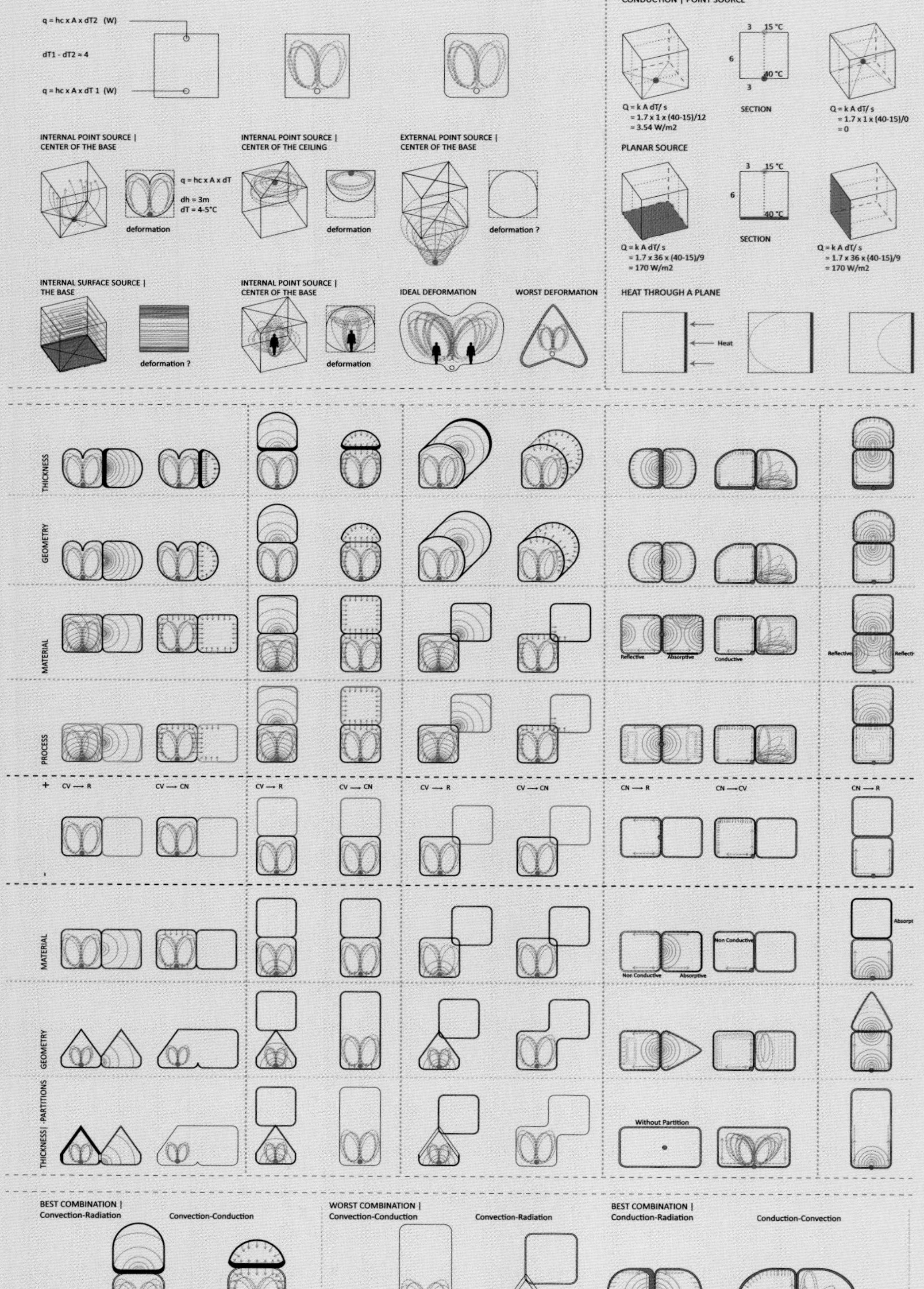

q = hc x A x dT2 (W)
dT1 - dT2 ≈ 4
q = hc x A x dT 1 (W)
CONDUCTION | POINT SOURCE
3
15 °C
6
40 °C
3
Q = k A dT/ s
= 1.7 x 1 x (40-15)/12
= 3.54 W/m2
SECTION
Q = k A dT/ s
= 1.7 x 1 x (40-15)/0
= 0
INTERNAL POINT SOURCE | CENTER OF THE BASE
q = hc x A x dT
dh = 3m
dT = 4-5°C
deformation
INTERNAL POINT SOURCE | CENTER OF THE CEILING
deformation
EXTERNAL POINT SOURCE | CENTER OF THE BASE
deformation ?
PLANAR SOURCE
3
15 °C
6
40 °C
Q = k A dT/ s
= 1.7 x 36 x (40-15)/9
= 170 W/m2
SECTION
Q = k A dT/ s
= 1.7 x 36 x (40-15)/9
= 170 W/m2
INTERNAL SURFACE SOURCE | THE BASE
deformation ?
INTERNAL POINT SOURCE | CENTER OF THE BASE
deformation
IDEAL DEFORMATION
WORST DEFORMATION
HEAT THROUGH A PLANE
Heat
THICKNESS
GEOMETRY
MATERIAL
Reflective
Absorptive
Conductive
Reflective
Reflecti
PROCESS
+
CV → R
CV → CN
CV → R
CV → CN
CV → R
CV → CN
CN → R
CN → CV
CN → R
-
MATERIAL
Non Conductive
Absorptive
Non Conductive
Absorpt
GEOMETRY
THICKNESS| -PARTITIONS
Without Partition
BEST COMBINATION | Convection-Radiation
Convection-Conduction
WORST COMBINATION | Convection-Conduction
Convection-Radiation
BEST COMBINATION | Conduction-Radiation
Conduction-Convection

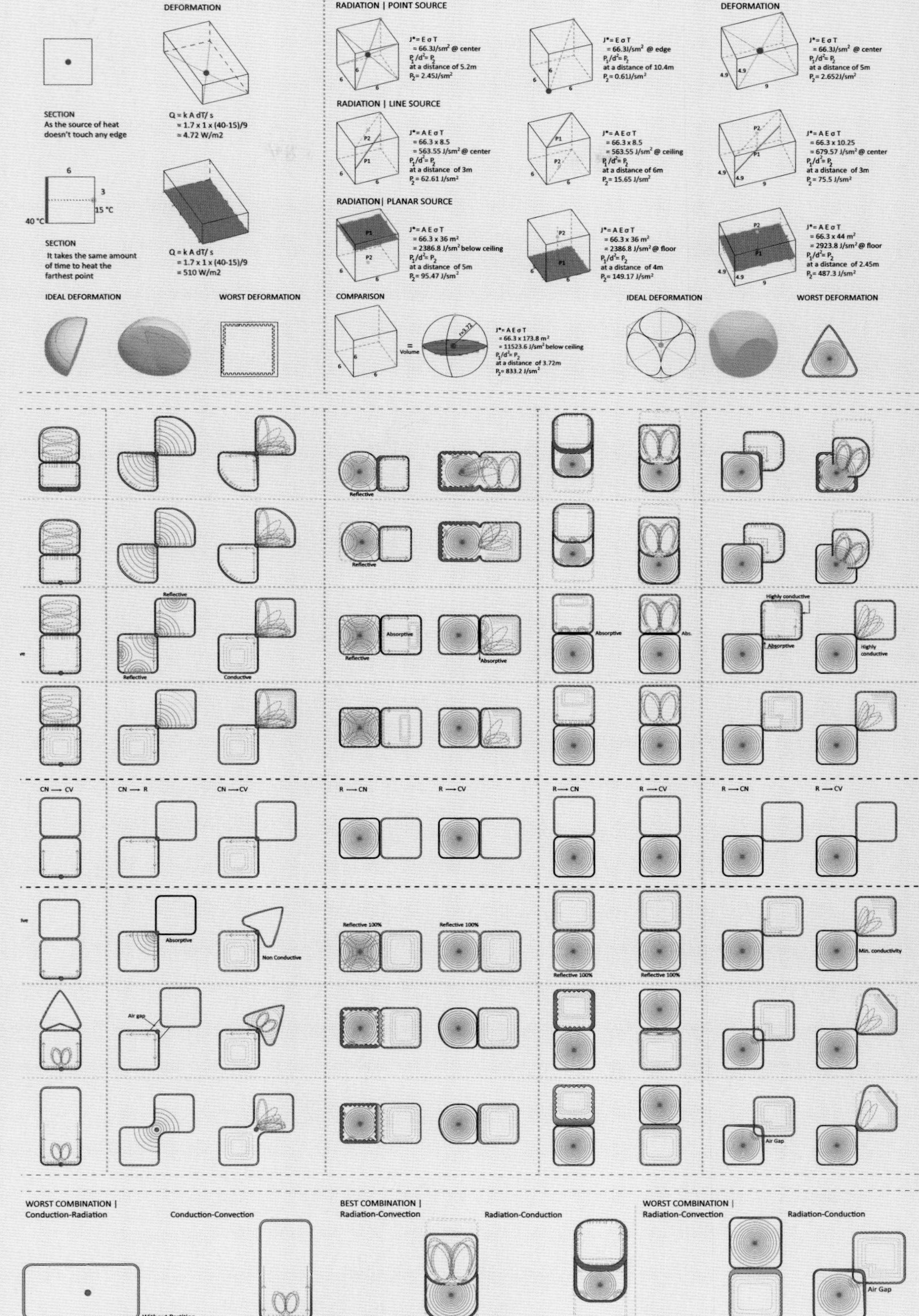

DEFORMATION
SECTION
As the source of heat doesn't touch any edge
Q = k A dT/ s
= 1.7 x 1 x (40-15)/9
≈ 4.72 W/m2
SECTION
It takes the same amount of time to heat the farthest point
Q = k A dT/ s
= 1.7 x 1 x (40-15)/9
= 510 W/m2
IDEAL DEFORMATION
WORST DEFORMATION
RADIATION | POINT SOURCE
RADIATION | LINE SOURCE
RADIATION| PLANAR SOURCE
DEFORMATION
COMPARISON
IDEAL DEFORMATION
WORST DEFORMATION
Reflective
Absorptive
Conductive
Highly conductive
Highly conductive
Abs.
CN → CV
CN → R
R → CN
R → CV
Non Conductive
Reflective 100%
Min. conductivity
Air gap
Air Gap
WORST COMBINATION | Conduction-Radiation
Conduction-Convection
Without Partition
BEST COMBINATION | Radiation-Convection
Radiation-Conduction
WORST COMBINATION | Radiation-Convection
Radiation-Conduction
Air Gap

热混合器（定量组织）

第二阶段从实验阶段（热力学混合器）中的设计工具开始。这个设计工具是由阿巴罗斯＋森克维奇同哈维耶·加西亚-赫曼(JavierGarc í a-Germ á n)，以及一批欧洲专家（工程师和物理学家）一起开发的，（根据使用情况，从热负荷的现有规则出发）帮助绘制季节性的夏季与冬季的能量交换图解，这样的交换以24小时为周期、发生在热增量源与库中。图解有自己的背景设定（比如5 000平方米的住宅区）和对其他四种用途的最大化；通过界限来控制结果的适用范围；最后在两种表面相似、实质不同的气候下实验（比如分别以大陆性气候和地中海气候为例，把马德里和巴塞罗那作为参数举例）。

除了这些地理气候的参数，我们不设定特定的背景，实验因此具有一定的普适性。热力的功能互动（使用的混杂）被以两种不同的方式组织：以24小时为周期，单纯以热力学标准优化对热增量平衡分布的估量，或者结合现有的混合使用，换言之，就是商业使用的标准。另一种则使我们能够评估现代主义传统中的商业混合功能高层中的能量表现（这一传统从SOM芝加哥约翰·汉考克大楼开始）。第一种方法是单纯的量化，与功能是否可以结合的惯例无关，给我们机会探索配合和创造性的演绎，意想不到的社会关系因此发生，而之前我们只有针对耗电量（瓦数）的数值反应。现代主义机械传统中功能的属性在这两种方法中被重新评估，与当代的热力学背景形成比较。功能提案在体量中被量化，体量中紧凑的表面是对建成体块的首轮估计，把第一种物理维度结合到设计过程中。

列表与排序（气候分析）

协议的第三阶段要求气候分析和评估。目的是掌握使用与四种亚里士多德元素（水与湿度，空气与风，火与辐射，土地与地热）相关的不

热混合器（定量组织）
博·泰勒·德拉姆（Beau Tyler Durham），格伦·哈贾蒂（Glenn Hajadi），普里塔姆·兰卡（Pritam Lenca），巴塞罗那建筑学院

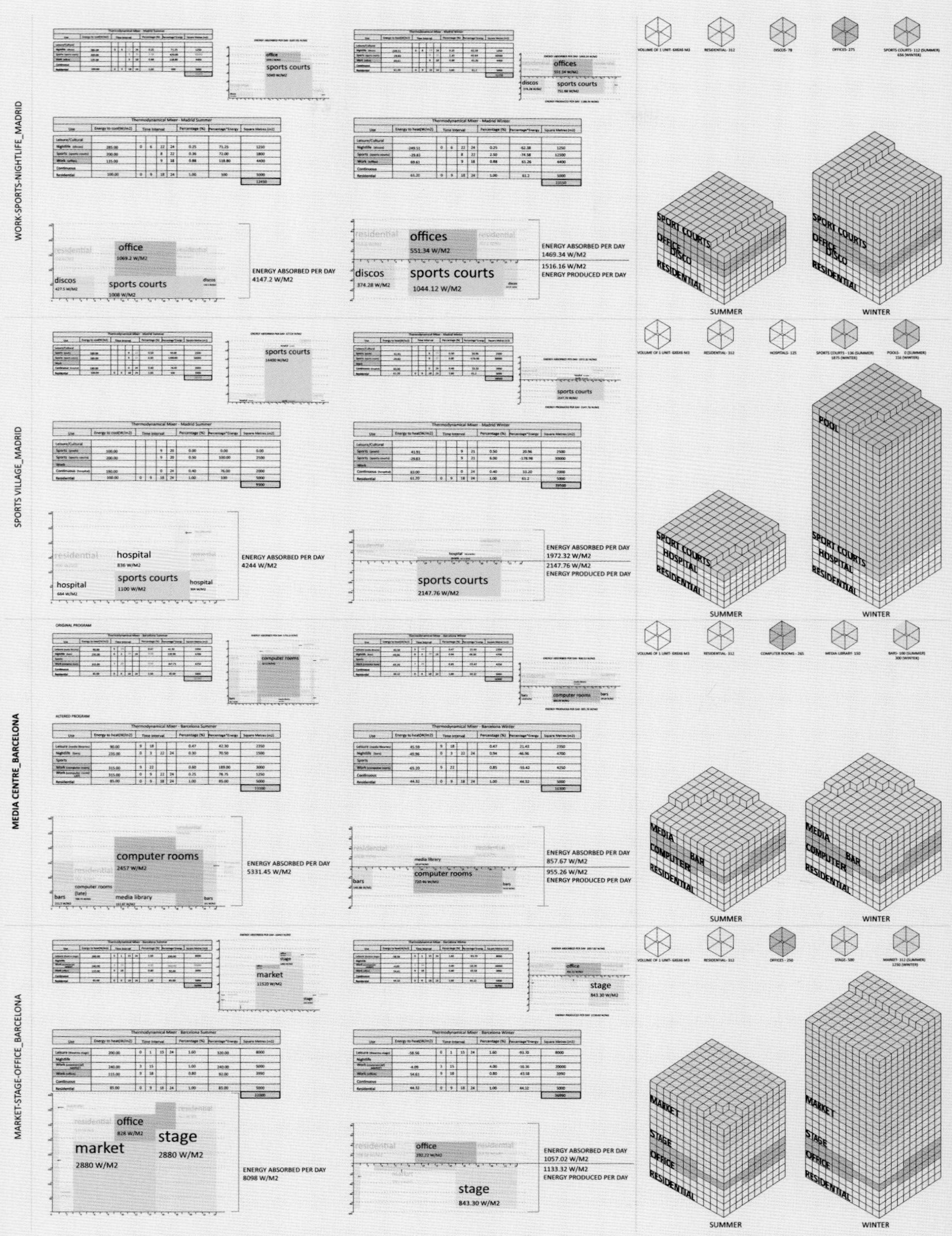
WORK-SPORTS-NIGHTLIFE_MADRID
Thermodynamical Mixer - Madrid Summer
Thermodynamical Mixer - Madrid Winter
office
1069.2 W/M2
discos
427.5 W/M2
sports courts
1008 W/M2
ENERGY ABSORBED PER DAY
4147.2 W/M2
offices
551.34 W/M2
discos
374.28 W/M2
sports courts
1044.12 W/M2
ENERGY ABSORBED PER DAY
1469.34 W/M2
1516.16 W/M2
ENERGY PRODUCED PER DAY
SPORT COURTS
OFFICE
DISCO
RESIDENTIAL
SUMMER
WINTER
SPORTS VILLAGE_MADRID
hospital
836 W/M2
hospital
664 W/M2
sports courts
1100 W/M2
hospital
ENERGY ABSORBED PER DAY
4244 W/M2
sports courts
2147.76 W/M2
ENERGY ABSORBED PER DAY
1972.32 W/M2
2147.76 W/M2
ENERGY PRODUCED PER DAY
POOL
SPORT COURTS
HOSPITAL
RESIDENTIAL
SUMMER
WINTER
MEDIA CENTRE_BARCELONA
ORIGINAL PROGRAM
ALTERED PROGRAM
Thermodynamical Mixer - Barcelona Summer
Thermodynamical Mixer - Barcelona Winter
computer rooms
2457 W/M2
computer rooms (late)
bars
media library
bars
ENERGY ABSORBED PER DAY
5331.45 W/M2
media library
computer rooms
bars
ENERGY ABSORBED PER DAY
857.67 W/M2
955.26 W/M2
ENERGY PRODUCED PER DAY
MEDIA
COMPUTER
BAR
RESIDENTIAL
SUMMER
WINTER
MARKET-STAGE-OFFICE_BARCELONA
office
824 W/M2
stage
2880 W/M2
market
2880 W/M2
ENERGY ABSORBED PER DAY
8098 W/M2
office
ENERGY ABSORBED PER DAY
1057.02 W/M2
1133.32 W/M2
ENERGY PRODUCED PER DAY
stage
843.30 W/M2
MARKET
STAGE
OFFICE
RESIDENTIAL
SUMMER
WINTER

Design strategy

MADRID

Summer → **HIGH SOLAR RADIATION**

Day	**WIND** - flow through building facade - increase wind speed **SUN** - big amount of sun shading **GEOTHERMAL**	**COOLING** **VENTILATION** **SOLAR PANEL** - produce electricity and hot water	POOLS SPORTS COURTS CULTURAL YOUTH CENTER RESIDENTIALS
Night	**WIND** - natural ventilation	**COOLING** **VENTILATION**	

wind direction

Winter → **LOW TEMPERATURE**

Day	**WIND** - decrease wind speed **SUN** - bring light in to heat interior - enlarge sunshine area **GEOTHERMAL**	**HEATOR** **SOLAR PANEL** - produce electricity and hot water	POOLS SPORTS COURTS CULTURAL YOUTH CENTER RESIDENTIALS
Night	**GEOTHERMAL**	**HEATOR**	

sun altitude

INSOLATION
HEAT CAPACITY
OPAQUE

Materiality

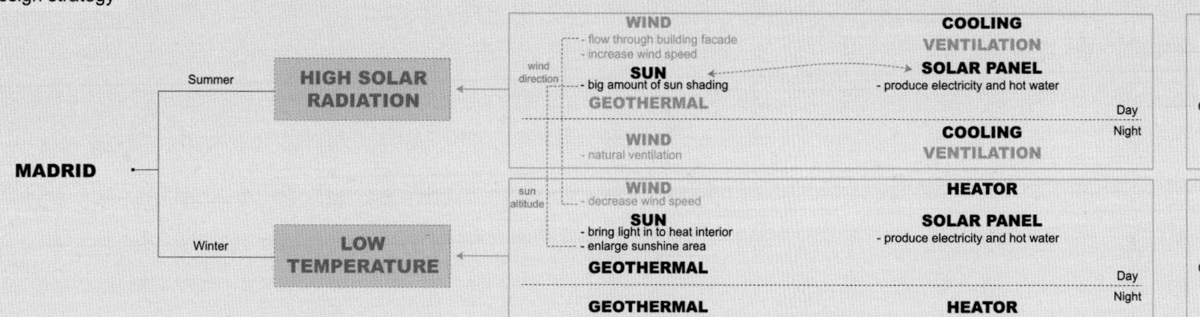

Madrid:
rough
heavy
thick
opaque
...

Sand dune:
Sand dune is formed by wind, so that its surface smoothly guides the wind. It has a very strong up and down strip-like pattern and expands in two directions. It gives a sense of opaque but softness.

列表与排序（气候分析）

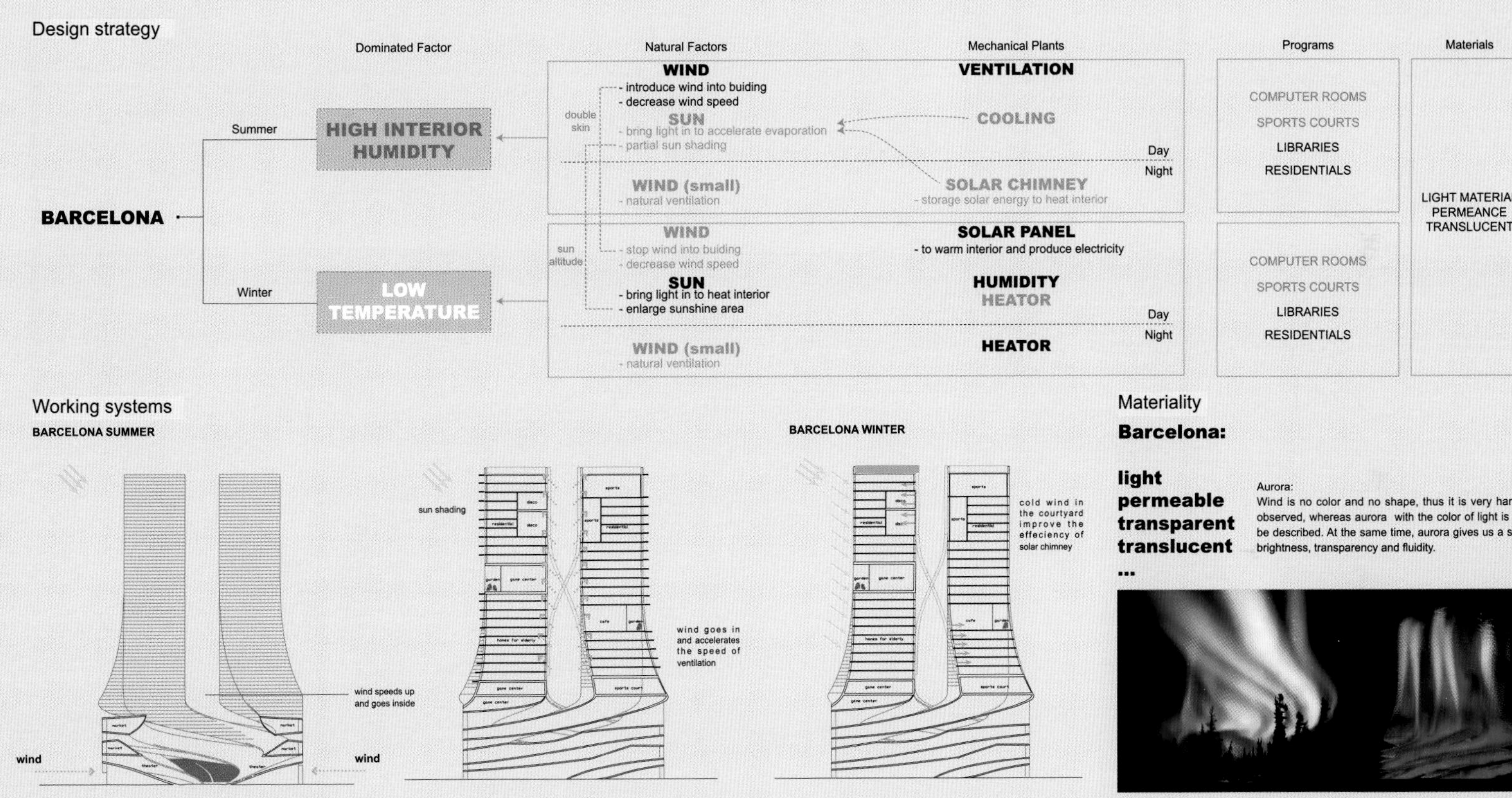

Design strategy
Dominated Factor
Natural Factors
Mechanical Plants
Programs
Materials
BARCELONA
Summer
HIGH INTERIOR HUMIDITY
WIND
- introduce wind into buiding
- decrease wind speed
double skin
SUN
- bring light in to accelerate evaporation
- partial sun shading
VENTILATION
COOLING
Day
Night
WIND (small)
- natural ventilation
SOLAR CHIMNEY
- storage solar energy to heat interior
COMPUTER ROOMS
SPORTS COURTS
LIBRARIES
RESIDENTIALS
LIGHT MATERIAL
PERMEANCE
TRANSLUCENT
Winter
LOW TEMPERATURE
WIND
sun altitude
- stop wind into buiding
- decrease wind speed
SUN
- bring light in to heat interior
- enlarge sunshine area
SOLAR PANEL
- to warm interior and produce electricity
HUMIDITY
HEATOR
Day
Night
WIND (small)
- natural ventilation
HEATOR
COMPUTER ROOMS
SPORTS COURTS
LIBRARIES
RESIDENTIALS
Working systems
BARCELONA SUMMER
wind speeds up and goes inside
wind
wind
sun shading
wind goes in and accelerates the speed of ventilation
BARCELONA WINTER
cold wind in the courtyard improve the effeciency of solar chimney
Materiality
Barcelona:
light
permeable
transparent
translucent
...
Aurora:
Wind is no color and no shape, thus it is very hard to observed, whereas aurora with the color of light is easy be described. At the same time, aurora gives us a sense brightness, transparency and fluidity.

同科学工具，在没有技术顾问和专门软件的帮助下，为这些与空间组织有关的元素的正反潜能效应列出清单，有夏季的，也有冬季的。最后，为了追求更优化的能源交换，按照行为效率的高低建立等级；换言之，终年最大限度地利用有利的气候，平衡不利的气候。这样的排序与第二阶段获取的体量一起，组成对第四阶段有用的特殊元素。

热力学怪物聚集（定性组织）

热力学怪物的组建包含了过程的核心，从定量分析阶段（技术部分）转向定性投射阶段（文化部分）。这种情况下，“定性”指的是空间组织（同时也是对定性阶段的修正）。为了达到这个目的，以减少形式影响为标准又设计出三个步骤的过程，这是热力学均衡与形式责任之间的结果。这些步骤因此被分成会影响整体形式的结果（比如形式因素，根据列表与排序决定的朝向，地上、地下体量的比例）；还有与热力学优化设施有关的决策，对形式产生部分影响（比如前室、太阳能烟囱、庭院、双层玻璃）和以优化热交换为目的，对不同功能内部组织的决策，会影响形式的内部组织（比如洋葱般的组织、水平或垂直的多层、多重剖面，等等）。

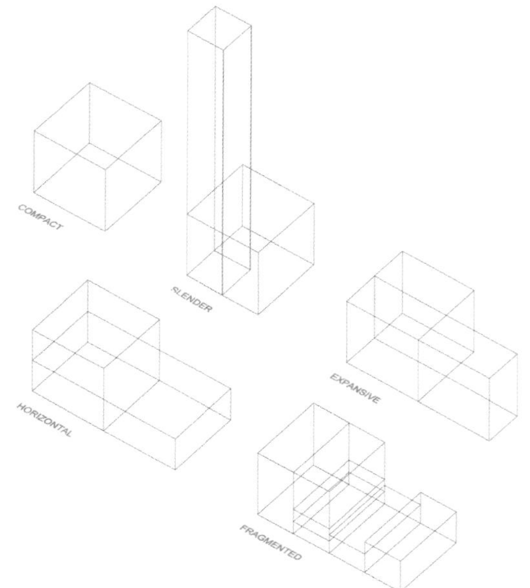

与气候有关的形式因素

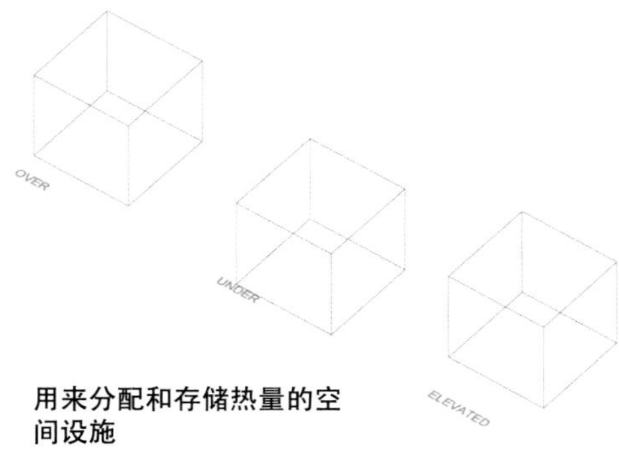

用来分配和存储热量的空间设施

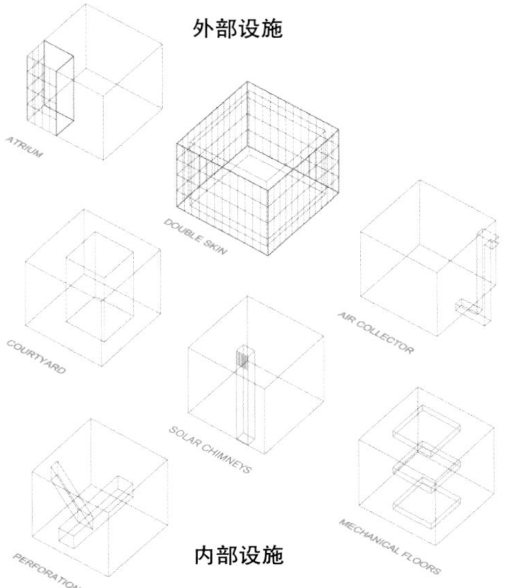

被动设施

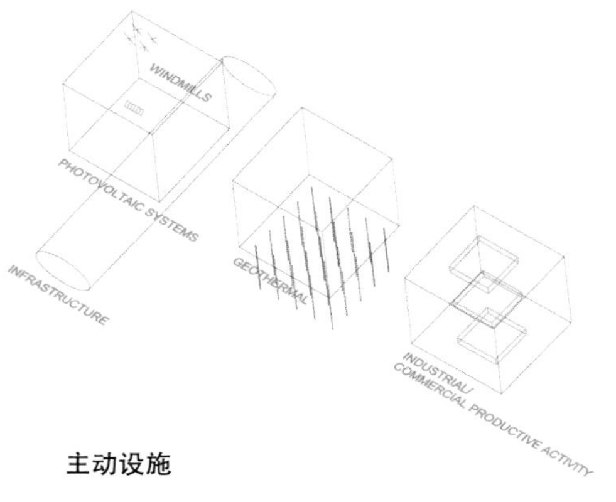

主动设施

鉴于当下直觉设计方法的融合趋势，我们鼓励在发展过程中不需要装作在解决不同阶段的矛盾，而是保持系统累积的制图记录，创造和表现一个真正的热力学“怪物”，以图解的方式反映其不连续性和反建筑术的特征。产生的怪物会转变成一种工具，在形成个体法则的同时，于系统内部形成特殊的修正、调整和反馈形式。在创造一种新的动力学美学观念（并理解其历史和美学根源）时，还引发了对丑陋的价值的讨论（在有关如画风景审美的文学中用到的跟“丑陋”和“恶心”有关的术语）。这个阶段及其讨论最终触发对整个过程的修正，也是其重点，即通过技术图纸建造一个热力学怪物，以及通过设计过程分解热力学怪物之间的差别。

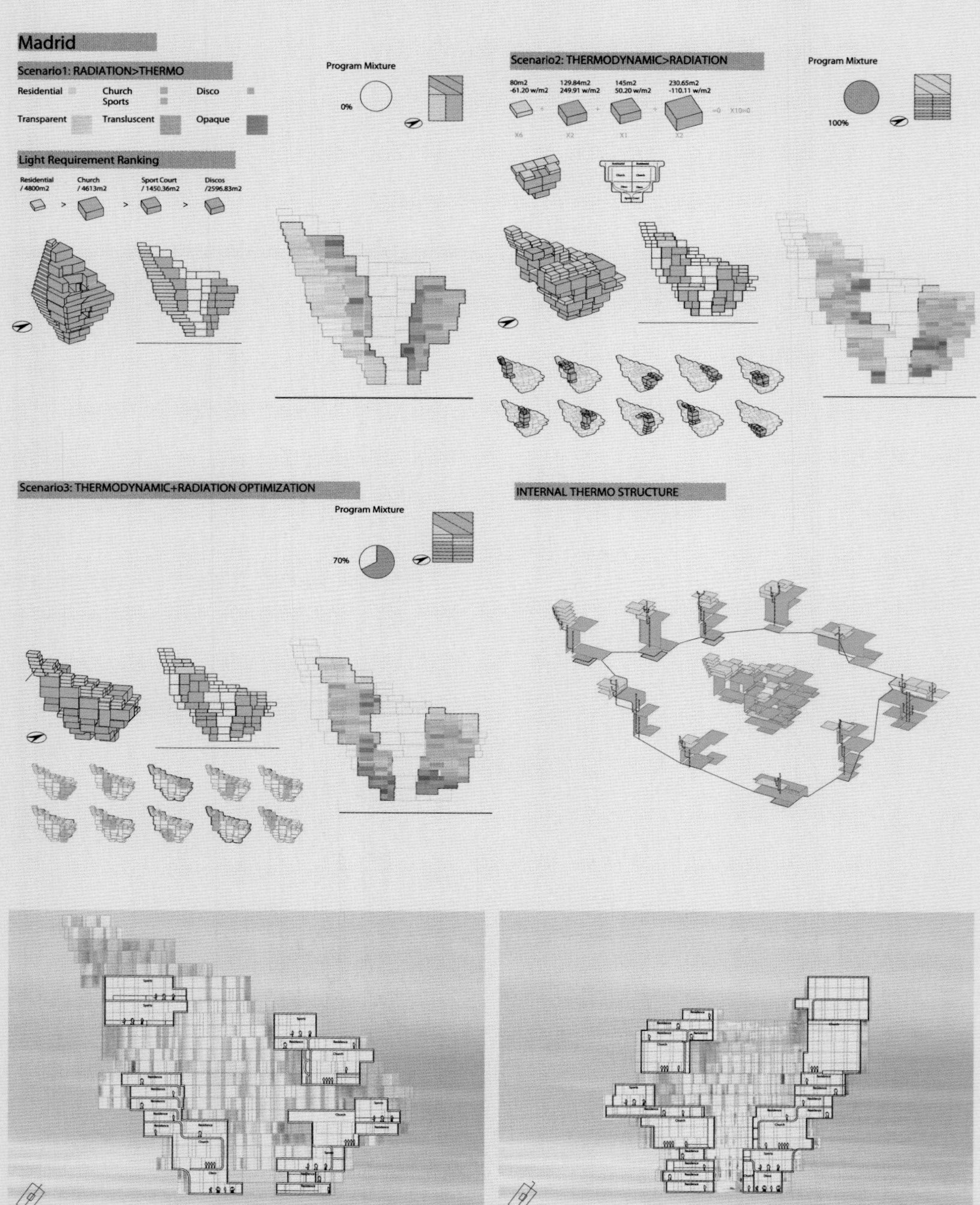

热力学怪物聚集（定性组织）
黄笑恺，哈佛大学设计研究生院

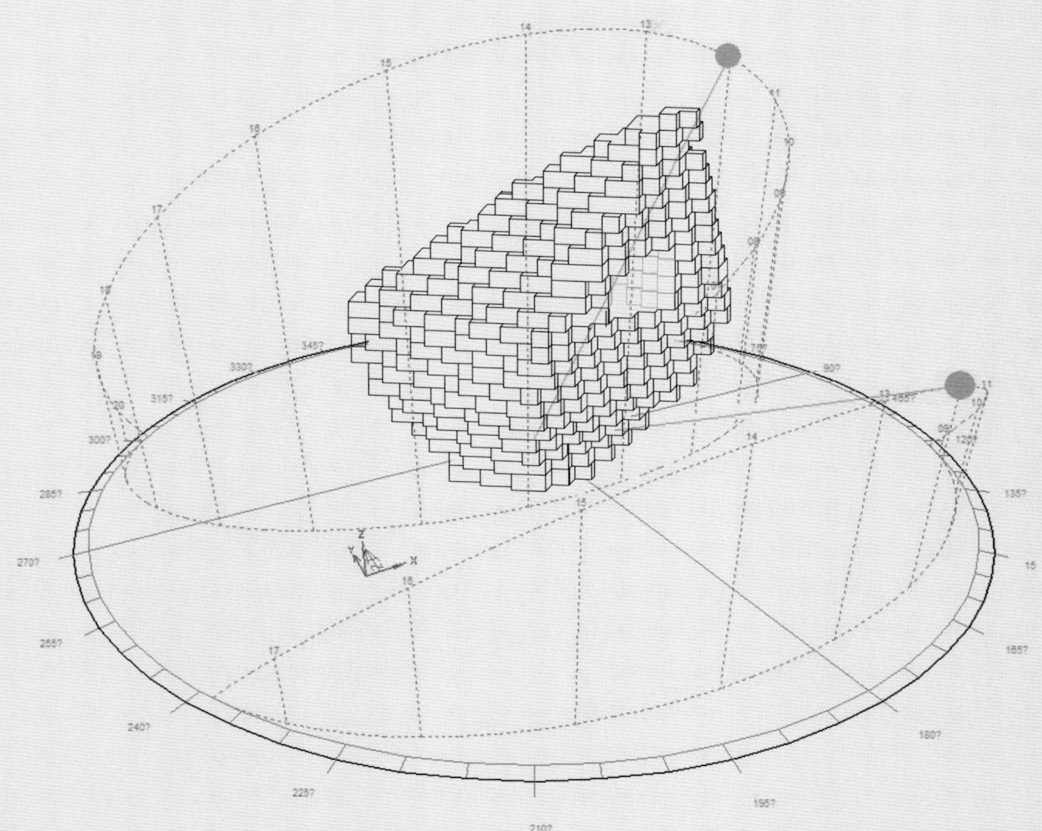

14
13
15
16
17
18
19
20
11
10
09
08
345?
330?
315?
300?
285?
270?
255?
240?
225?
210?
195?
180?
165?
15
135?
120?
105?
90?
75?
Z
Y
X

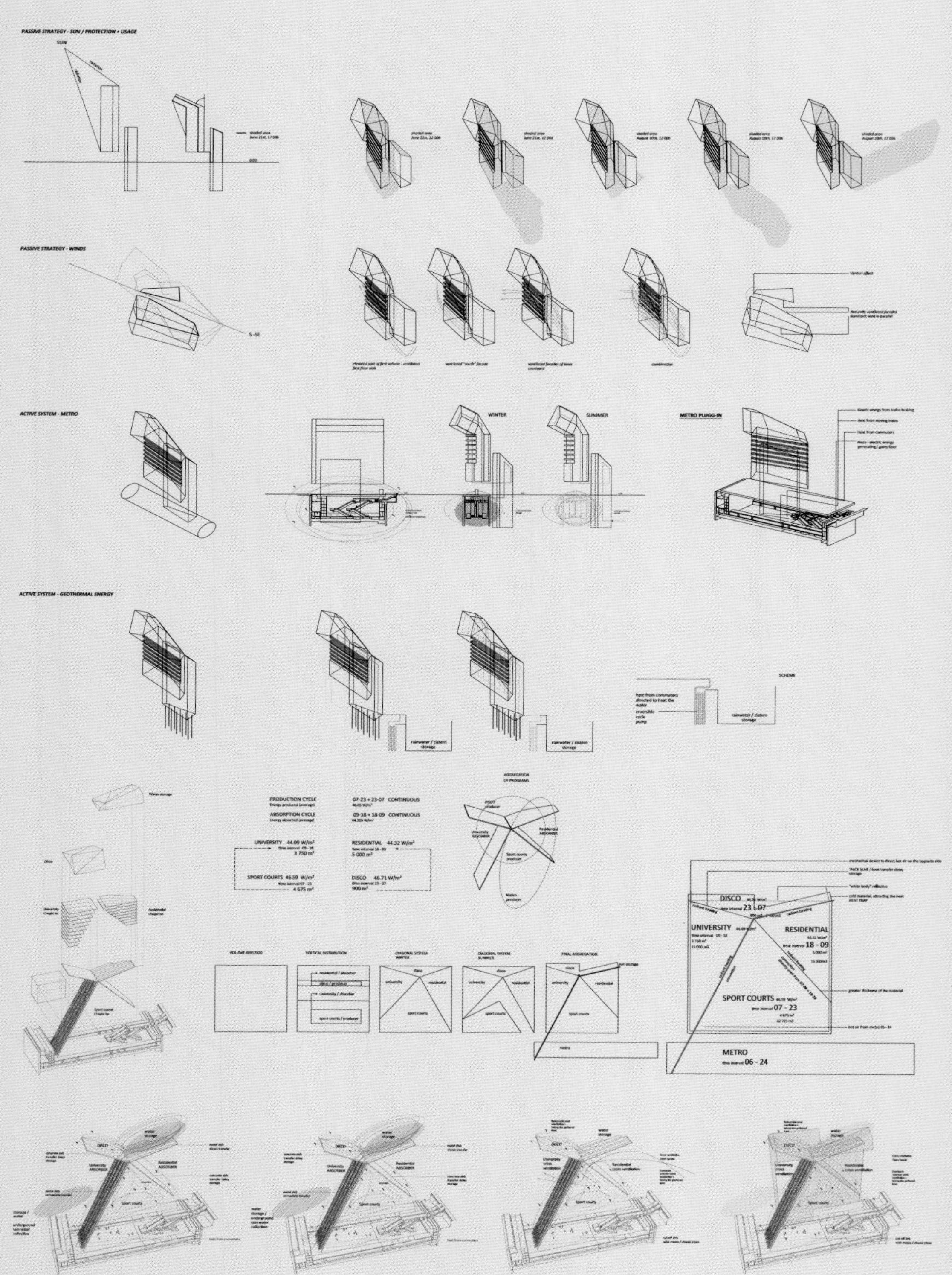

热力学怪物聚集（定性组织）

马丽亚 · 博约维奇（Marija Bojovic），哈佛大学设计研究生院

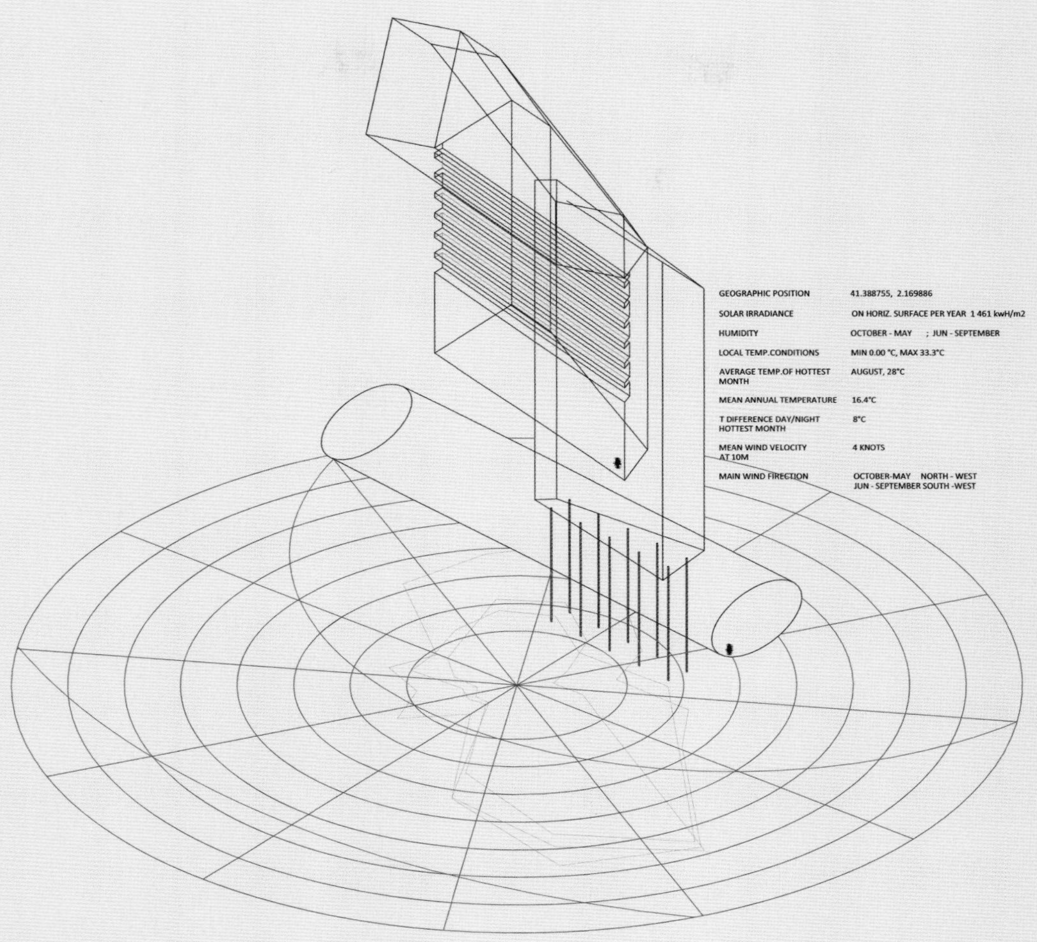
GEOGRAPHIC POSITION
41.388755, 2.169886
SOLAR IRRADIANCE
ON HORIZ. SURFACE PER YEAR 1 461 kwH/m2
HUMIDITY
OCTOBER - MAY ; JUN - SEPTEMBER
LOCAL TEMP.CONDITIONS
MIN 0.00 °C, MAX 33.3°C
AVERAGE TEMP.OF HOTTEST MONTH
AUGUST, 28°C
MEAN ANNUAL TEMPERATURE
16.4°C
T DIFFERENCE DAY/NIGHT HOTTEST MONTH
8°C
MEAN WIND VELOCITY AT 10M
4 KNOTS
MAIN WIND FIRECTION
OCTOBER-MAY NORTH - WEST
JUN - SEPTEMBER SOUTH -WEST

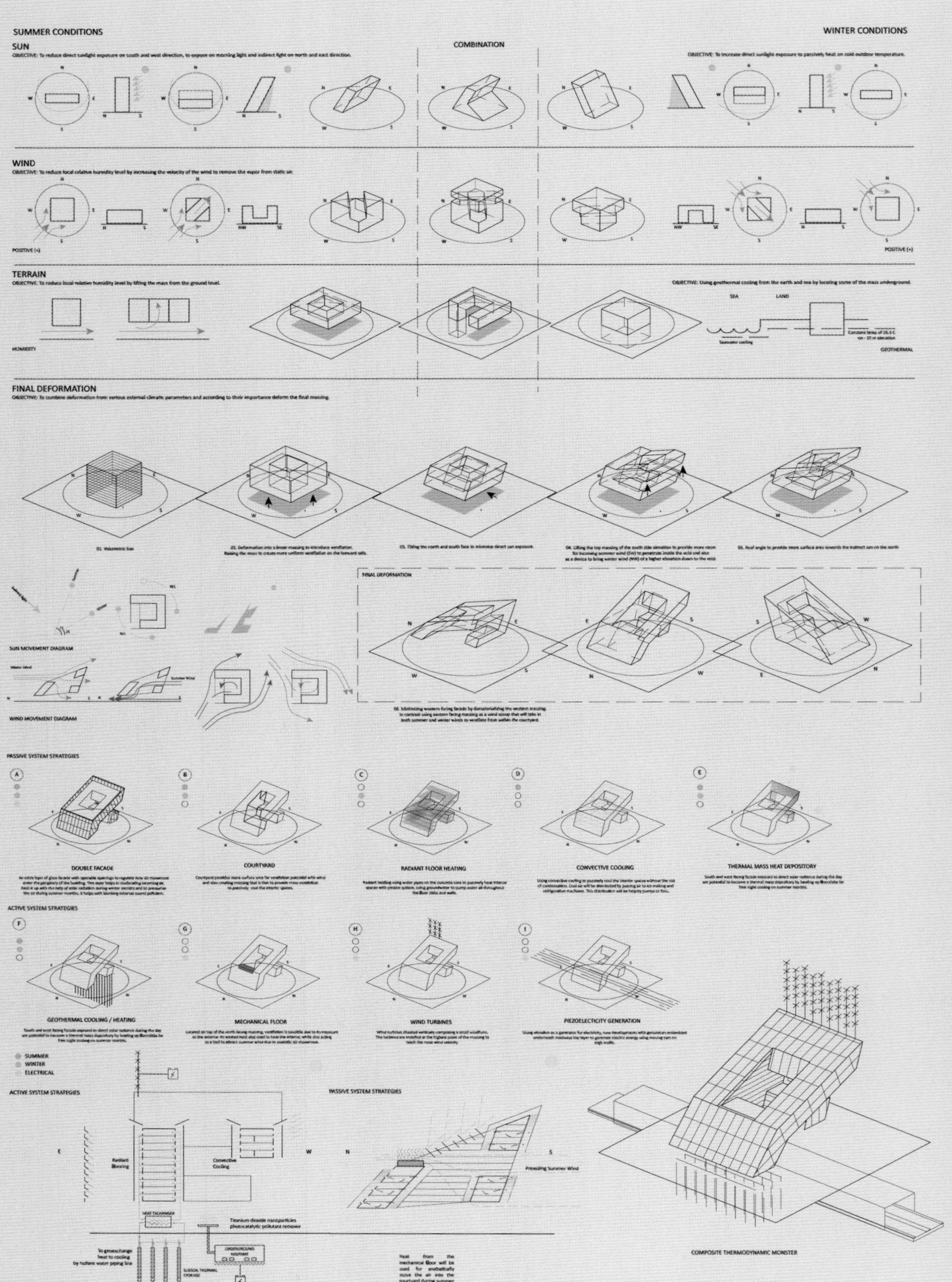

热力学怪物聚集（定性组织）
格伦 · 哈贾蒂（Glenn Hajadi），巴塞罗那建筑学院

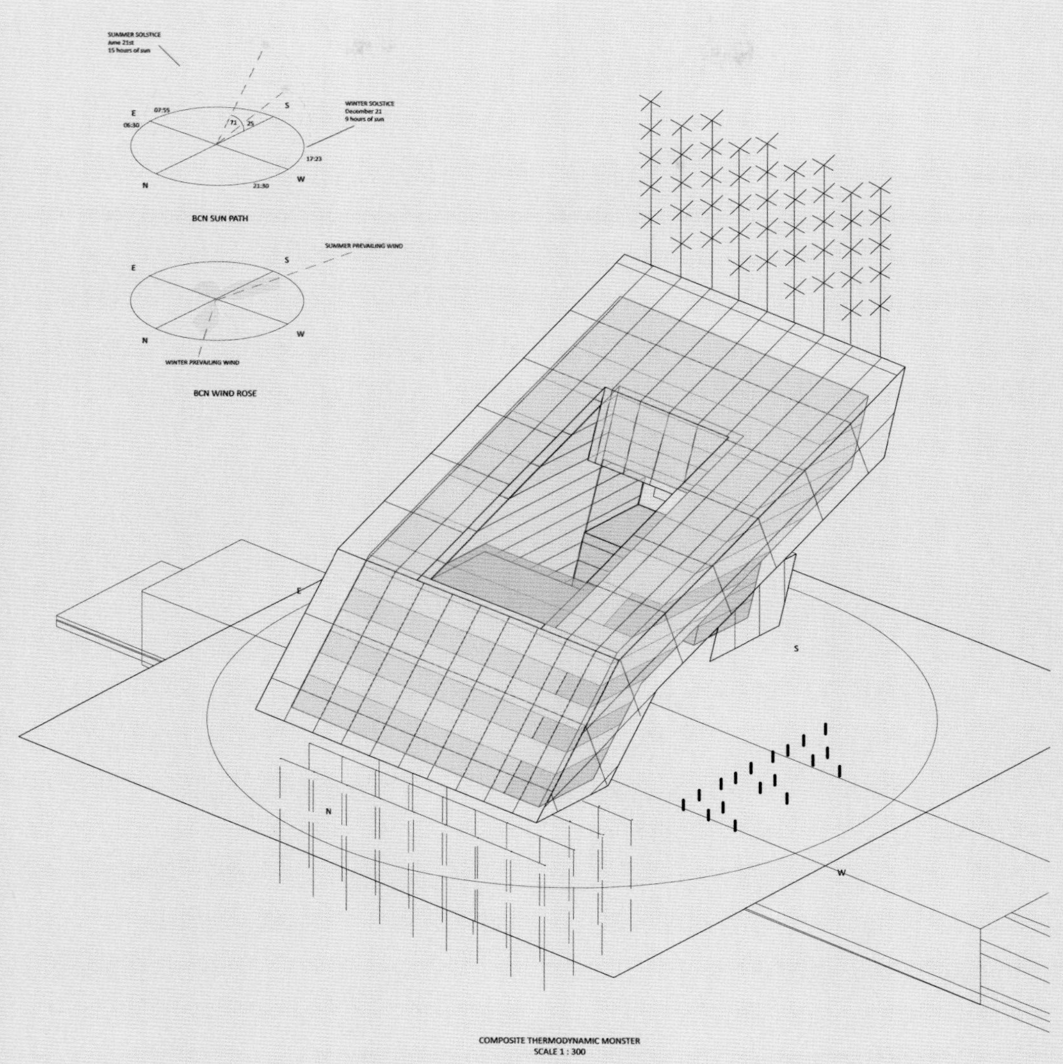

COMPOSITE THERMODYNAMIC MONSTER
SCALE 1 : 300

材料性和不完美（辩证阶段）

要把怪物转化成建筑，两个新的阶段既辩证又同步地组织在一起。对外部环境和怪物的内部属性的认识是这两个阶段参考的基础，整体的“物质性”是首要目标。由此开创了一种针对个性的创造性模式，已经可以个体化地解读热力学数据和怪物内部能量转换系统。这里，实验室尝试建立一种合成材料的调色板，与内外部空间环境交换的特定需求，以及材料特殊的物理和保温属性有关。这样的调色板与选定的主要优化机制有关——每种都表明冬季和夏季里的热力学表现的特殊需求——这样的需求不是通过对聚集的概念或者细部的关注得到解决，而是被当成一套同时包含自然和人工材料（形式、能量和物质）的假设。

这个过程开启了对图像隐喻化的使用，以及多学科参考和矢量图以外的不同表现技巧，以此来寻找一种对材料性的实体表达。这种表达在学科主题的图像和语言中都不存在。这个步骤中的内在困难和综合性质暗示了一种对累积过程的修正，保证了怪物的个体化。对材料和功能两种设计的需求暗示了为了得到可靠的产品、连贯的整体所做的一系列“妥协”。这一工作阶段测试建立主观价值和以系统化的步骤精心设计“产品”的潜力。建筑设计工作本质上是在协调与妥协中创造一件不完美的“产品”——建筑作品。什么样的妥协和价值会持续？什么样的决策才能表现出一个假想的热力学美学中技术和文化的双重特性？学科和类型传统中的这些问题和其他问题会在此阶段中变成个人作品中的重要议题。

一旦设计师掌握了这个协议，怪物会随着时间的推移系统地弱化自己的怪物特征。通常这一发现会引发讨论，究竟它们是协议中的技术部分（也就是第一部分），还是开始了一个更加建筑的过程？它内在的审美把美学

看作对各种因素的复杂建构，矛盾的是其中带有一定程度的丑陋。这种方法论的中心概念无疑是不完美的，但是这样的议题正是建筑师的工作对象，也把现实生活中的热力学延续到美学领域中。

实用仿真（最终阶段）

最终的表现是由产品细化而来，通过不同的绘图技巧（剖面、平面、立面）——模型、渲染、视频与其他媒体将实用的属性真实化。这种公开的真实化从协议的最后阶段发想而来，必须让以下的缺陷消失：建构（没有结构，也没有对重力的关注）、组织性（没有交流核心或者流线系统）、建造（没有细部）和文脉（没有特定基地）。类似的，它必须摆脱诉诸热力学图解的方式，只把自己的说服力建立在贯穿整个过程中基于物质真实的决策上，这种修辞上的练习能够称作“热力学唯物主义”。

结论（一种为建筑师设计的热力学协议，重构混合功能高层的协议）

整个设计过程提倡的是个体投射惯性中固有的抵抗，因为这点，“实验室”的概念随着设计的推进逐渐消失，这多亏了密集评图中的集体讨论（参加者有基尔·默（Kiel Moe）、马蒂斯·舒勒（Matthias Schuler）、塞罗·纳杰（Ciro Najle）、森俊子（Toshiko Mori）、路易斯·奥尔特加（LluisOrtega）、埃里克·沃克（EnriqueWalker）、朴镇希（JinheePark）、玛利亚·伊巴内兹（Mariana Ibáñez）、克里斯托弗·李（Christopher Lee）和莫森·莫斯塔法维（Mohsen Mostafavi））。热力学怪物实验半程中的个人构成和集体讨论代表了一种常规步骤上的转折点，也是执行上的转折点。

这一过程中的另一个难点是把参数化软件理解并作为决策工具，是对实验室确立协议的一种内部否认。通向真正的热力学建筑概念的途径是理解要经历对热力学过程的整体的、定性的理解，而不是定量分析，后者是现有参数工具的基础（要求所设想的物体具备完整的物理属性以供评估）。这与结构分析和计算方法的状况相似，并没有这种基于一定“整体成熟度”建筑设计而进行的建构讨论，充分利用量化工具（还有专业术语）来理解热力学的方式要求一种相似的整体知识，这种知识在所有的地域文化中都有活跃的表现。同样需要的是在这种成熟性里结合对文化和历史化的预判，赋予这些步骤社会和城市意识，否则这种意识的缺失会让能量评估变成官僚和市场的工具。

很明显，这并不意味着放弃专用的建模与评估不同热力学现象的参数化软件——这些软件为建筑项目真正的和谐调性创造了巨大的可能，但是要把热力学当作工具来理解，优先发展新一代适应当代城市需求的原型。这么做的结果是协议维护了建筑师的核心地位还有他们预见未来的能力，这种判断的基础是整合先期的知识，以及需要对学科的技术、文化和历史维度全面的掌握。

混合垂直整体的热力学概念以及协议的基本原则将为生产一种全新的密集城市中介作出贡献，与传统的高层并存，（在高密度的空间逻辑里）提供一个对应物。它对丰富空间体验和社会互动起着关键的作用，为原型提供了一个新的城市和环境品质。在这样的背景下协议开始提供实体和方法上的预演。

哈佛大学设计研究生院
李晨星与徐伟伦的终期答辩（2012年5月7日）
从左至右：克里斯托弗·李（Christopher Lee），伊纳吉·阿巴罗斯，玛利亚·伊巴内兹（Mariana Ibáñez），埃里克·沃克（Enrique Walker）与朴镇希

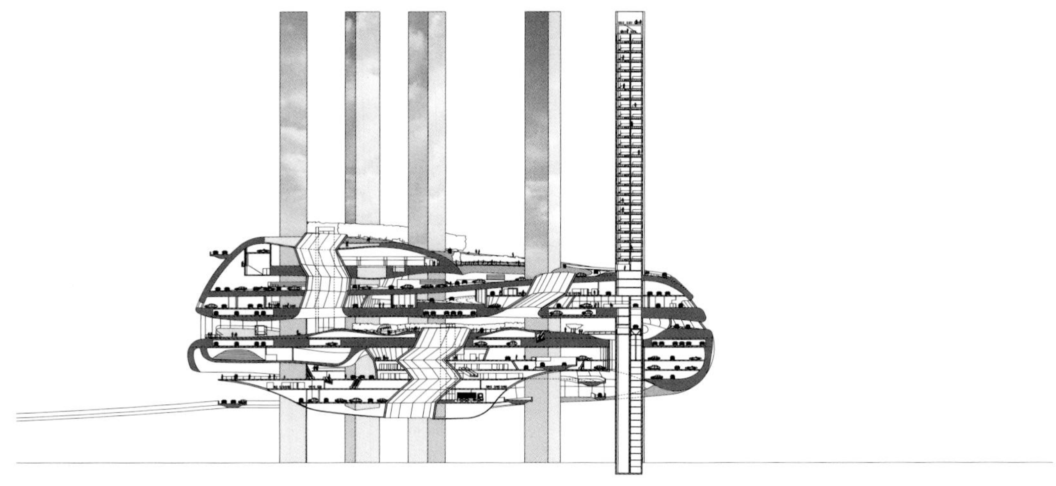

1997

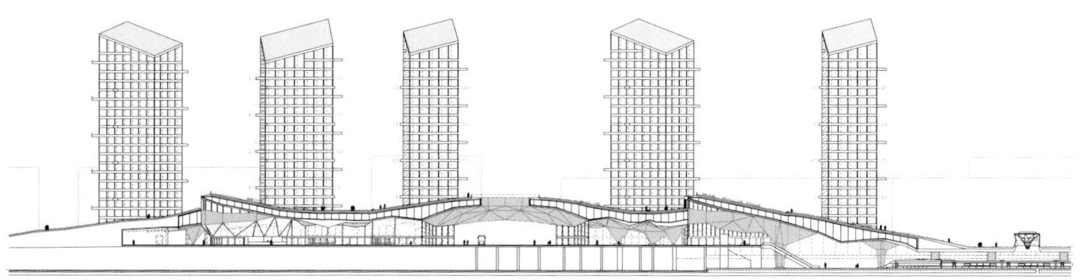

2006

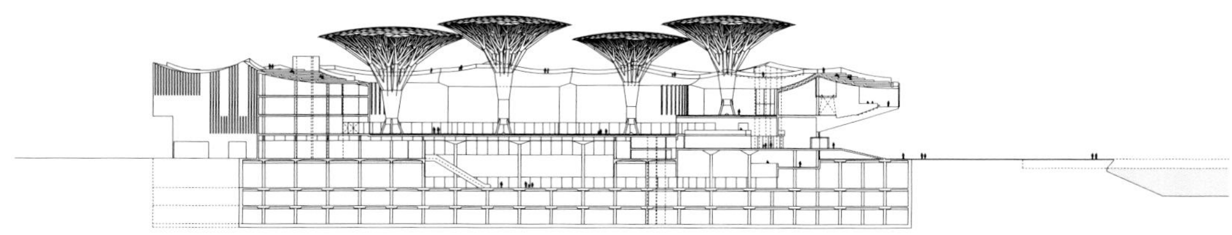

2014

二元性

©伊纳吉 · 阿巴罗斯，蕾纳塔 · 森克维奇

很多历史建筑从两种理论上不相容的形态组织中获得自己复合的张力，这些组织对应不同的世界或者语言。这种技巧导致了带有一定二元特征的怪物或者杂交体。

怪物聚集最基本的技巧之一是两种结构有一定程度的相容性和明确的不相容性；自然世界里的杂交体就是这种聚集的实例。在两种不同形式、不同材料之间实现的物理结合——这种聚集可能会显示出缝隙和疤痕——又或者这种混合是化学上的，赋予怪物一种特殊的有机外形，视觉上最强烈的特征包含着新奇的“自然性”引发的惊奇感。

二元性可以指一定的范畴（比如每一部分用到的几何体），也可以拓展和感染到建筑的所有层面。从学科定义开始，它就经受着挑战，两种学科的挣扎（比如建筑和景观）是项目中固有的一部分；或者在建筑类型上功能的双重性（比如既是基础设施又是公共设施）；或者是材料、形式和几何上的矛盾结合（比如必然采用两种逻辑和不易相容的材料）。

同样的道理，空间可以看成是上下两部分与内外两部分之间创造的张力，或者是通过变化深度和不同形态的介入。从热力学的角度来看，这些张力可以视作热增量在源与库之间流动的特征，或者能量的被动性和主动性，同时结合了轻盈与体量、有序与无序、自然的被动过程和热学设备。建造或生产的过程同样能通过双重性表现（比如一部分由手工制作而成，另一部分自动生成）。

现在对机器的关注还没有尝试热学设备的物理或者空间结构。仔细观察不同的机器，比如热交换器、斯特林发动机、冷却单元，它们让我们理解形式、材料和能量之间精确的关系，也让我们理解各种尺度的所有热学机器在本质

部分二元性
伊纳吉·阿巴罗斯，蕾纳塔·森克维奇，2014

材料	自然 人工 可感知的	 不可感知的
拓扑	室内 室外 上方 下方	
重量	轻质 巨大的 轻盈的	 坚实的
性能	被动 主动 持续的	 间歇性的
学科	建筑 景观 城市设计	 神经科学
几何	形式 无形 确定的	 适应性的

上都具有双重属性，而建筑只是不同尺度的集合。简而言之，尽管有悖于现代正统的感觉，在项目的所有尺度里，这些双重性是热力学动力的来源。此外，二元性的作用不仅是性能上的，而且是创造力上的，或者可以说是合成能力上的。它们既是限制，也是塑形的机会。它们可以被客观的需求调动（混合功能，如詹姆斯·斯特林（James Stirling）和路德维希·利欧（Ludwig Leo）的作品），也常常扮演设计行为中的内在技巧，在没有品质或属性的地形或地块中创造一种催化的张力。博罗米尼（Borromini）作品中的动态是一个众所周知的例子（古典拱券语汇的全面运用巩固了这种技术，随后得到浪漫主义和如画风景画家的大量运用）。

从当代的观点来看，值得关注的不仅是能量，还有社会、经济和文化上的表现，令人好奇的是其二元性——现在的目标是形成自组织和反馈系统——能够带领我们进入每个人或者无人的领域，与古典和浪漫拱券的复合来源有关，但是在理论上又与之兴趣分离，拥有巨大的能力来生成有关复杂秩序的协议和对话，这一解决方案更倾向于关注悖论而不是客观的合理性。不仅存在于建筑领域；从朋友之间开始竞争的“科学怪人”到雷蒙·卢塞尔（Raymond Roussel，《我的有些书是如何写出来的》（*How I wrote Certain Of My Books*）是最为基础的文献），这个技巧具有自我强化的机制，它漠视项目的目的和当地的环境条件。

如果看一下历年列表中能够辨认出的二元性项目，一眼就能看到学科的交叉，材料和几何方法的交叉，以及选择一种大量且复杂的矛盾组合；对自然元素的技术运用、对技术材料装饰化或者景观化的应用。几年前我们制定了一种新的“自然性”，建筑的热力学方法生成的混合环境取得了一种操作系统的价值，引出第一个呈现在这里的项目——马德里M40公路旁的旅馆和会议中心。

杂交的技艺、混杂的审美、对自然导向策略的敏感影响了技术范式，兴趣从高技实验、现代精神的残存转向混合的模型，特别强调大量和能量惰性的自然材料，以及高度复杂、轻质和能量积极的人工材料，敏感地回应环境的变化，给出复合系统。在这个系统中前者负责的是积累和减少交换，后者则像发生器那样能够驾驭能源。

新的技术模型预示了一种从材料组织的转向——大规模生产、简化装配、优化时间和造价等，到建筑生产和维护运行过程中能源的合理组织与规划。这样的转向令我们可以根据环境的相关性而非材料的相关性和统一性来设计系统，从而将这个领域向实验开放——异质材料的连贯混合成为一种全新的、独特的视觉特征。混杂的材料性是审美理念的彻底改变，与人类风景的混合步调一致。

直到最近，出版洛格罗尼奥（Logro⊠o）高铁站和城市公园的项目时，我们才意识到当把这两个项目的剖面放在一起时，相似性指出了一种由第三种元素加入的设计方法——珠海华发艺术博物馆。这种双重系统性的需求不仅在词汇和图像上拓展，而且在建构和热力学领域中服务于所有公共和集体的复合使用。

每个案例中的策略都维持了一种张力，它应用于一些组合和拓扑元素中，它们存在于公共和私人状况之间，存在于能量需求和消耗之间，还存在于它们内在的地位与浮现于外部的渴求。

结果是一系列关于轻盈与体量、自然元素和温度设备、形成的意志和性能之间的相容性的矛盾。我们想，这种双重的组合不仅能生成对质量的概念有所贡献的原型，而且对于新型大都会和居民们面临的缺陷能给出一些答案。

M-40旅馆和休闲中心

西班牙马德里

M-40公路旁的旅馆和休闲中心坐落在马德里城郊，在一片由快车道交错形成的熵变景观里，旅馆悬浮在空中，只靠一条从M-40分出的支路跟地面联系。休闲中心的体量像一座山，旅馆的肌理和色彩都是从当地的野生自然景观中提取出来的。10个混凝土塔楼拔地而起，支撑起休闲中心，塔楼里每层都是一个房间，表面覆盖着反射阳光的玻璃材料使得体量相互融合，仿佛消失在周围环境中。

支路穿过“山形”的建筑体量，蜿蜒盘上屋顶，连接着可以驾车到达的公共空间。功能是典型的郊区必需的空间：购物中心、多幕电影院、会议和展览中心、体育设施之类。一个大型的集合空间——建筑中心一个覆顶的室外公园将建筑分成两半，阳光、雨水和空气通过巨大的、穿过建筑的坑洞自由进入。休闲中心悬浮的体量和镜像的塔楼形成双重的材料组织——洞穴化和晶体化的，形成一个自足的能源供给与存储系统。

我们的第一个项目要追溯到1997年。它代表了两种对熵的兴趣在此交汇，一方面是当代城市中的景观特质，另一方面是通过将现代摩天大楼外向的属性内化成内部或原核，借此反思高层的建设。受如画风景影响的审美，还有对描绘由无秩序的聚合物与晶体相互交织的形象所怀揣的巨大热情成就了此外的一切：一个神奇的能源与动力的挥霍体。

我们发现自己的设计中存在一种“热力学唯物主义”：各种集体使用的功能被包裹在超大的体量中——这个体量正是为热增量的生产和存储而设计的；另一边，轻质房间的饰面对变化的气候参数感应灵敏（这点正是受益于大体量中存储的热增量）；两者一同造就了混杂的物质性，既有洞穴般的空间也有晶体，这成了设计的出发点，那就是持续地在体量中创造出连续性与知识。

洛格罗尼奥高铁站的设计，连同它的空间和建筑一起形成的无法分割的单元，都代表了一种最初的实用性物质化。只不过这种设想放在15年前看起来会很疯狂。

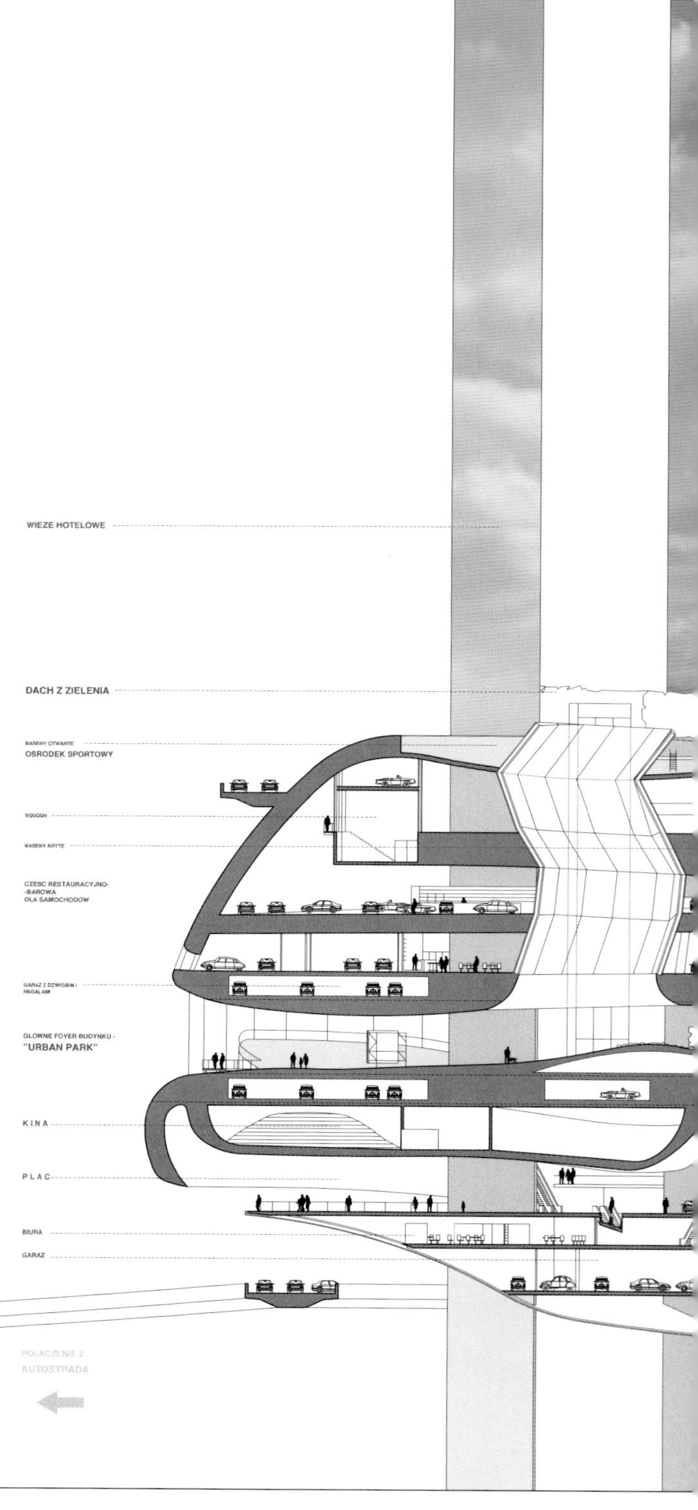

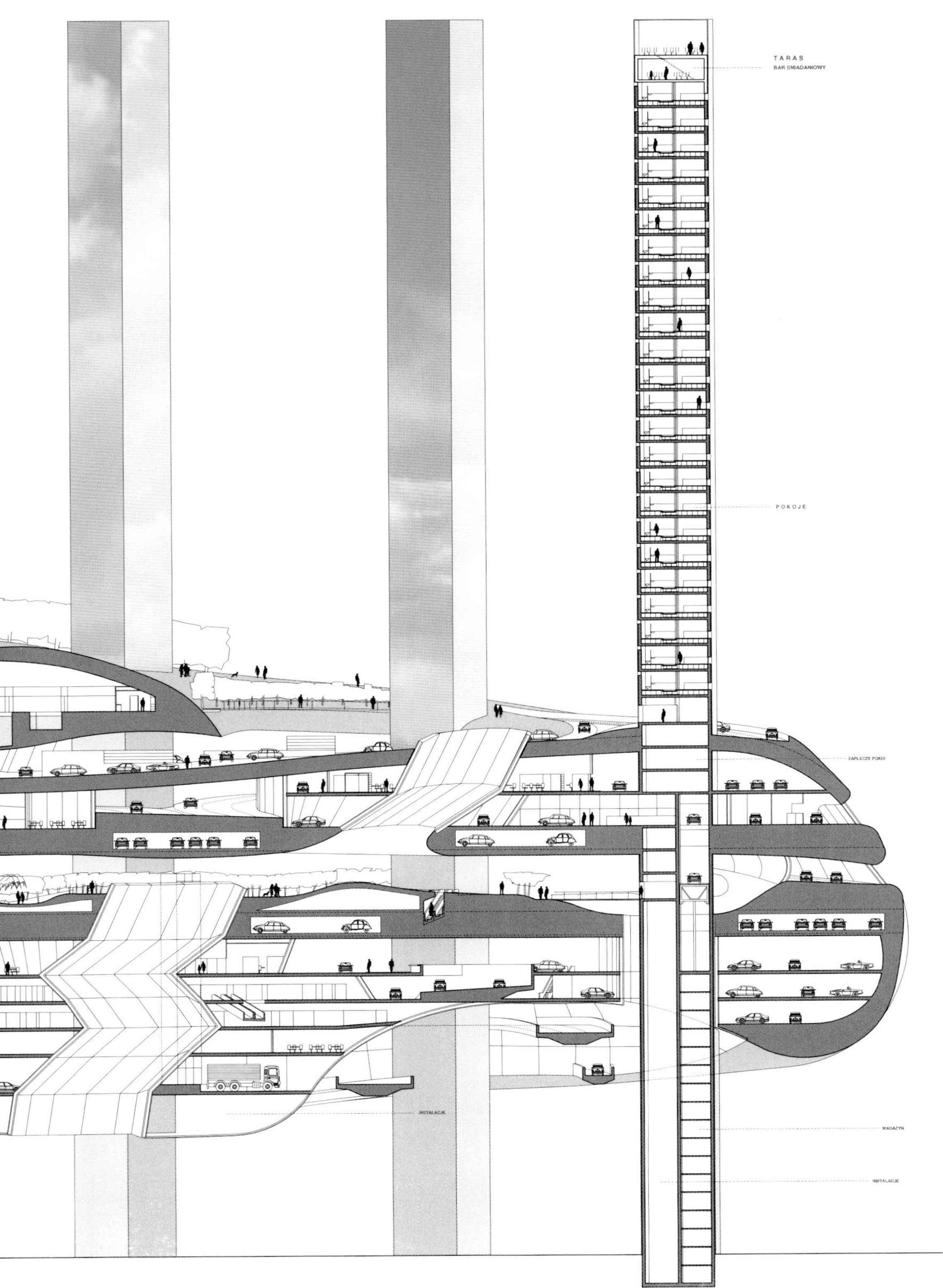
TARAS
BAR SNIADANIOWY
POKOJE
ZAPLECZE POKOI
INSTALACJE
MAGAZYN
INSTALACJE

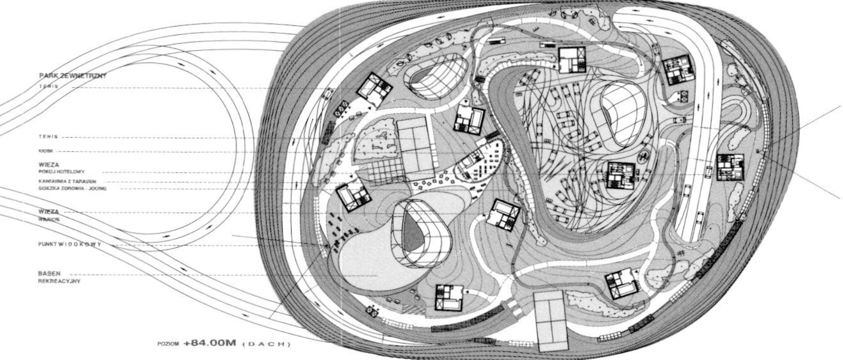
PARK ZEWNETRZNY
TENIS
KIOSK
WIEZA
POKOJ HOTELOWY
KAWIARNIA Z TARASEM
WIEZA
PUNKT WIDOKOWY
BASEN
REKREACYJNY
POZIOM +84.00M (DACH)

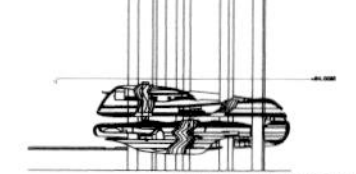
LOKALIZACJA RZUTOW NA PRZEKROJU

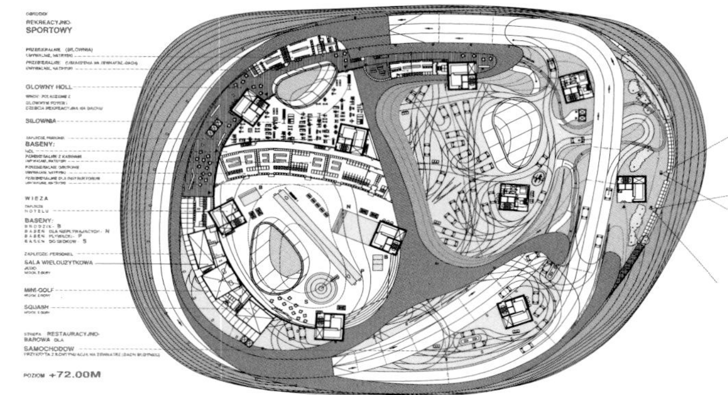
OBRODEK
REKREACYJNO-
SPORTOWY
PRZEBIERALNIE (SILOWNIA)
GLOWNY HOLL
SILOWNIA
BASENY:
WIEZA
HOTELU
BASENY:
BRODZIK - B
BASEN DLA NIEPLYWAJACYCH - N
BASEN PLYWACKI - P
BASEN DO SKOKOW - S
ZAPLECZE PERSONEL
SALA WIELOUZYTKOWA
JUDO
MINI-GOLF
SQUASH
STREFA RESTAURACYJNO-
BAROWA DLA
SAMOCHODOW
POZIOM +72.00M

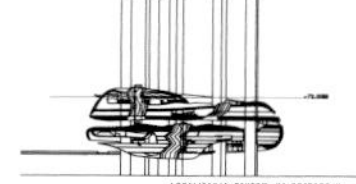
LOKALIZACJA RZUTOW NA PRZEKROJU

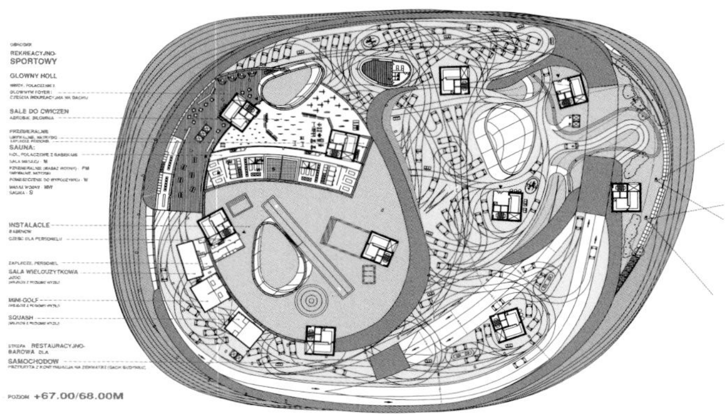
OBRODEK
REKREACYJNO-
SPORTOWY
GLOWNY HOLL
SALE DO CWICZEN
AEROBIK, SILOWNIA
PRZEBIERALNIE
SAUNA:
SALA MASAZU - M
POMIESZCZENIE DO WYPOCZYNKU - W
MASAZ WODNY - MW
SAUNA - S
INSTALACJE
ZAPLECZE PERSONEL
SALA WIELOUZYTKOWA
JUDO
MINI-GOLF
SQUASH
STREFA RESTAURACYJNO-
BAROWA DLA
SAMOCHODOW
POZIOM +67.00/68.00M

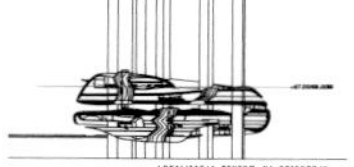
LOKALIZACJA RZUTOW NA PRZEKROJU

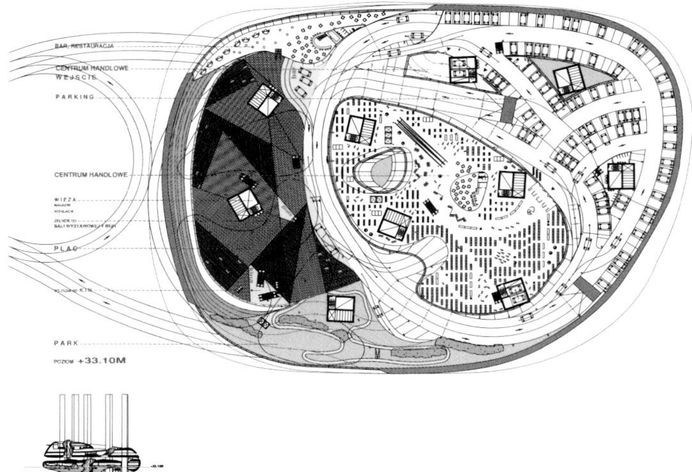
BAR, RESTAURACJA
CENTRUM HANDLOWE
WEJŚCIE
PARKING
CENTRUM HANDLOWE
WIEŻA
PLAC
PARK
POZIOM +33.10M
LOKALIZACJA RZUTÓW NA PRZEKROJU

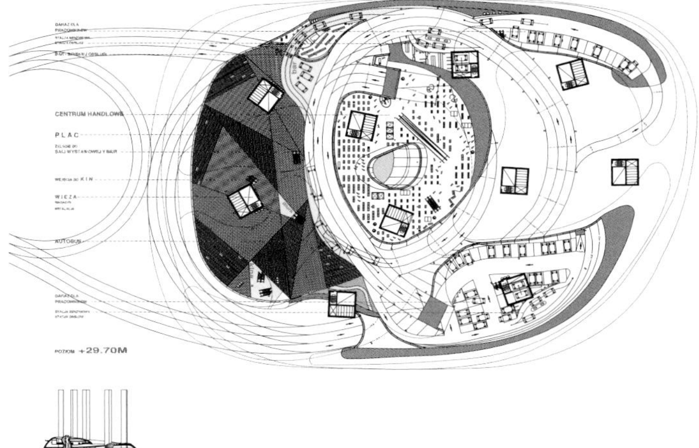
CENTRUM HANDLOWE
PLAC
WIEŻA
AUTOBUS
POZIOM +29.70M
LOKALIZACJA RZUTÓW NA PRZEKROJU

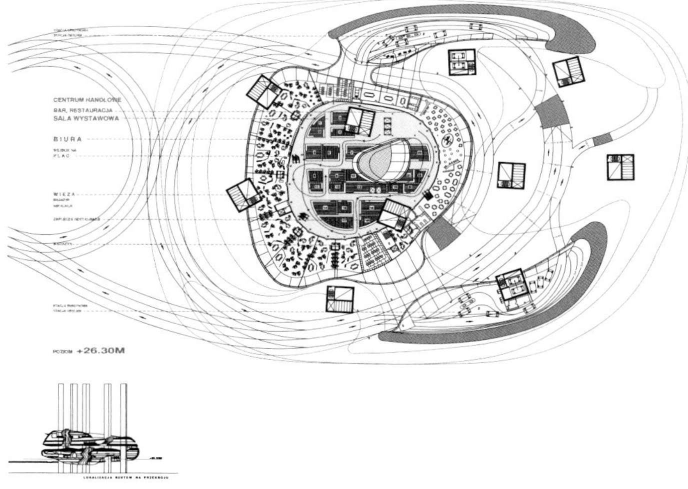
CENTRUM HANDLOWE
BAR, RESTAURACJA
SALA WYSTAWOWA
BIURA
PLAC
WIEŻA
POZIOM +26.30M
LOKALIZACJA RZUTÓW NA PRZEKROJU

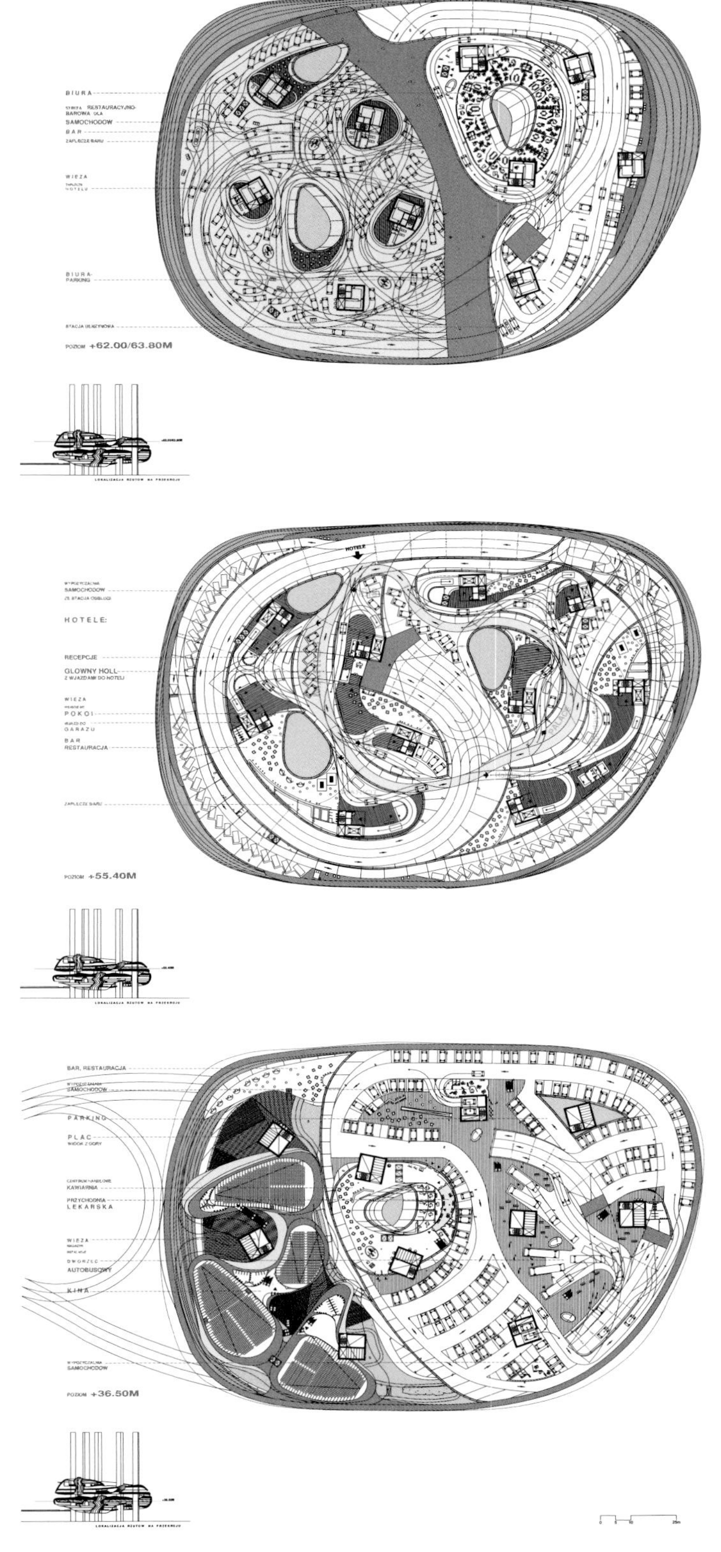
BIURA
SAMOCHODOW
BAR
WIEZA
BIURA
POZIOM +62.00/63.80M
HOTELE
SAMOCHODOW
HOTELE:
RECEPCJE
GLOWNY HOLL
WIEZA
POKOI
GARAZU
BAR
RESTAURACJA
POZIOM +55.40M
BAR, RESTAURACJA
SAMOCHODOW
PARKING
PLAC
KAWIARNIA
PRZYCHODNIA
LEKARSKA
WIEZA
DWORZEC
AUTOBUSOWY
KINA
SAMOCHODOW
POZIOM +36.50M

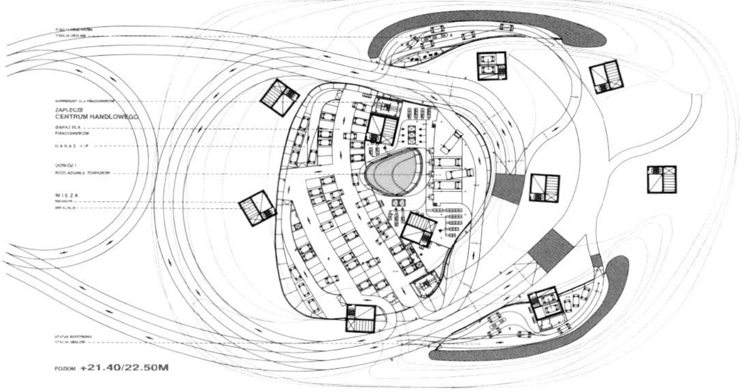

ZAPLECZE
CENTRUM HANDLOWEGO
GARAZ DLA
PRACOWNIKOW
G A R A Z V I P
W I E Z A
POZIOM +21.40/22.50M

INSTALACJE
POZIOM +15.60/19.00M

ULICA
WYJAZD
SZKLO, PLASTIK
(KOLOR JASNY)
WYKONCZENIE:
OKLADZINA BETONOWA
WIEZA
MAGAZYN
INSTALACJE
ULICA
WJAZD
POZIOM +10.00M

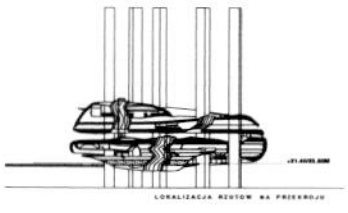

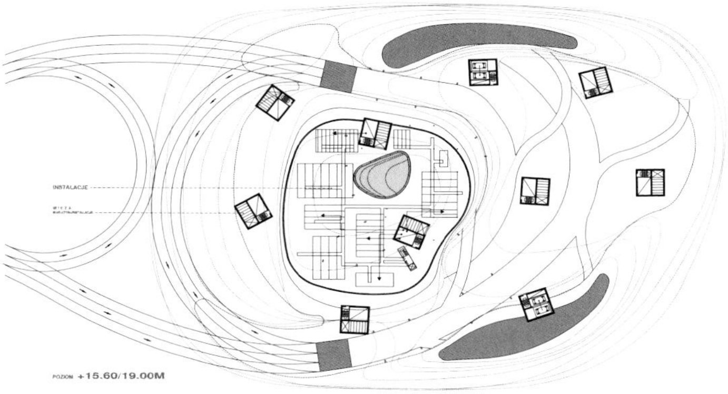

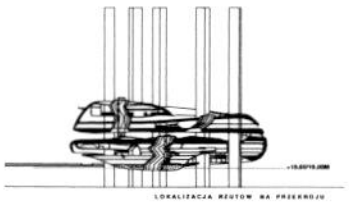

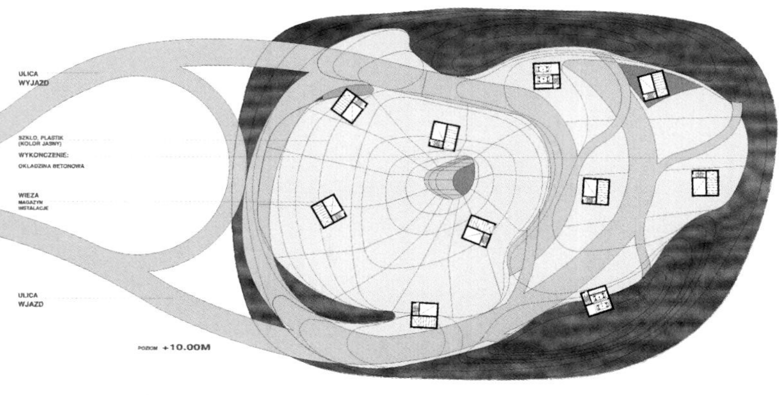

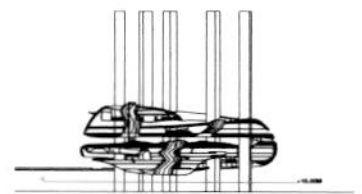

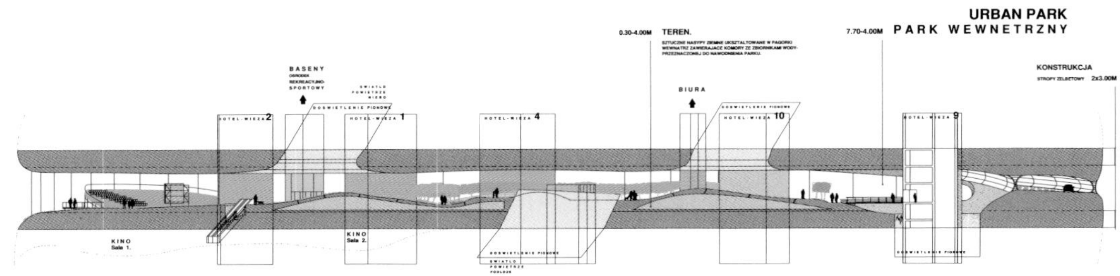

PUNKT WIDOKOWY

0 5 10 25m

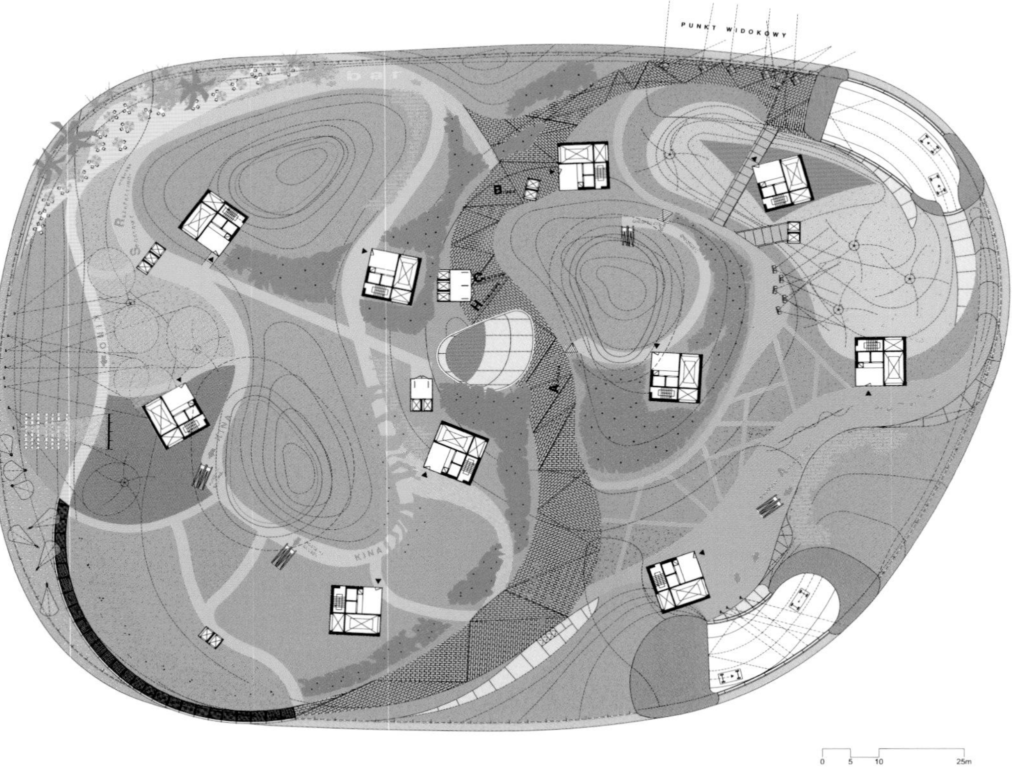

sypialnia
pokój dzienny
A—A
4
B—B
łazienka
A
A
B
B
V1
V3

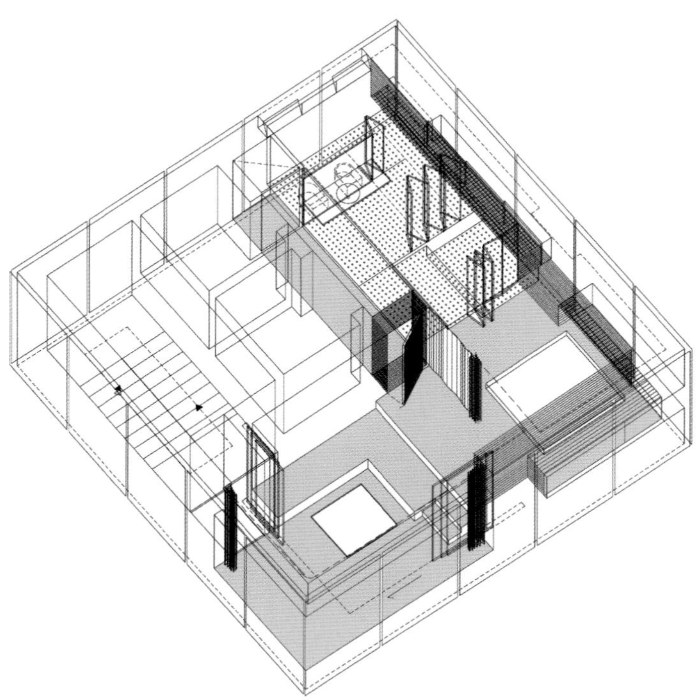

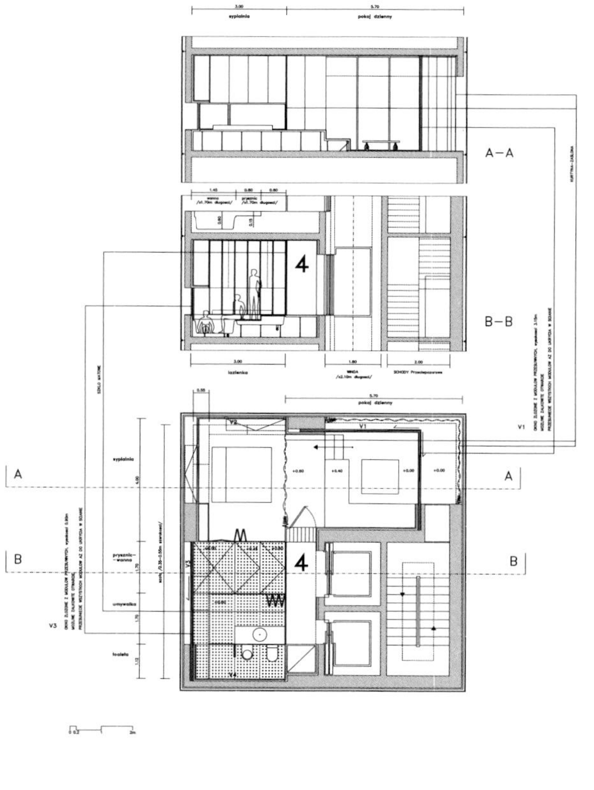

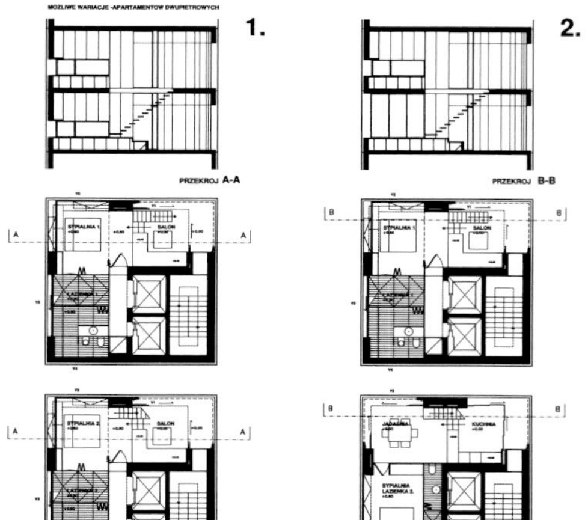

MOZLIWE WARIACJE -APARTAMENTOW DWUPIETROWYCH
1.
2.
PRZEKROJ A-A
PRZEKROJ B-B
SALON
KUCHNIA

PROGRAM UZYTKOWANIA WIEZ - SCHEMATY

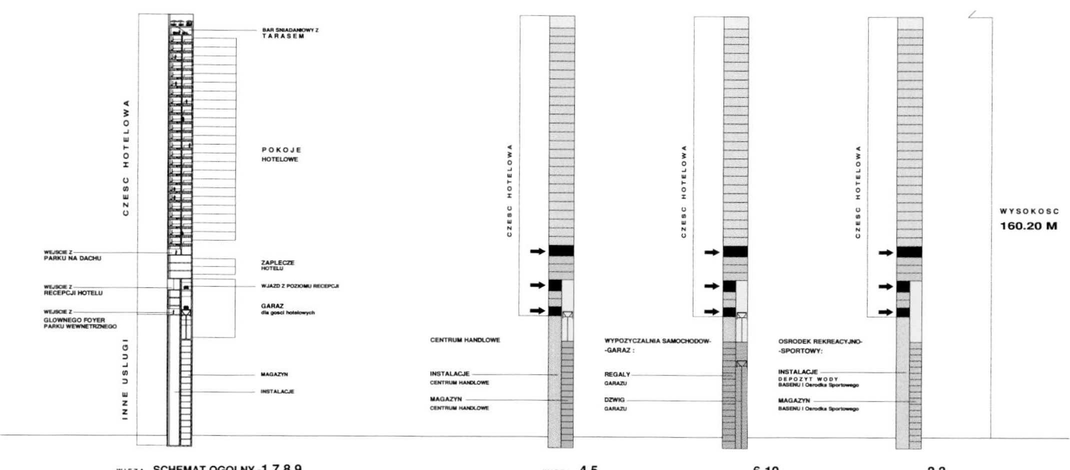

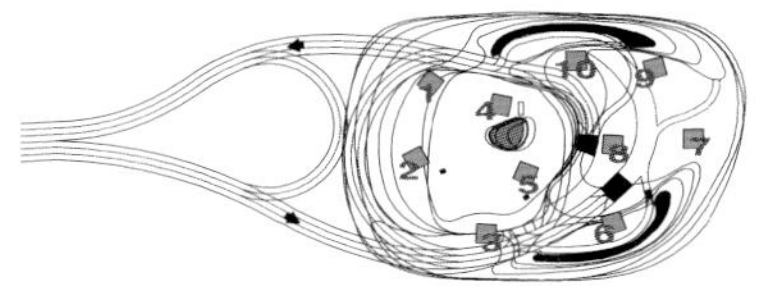

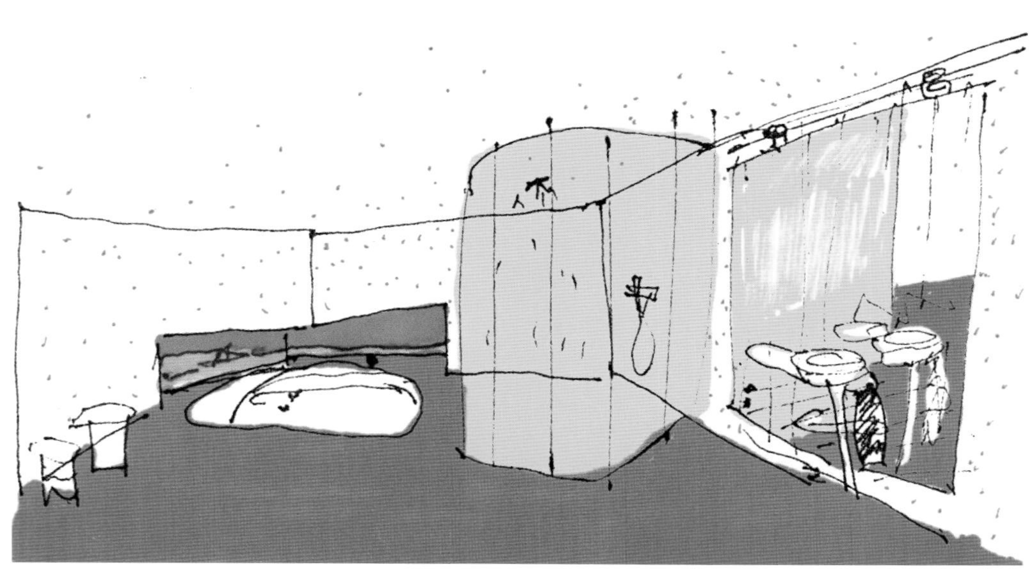

高铁站和城市公园

西班牙洛格罗尼奥（Logroño）

地面上的火车站是对城市连续性的一种粗暴性破坏，会在城市空间中留下一个常常带来社会隔离问题的空白空间。相反的，将轨道和车站一起从街道平面下沉则有机会创造一个新的项目，修复分离区域之间的关系，利用车站的屋顶几何、地形般的标识，创造一个大型的公共公园。

围绕着公园的一系列住宅和商业开发项目，将分散的肌理聚集起来，五座细长的塔楼标记了这座城市的新中心。公共交通基础设施被用来生产一种集体的便利设施（对原有预算不做任何更改）。塔楼和公园之间创造了一种共生的系统，保证了各自能量的自足。作为回报，公园为洛格罗尼奥高铁站提供了稳定的热能，实际上体量是被动的，天窗和大开窗保证了车站和乘客站台里的自然光照。

车站屋顶多面的轮廓回应了景观种植屋顶，让两者成为折叠表面的两面：在室外形成一个小山丘或者俯瞰城市的高地；室内则采取类似洞穴或者岩洞的形式。这些令人联想到如画风景的传统将基础设施和公共生活联系在一起。

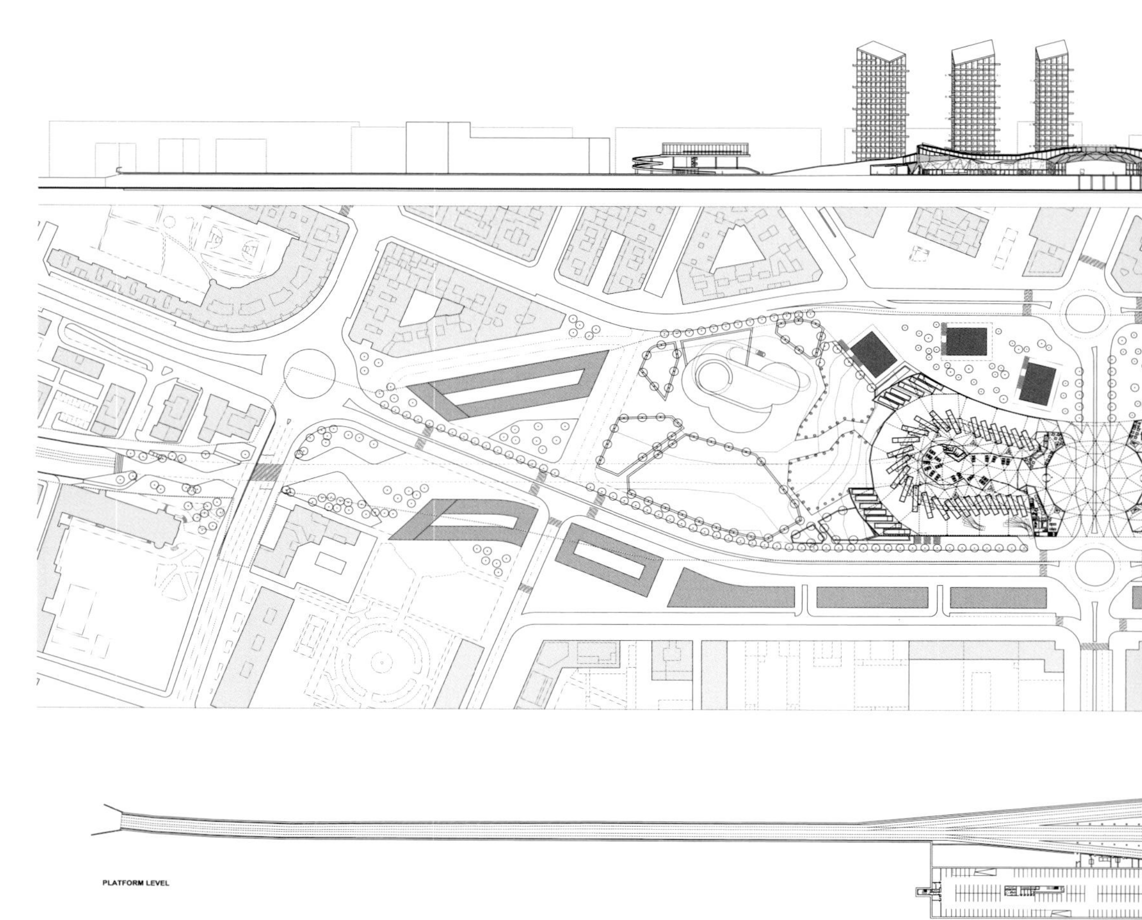

PLATFORM LEVEL

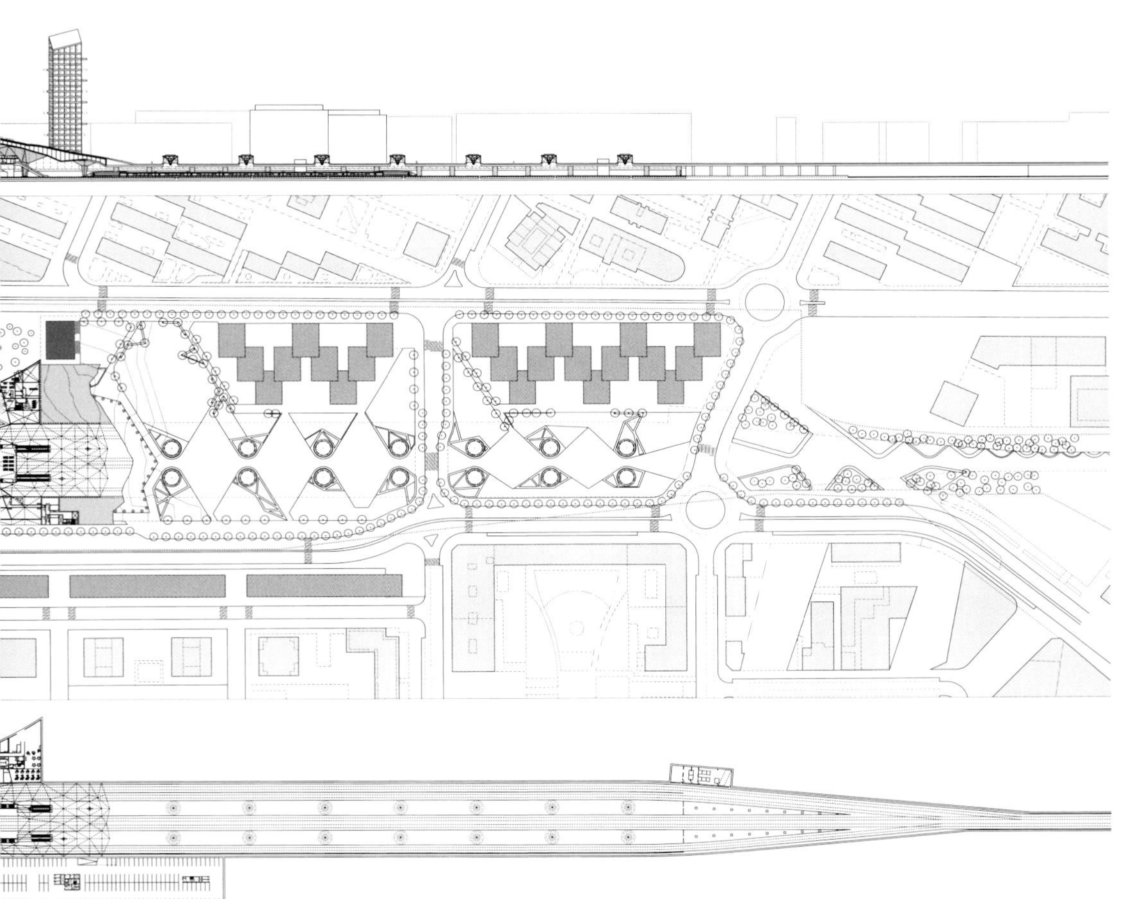

如果我们只谈热力学，似乎会被一种对科学的迷恋以及它那套客观标准推动。但是我们一开始就纳入了另一个术语，美学。尽管当它与热力学联系在一起时必然会被理解成挑衅的意味，它涉及到从特定的角度来理解热力学原则，比如城市里的建筑或构筑。在城市环境内的建造既有技术的成分也有政治的成分，但它同样可以在精神上有所升华。热力学之美构建了一套新的秩序类型。建构反应了重力的形状，在热力学的引领之下产生出一种新的美学类型，包围着我们，在建筑的核心实现身体的体验。这件作品和其他的作品一起开始宣示这种经验。

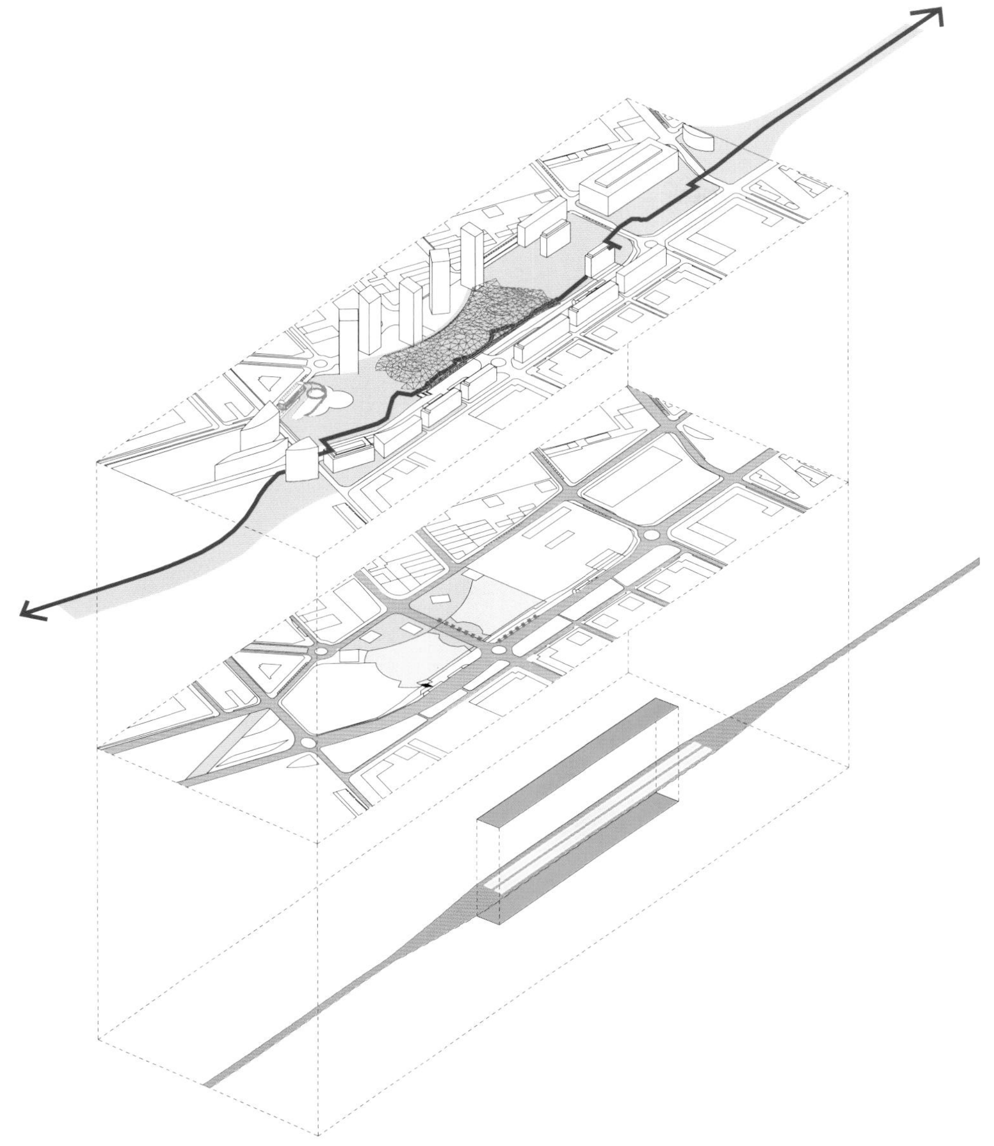

这里的概念是把设计转变成与生态观念结合的契机，在当代城市的体验与自然的体验之间建立关系。洛格罗尼奥中的人工地形是一个比单纯的建构之物更为复杂的器官；因为它在一个单体中把自然和人工置于一个共生关系中。换言之，它生成了一个同时属于两个世界的杂交体。它不仅与街道和建筑建立了不同的关系，它也产生出新的景观，促进渗透性，触发了住宅塔楼这种新类型的外观，它产生了便于流动的系统，还有一个吸引行人步行穿越城市的绿色回路……

所以洛格罗尼奥不仅是建筑；它也不只是公园；它是一个在自然和人工元素相互交织的条件下使城市转型的计划。我们相信它将对城市如何使用的方式产生整体的影响。

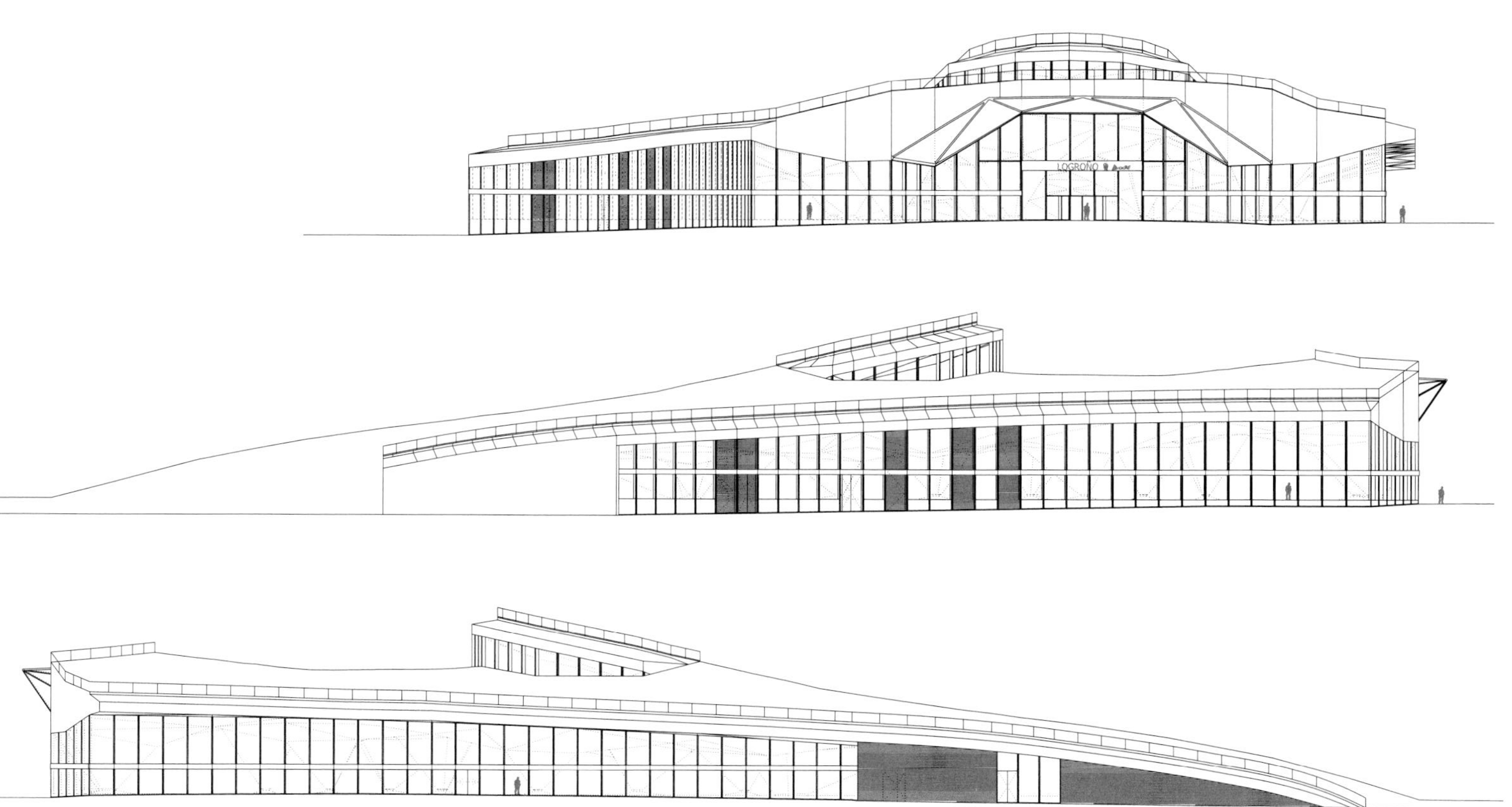
LOGROÑO

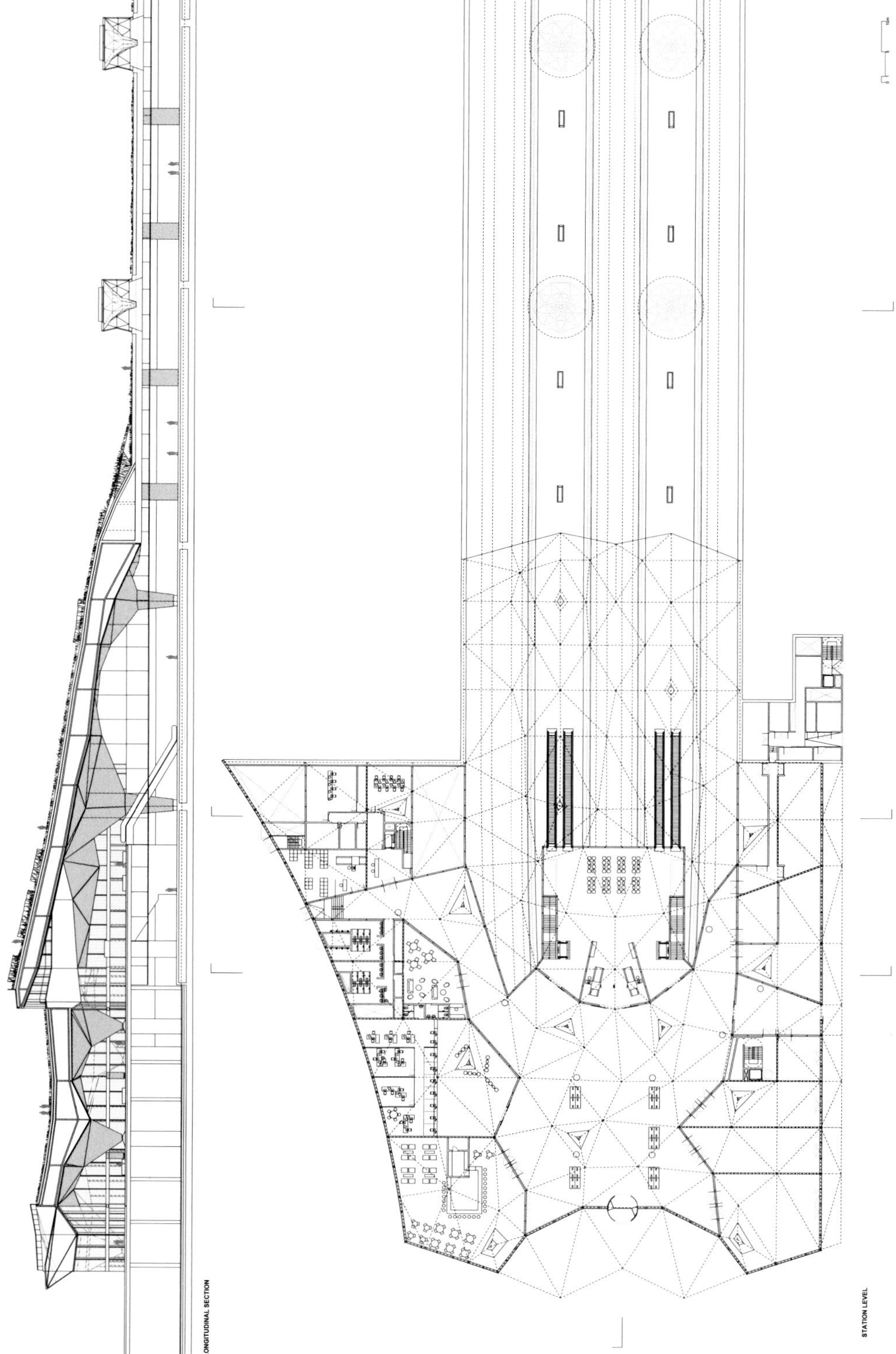

LONGITUDINAL SECTION

STATION LEVEL

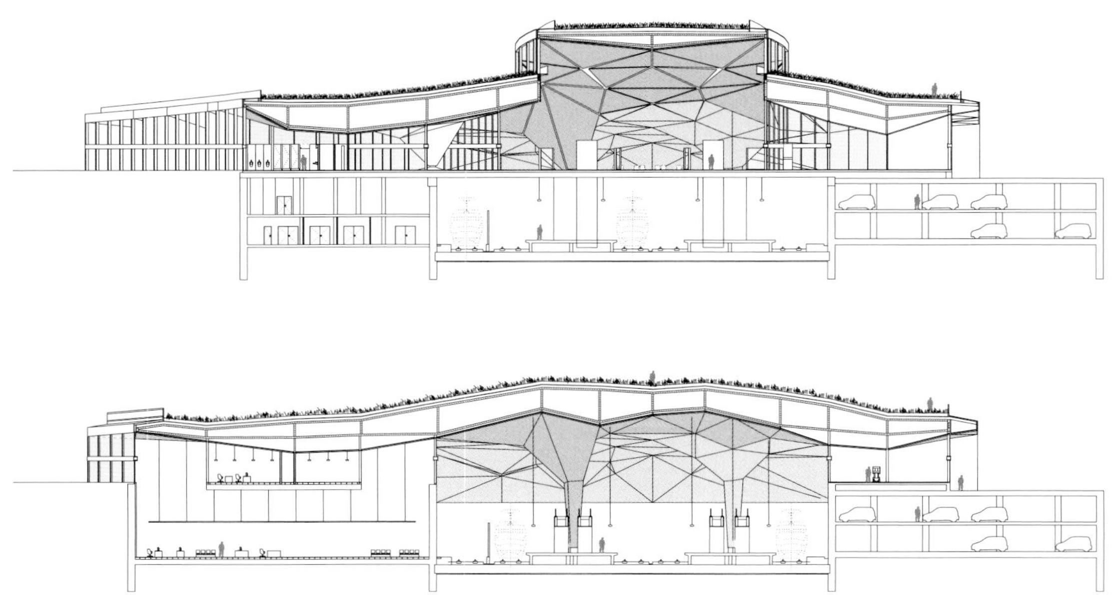

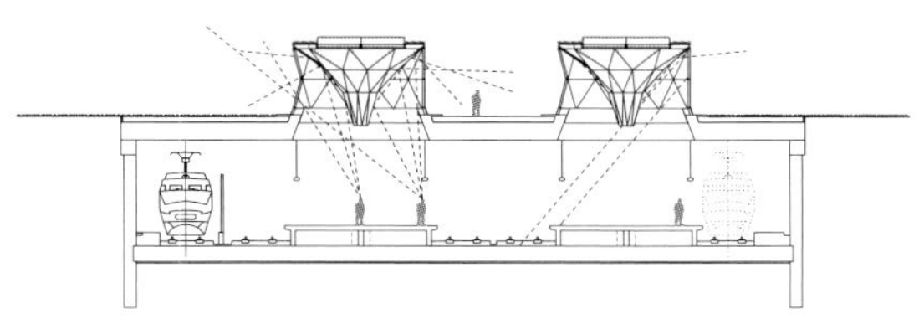

CROSS SECTIONS 0 1 5 10m

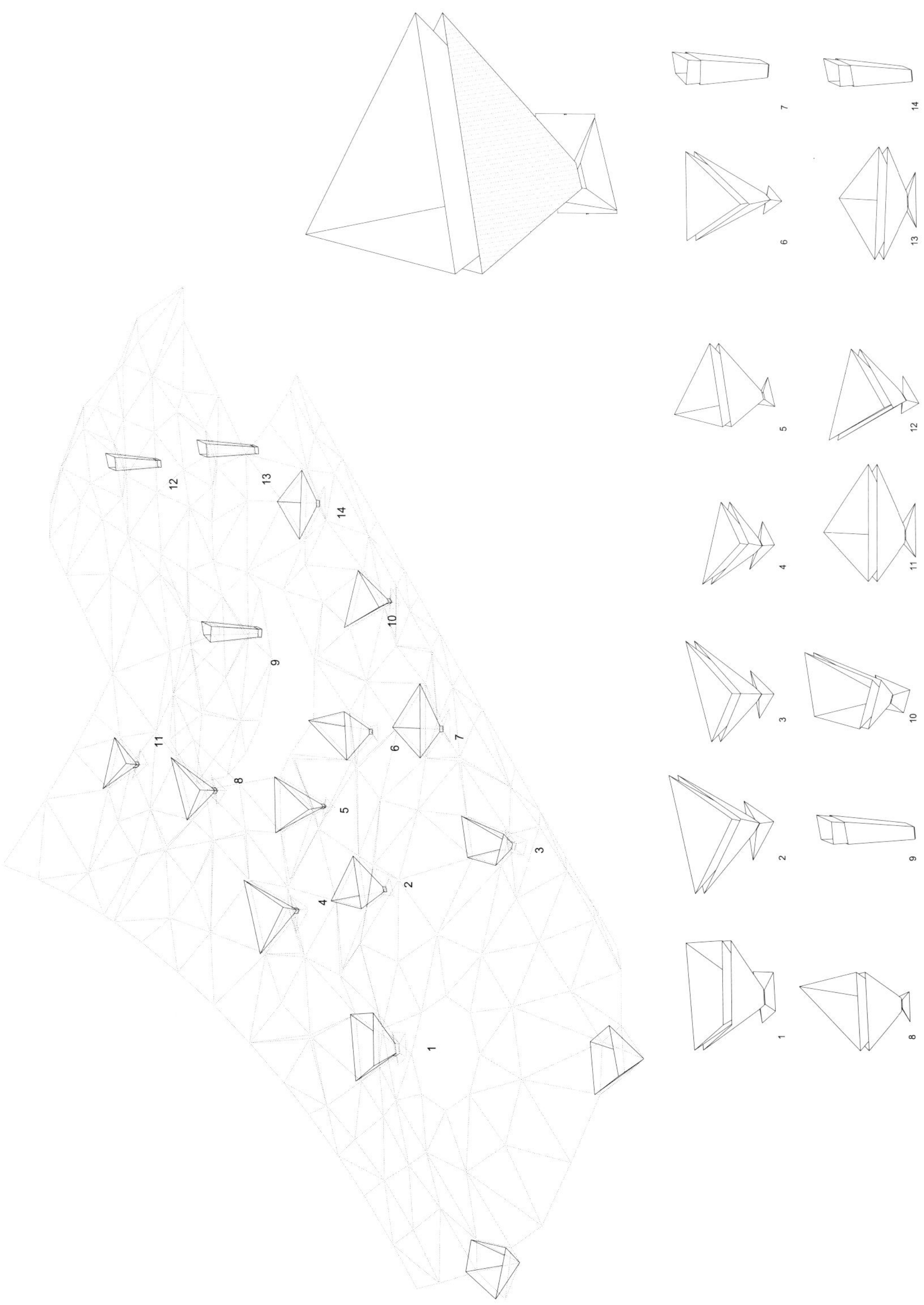
1
2
3
4
5
6
7
8
9
10
11
12
13
14

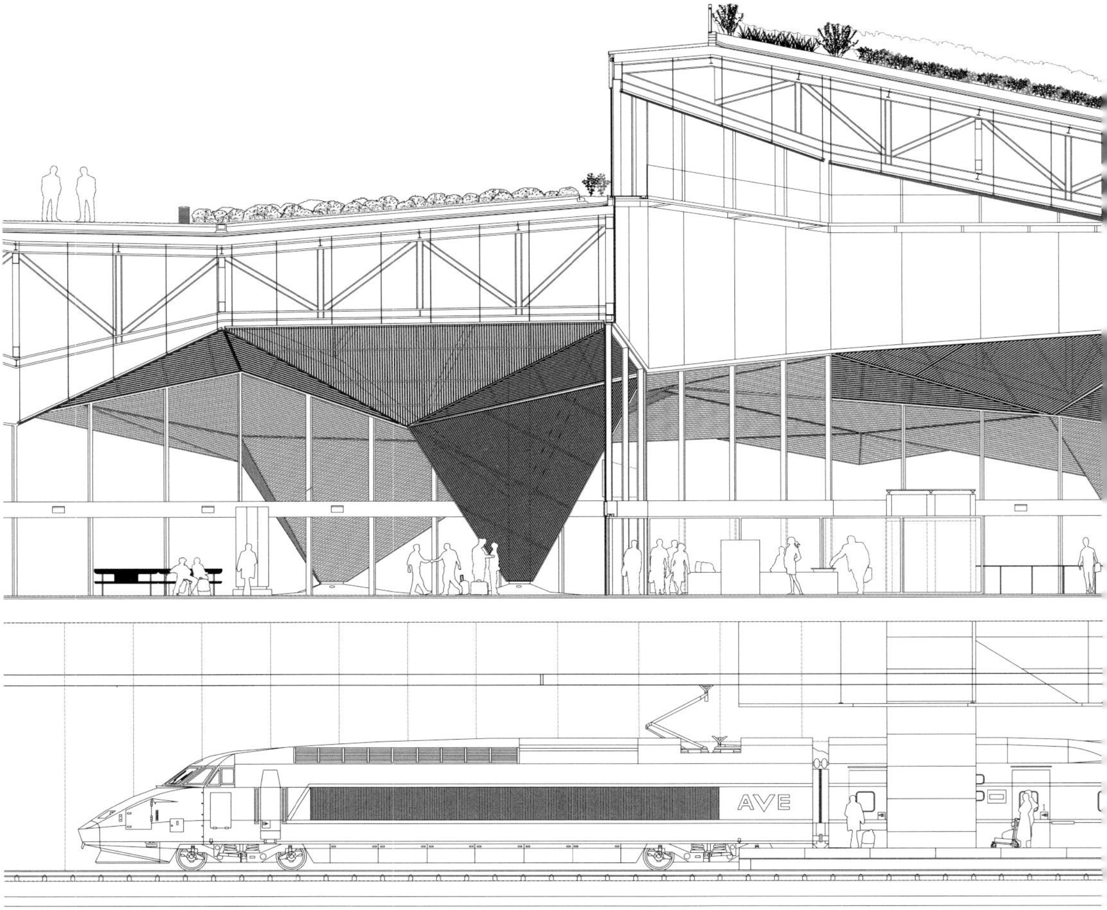

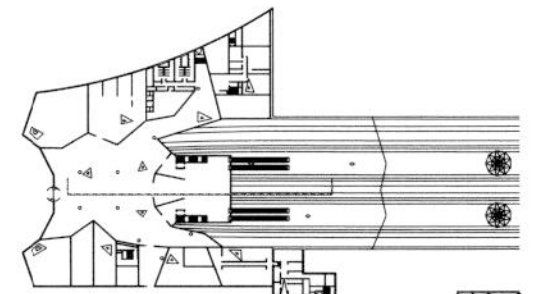

车站屋顶结构反映了其下铁轨隧道的复杂布局，以不规则的四面体支撑，支撑屋顶钢结构与混凝土屋面板的椽梁之间保持着3米的间距。屋顶像山丘一样起伏，延续着站台上方400米长的楼板的水平走向。

在确定了上层和下层的表面后，结构设计最大限度地利用了二者之间的体量，尽可能地实现同质化的分布，比如楼层平面的分布尽量做到规整。

由此产生的协调性并不只限于上部与下部，即桁架结构与公园的地形，对于下弦杆、立柱与室内的多切面表面而言同样如此。这么做的结果是网格中的每榀桁架（沿着9道主要轴线和17道次轴线）都有自己特殊的几何形体，各不相同。

当结构完成，各种技术系统（空气、水和电）安装完毕，加入铝板系统

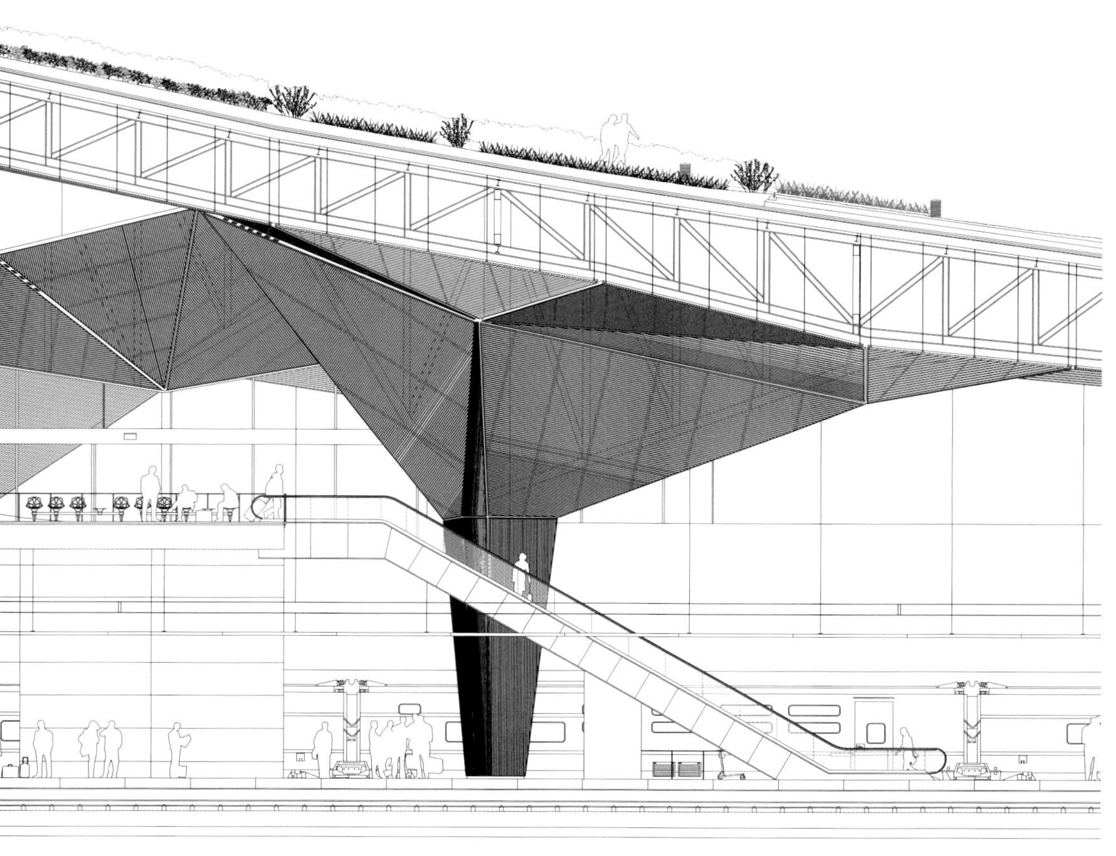

作为车站支撑结构和天花的完成面。1.5cm×5cm铝板条现场安装在1.2m×1.8m标准框架上，后者根据一个数控模型锚固在结构上，这种装配方法是一项专利。透过三角形板可以看到天花系统内部，其透明度会随着乘客的往来发生变化。

车站地坪用8cm×8cm的陶瓷石块在玻璃纤维网格上铺就。因为每块铺地的打磨程度都略有不同，所以当人们经过时会产生轻微震动。其目的是为了打破大中型项目中标准层和天花带来的那种消极、中立的质感，使空间能够经由行人的活动充分激活。

天花上多切面的图案是地面花园屋顶的镜像，由此在折叠的表面上创造出对称的效果。天花形成微微起伏的山丘，从外部俯瞰整座城市，在内部营造出山洞一般的氛围。这种图像上的意象模仿强调了其如画风景般的公共维度，相互统一。

GAM
902 23 00 22

Salida
Acceso vías 2·4

城市洞穴

把洛格罗尼奥设计视作地形建造的态度是基于如下两种视角的交叉，是它身处其中时所给出的建筑学的回应。其一有着浪漫的秉性，它相信事实上建筑可以成为景观，这样的设计在建筑纯粹的功能性之外，提供了一种形成公共空间的可能性。另一种视角则完全出于实用主义。在过去几十年间，标志着真实的城市中建筑类型发展的是那些重要的建筑综合体和它们愈发扩张的范围，其中包括会议厅、会议中心、商场和文化地带。这些“放大”的建筑可以被理解成人工地形或者地貌建筑，由此为城市的使用开启了新的方式，同时诠释对城市设计理解。

从最开始，我们的兴趣在于“包围”旅客，他们总是在行进中穿过车站和站台，一系列接踵而至的体验引导着他们的行动，伴随着他们直到进入城市。因此，设计全然抵触以单一剖面一统车站的做法。换言之，它反对存在于车站和其他大型机会空间中标准化的想法，认定一个剖面，就不断循环使用。我们的设计以一系列精心设计的序列空间激活自己的神经系统，在那些空间里所有东西都在运动：自然光线，压缩与扩张，材料的变化，直到圆顶成为到达的象征。设计中采用了切面铝板，它的透明和不透明效果随着一个人的离开发生变化，直到他开始探索内部结构。又或者是8cmx8cm地板砖上不同的抛光做法。这些决定是为了让车站周边的风景时刻伴随乘客左右，而乘客本身的行为就激发了这些效果。这对车站内的体验产生了直接的影响。

为站台提供采光的天窗设在楼板上，一套极细的钢管结构承载玻璃和不透明部分。在钢管结构上方是排风烟道。在内部，不锈钢镜面反射大大增加了进光量，通过不断的折射与反射，变幻的光感洒满了整个站台表面，在夜间照亮公园。白色的铺地与火车的颜色相近，与区域内的自然光相呼应。站台楼板的浇筑是在完成基坑作业后，与混凝土预制桩的现场施工同步完成的。

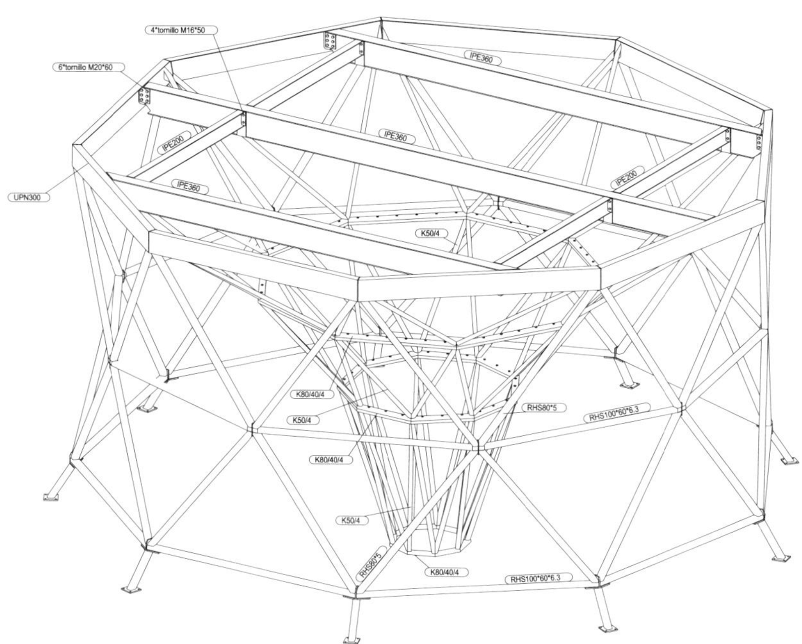
4*tornillo M16*50
6*tornillo M20*60
IPE360
IPE200
IPE360
IPE360
IPE200
UPN300
K50/4
K80/40/4
K50/4
RHS80*5
RHS100*60*6.3
K80/40/4
K50/4
RHS80*5
K80/40/4
RHS100*60*6.3

Acceso vías 1·5
Acceso vías 2·4

LOGROÑO

Andenes

Acceso vías 3·5

renfe

新的自然：阿巴罗斯与森克维奇建筑事务所洛格罗尼奥多线联运高铁站

斯坦·艾伦[1]

自由的场域随着速度缩小，而自由需要场域。如果没有更多的场域，我们的生活会像一个终点站，一台只有门扇开关的机器。

保罗·维希留（Paul Virilio）[2]

“建造”，瓦尔特·本雅明（WalterBenjamin）写道，“填补了无意识的角色。”他的话写于20世纪30年代，描述了19世纪的前几十年铸铁建筑的发展。在那些年里，铸铁加上玻璃，使巴黎的拱廊成为可能，也是这些材料创造出变革性的新社交空间。但是，正如本雅明准确的观察，新建筑技术的整合并不是无缝的。这些隐藏在街区中的拱廊，得经由巴黎城市大道上的石灰石墙进入，精确地映射出本雅明在城市集体意识与无意识之间的鸿沟。在19世纪的火车站，这两个世界的分离更加彻底。铸铁与玻璃广泛地运用在容纳站台和铁路线的大跨顶棚中，而作为城市门面的火车站，呈现出华丽的宫殿面貌，动用了所有纪念性古典建筑的构件来表达城市的入口。布扎建筑师的再现逻辑和工程师的功能逻辑泾渭分明对峙着。

1.斯坦·艾伦（Stan Allen），著名的建筑师、理论家，普林斯顿大学建筑学院教授，曾担任院长。设有个人建筑事务所SAA/Stan Allen Architects。译者注

2.Paul Virilio and Sylvere Lotringer. *Pure War*. New York: Semiotext (e), 1983: 69.

在20世纪30年代，伴随着超现实主义，本雅明对巴黎这样的书写并不令人意外。由于指出铸铁建造并不是理性、进步和效率的表现，而是无意识的心理境界，他完全改变了现代建筑的寻常叙事。现代性不再被视为技术进步的必然产物——由新的技术塑造新的形式——而是社会本身的形式，是对自身的集体认识，在科技进步被结合之前就发生变化："铁轨是建造的第一个铸铁构建，是梁的先行者。铁没有在住宅中运用，而是用来建造拱廊、展厅、或者车站——那些承担着转换功能的建筑。同时，玻璃使用的建筑构造领域更趋广泛。但是玻璃作为建筑材料获得更普遍应用，要在100年以后才到来。"[1]本雅明，这位身陷纳粹攻陷的法国，自己无力逃脱，在绝境中选择自杀的人，从一开始就预见到技术官僚理性主义的阴暗面。

20世纪铁路顶棚功能性的形式成为火车站青睐的形式，它是我们能思考的19世纪最成熟的建造技术所呈现的最先进的形式。在21世纪初期，阿巴罗斯与森克维奇建筑事务所面对着一个截然不同的挑战。既不是对顶棚技术的讴歌，也不是重返布扎的表现语汇（无论是原本的，还是以后现代的形式伪装出现），成为对洛格罗尼奥多

1.两句话都引用自本雅明《巴黎，十九世纪的首都》（*Paris, Capital of the Nineteenth Century*），78页。

线联运高铁站最恰当的表达。相反，二者的结合是阿巴罗斯从执业之初就探索的，将顶棚的形式嫁接到19世纪另一伟大发明上：大型城市公园。这标志着车站成为铺陈基地建筑的历史中一个非常重要的贡献。[1]这既是一个适合当地的解决方案，又能获得全球的共鸣。

随着19世纪中产阶级崛起和休闲时间增加，大型城市公园出现了。因其成形于都市的背景，19世纪的公园仍然宣称其与周围城市环境的逻辑截然不同。相反，在洛格罗尼奥高铁站，公园和城市在平面和剖面上缝合在一起。一大片人工地面得到抬升，以创造一个高架的绿化屋顶，并覆盖下方的公共空间。事实上，车站占据了公园的进深。项目中的绿地是一种原始的自然形式，毋庸置疑，它与城市基地对立，与当今的文化现实对立。这个项目毫不避讳地宣称，新自然的建成质量在多个设计决策中都能得到体现：结构的几何与公园的几何相互映照，规避了伴随城市公园一同出现的浪漫曲线。混凝土结构中的灯和开口同时揭示了建成屋顶的分量。还有土地的剖面，见轻于重，见重于轻。越走进这个项目，就会发现它变得愈加“自然”。在最低的平台上，柱子的粗犷程度暗示着它们是从土

1.Landform Building: Architecture’s New Terrain, Edited Stan Allen and Marc Hacker (Lars Mü ller, 2011).

地中被雕刻出来。

这个项目中令人印象最深刻的部分是大片屋顶下的地下室。逐片拼接的钢结构由三角钢板包覆，并没有过多地隐藏它的结构功能以便于在手工（带有工业特征的拼接构件）与自然之间建立对话：表面上的结晶几何体，细节是微妙的，面板的透明性和开放的节点显示出构造，但总的效果是丰富的光照与形式的复杂。其尺度与车站的公共品质相宜，同时抽象的语汇暗示了其他参照。自然以一种几何而非生物的方式被唤起——洞穴、矿坑或者晶体的语言。

对正在进行的建筑与城市的争论，是这个项目作出的另一关键贡献。当建筑师和城市专家埋首于对城市界限的干预和控制，另一极正在慢慢形成：如何在大规模规划与设计操作（这种操作往往缺少特点）之间寻求有效性？这种极性对抗着精准而严格的建筑物的影响。阿巴罗斯＋森克维奇通过对基础设施尺度的操作，有效地瓦解了这种界限。在城市尺度上，这个项目采用了肯尼斯·弗兰姆普顿所定义的“巨型形式”（Megaform）的效果。“我创造了‘巨型形式’这个词，指的是某些特定水平城市结构赋予形式的潜力，在城

市群的景观中，它能够对地形改造产生影响。”[1]作为对巨构的有意识对立，巨型形式在地形（或者剖面）上有特异之处。它像城市基础设施那样，密切联系相关的功能和布局。然而，如果巨型形式是景观与建筑的结合，那么它的操作技巧意味着在碰到大尺度的系统与结构时，建筑专业必须重新梳理。洛格罗尼奥高铁站充分证明了这点。抬升的平台在缺乏关联的局部城市中创造了新的层面。比置入城市更重要的是项目在剖面上的交织，将车站整合进当地的肌理。建筑师所作的图纸强调了铁路线与河流之间的平行关系，这些大型的线性系统在此与城市结合在一起。这样的影响不仅仅是形式上的，火车站将因此获得更广泛的社会与经济的效应，还有与城市生活的高度融合：人的流动、能源与货物的传输将成为城市生活的活力。

布鲁诺 · 拉图尔认为，我们当下不是要和单个的、无所不包的自然

1.Kenneth Frampton, “Megaform as Urban Landscape,” 1999 Raoul Wallenberg Lecture (Ann Arbor: University of Michigan, A. Alfred Taubman College of Architecture and Urban Planning, 1999). 弗兰姆普顿早期有关景观都市主义的文章《迈向一种城市景观》（*Towarda Urban Landscape*）发表于D: Columbia Documents of Architecture and Theory (4[1995]: 83－94)，在The Landscape Urbanism Reader (ed. Charles Waldheim [New York: Princeton Architectural Press, 2006]) 数次提及，再版于Center 14, On Landscape Urbanism (ed. Dean Almy [Austin: Center for American Architecture and Design, University of Texas, Austin, 2007]: 114－21).但是弗兰姆普顿没有出现在格雷厄姆 · 肖恩（David Grahame Shane）的文章《景观都市主义的涌现》（*The Emergence of Landscape Urbanism*,（*Harvard Design Magazine* 19[Fall 2003/Winter 2004]，也没有出现在《复原景观》（ed. James Corner [New York: Princeton Architectural Press, 1999]）中。在我看来弗兰姆普顿的思想和景观都市主义的拥护者们有着部分共鸣，但是也存在着差异，特别是弗兰姆普顿对建筑发挥作用的强调。

达成协议，而是得承认自然有很多重。[1]这样看来，我认为洛格罗尼奥高铁站不是一个终点站，而是一个多线联运（inter-modal）的车站：一个由点和线交织成的复杂网络中的一个节点。自然和城市作为生态系统有一个平行的关系，都基于信息交换与反馈。随着对自然的认识不断增进，我们开始把自然系统视为动态的、以信息作为基础的系统；基因工程、生物仿生和其他科学与自然交叉构成21世纪独树一帜的自然观。所以，即使没有植物和绿化的出现，自然也是无所不在的。如果本雅明能在20世纪初回望并且肯定现代性萌发的意识，那么我们今天的任务则更加困难。在建构当下意识时，显然我们与自然之间令人深思的关系占据了主要中心。甚至可以说，在当今城市中，自然填补了无意识的角色。随着我们开始建构21世纪城市的崭新意识，像阿巴罗斯＋森克维奇的洛格罗尼奥联运高铁站这样的项目，开始重塑人对自然、文化对话关系的理解。

1. “但是这种自然是在科学的中介下变得可知；它通过工具网络形成，由职业、学科和规范的介入定义，通过数据分布，通过学科社群提出它的论点。” Bruno Latour, *Politics of Nature*, trans. Catherine Porter (Cambridge, Mass.: Harvard University Press, 2004), p. 4.

设计在公共空间（公园）和室内空间（车站）以相同的几何形式统领的作法反映了这个想法。以各种面貌出现的三角形对乘客而言是相对好理解的编码。一方面，基础设施是以新公共空间内的组成部分和地块的方式实施的；另一方面采用了适应于自然和人工材料的新的形式语言，由此得以建立整体的连续性，如上两点考虑成为本次设计中的关键。由新材料产生了新的公共空间（水，绿地，风和太阳）。它是被动的，因为它会呼吸，并且真正实现了建筑与公共空间人造形式之间的关联。就像是一件外套的内外两面，它的褶皱同时成全了公共、室内的两个空间。

无论是在事务所的实践还是在大学的教学中，我们现在强调的是如何避免官僚式的简化，特别是当这种简化与可持续性一起出现的时候，比如认为技艺只是技艺，这样的概念早就过时了。我们同样强调的是开阔对环境话题的展望，将它融入到我们已有的科学知识中，比如热力学。从能源节约的角度反思我们的学科使得我们能拓宽资源，赋予它们系统化的整体特质。拿空气来说，它可以被理解成名副其实的建造材料，能根据其热力学属性被任意塑造。

这不是隐喻也不是诗，是当下的现实，尽管人们对空气已经做了不下一百年的了解。这意味着我们要把设计理解成组织机构，只有通过它才能建立建构与热力学之间的辩证关系。三条热力学法则以隐含的方式掌管着有机、无机和人类生活，以抽象和通属的方式阐释景观，了解我们的身体和城市，同样创造建筑。它们为建筑师创造了更广泛的工具，在使用者与这些建筑接触时，热力学法则创造了更多体验。

珠海华发艺术馆

中国珠海

艺术馆是综合思考场地与功能的产物，在实体、封闭的室内创造一个专业的艺术馆空间与在室外创造一个特别的节庆世界的愿望之间形成一种张力，从建筑上方浮现的节庆空间就像巨大的全景瞭望塔。

项目的主体呈现一种对立的关系：对外开放的空间和景观，以及围绕着一系列中心庭院的保护建筑。这种艺术馆的新原型萌芽在二元性中，不仅适应当地的气候，同样以全新的方式满足了中国新兴阶层对文化的需求。

这种构成化的二元性或对峙是一个尝试全新的气候控制技术的契机，组成建筑的两种空间模式的互动正是这些技术的基础。

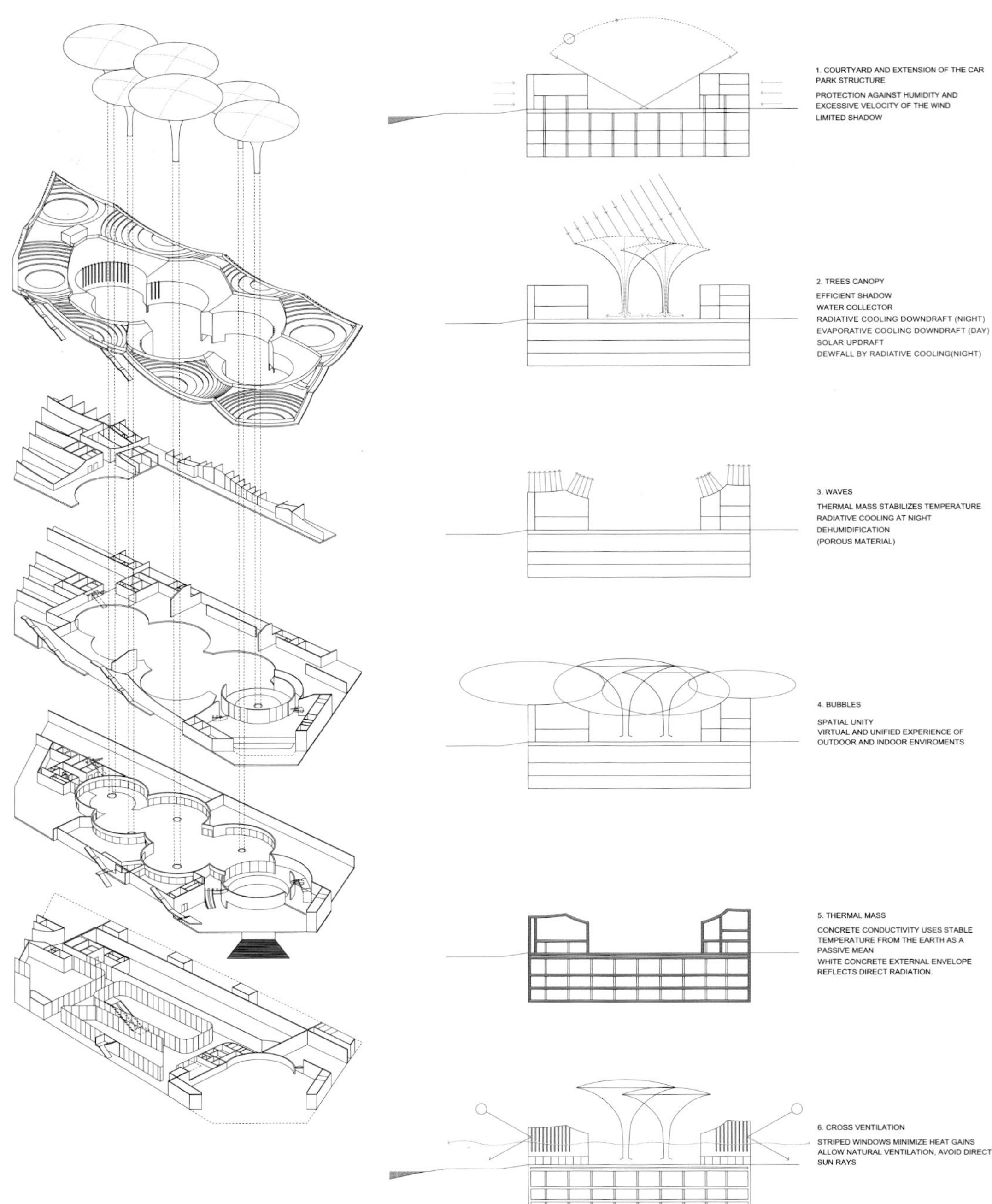
1. COURTYARD AND EXTENSION OF THE CAR PARK STRUCTURE
PROTECTION AGAINST HUMIDITY AND EXCESSIVE VELOCITY OF THE WIND
LIMITED SHADOW
2. TREES CANOPY
EFFICIENT SHADOW
WATER COLLECTOR
RADIATIVE COOLING DOWNDRAFT (NIGHT)
EVAPORATIVE COOLING DOWNDRAFT (DAY)
SOLAR UPDRAFT
DEWFALL BY RADIATIVE COOLING(NIGHT)
3. WAVES
THERMAL MASS STABILIZES TEMPERATURE
RADIATIVE COOLING AT NIGHT
DEHUMIDIFICATION
(POROUS MATERIAL)
4. BUBBLES
SPATIAL UNITY
VIRTUAL AND UNIFIED EXPERIENCE OF OUTDOOR AND INDOOR ENVIROMENTS
5. THERMAL MASS
CONCRETE CONDUCTIVITY USES STABLE TEMPERATURE FROM THE EARTH AS A PASSIVE MEAN
WHITE CONCRETE EXTERNAL ENVELOPE REFLECTS DIRECT RADIATION.
6. CROSS VENTILATION
STRIPED WINDOWS MINIMIZE HEAT GAINS
ALLOW NATURAL VENTILATION, AVOID DIRECT SUN RAYS

设计过程

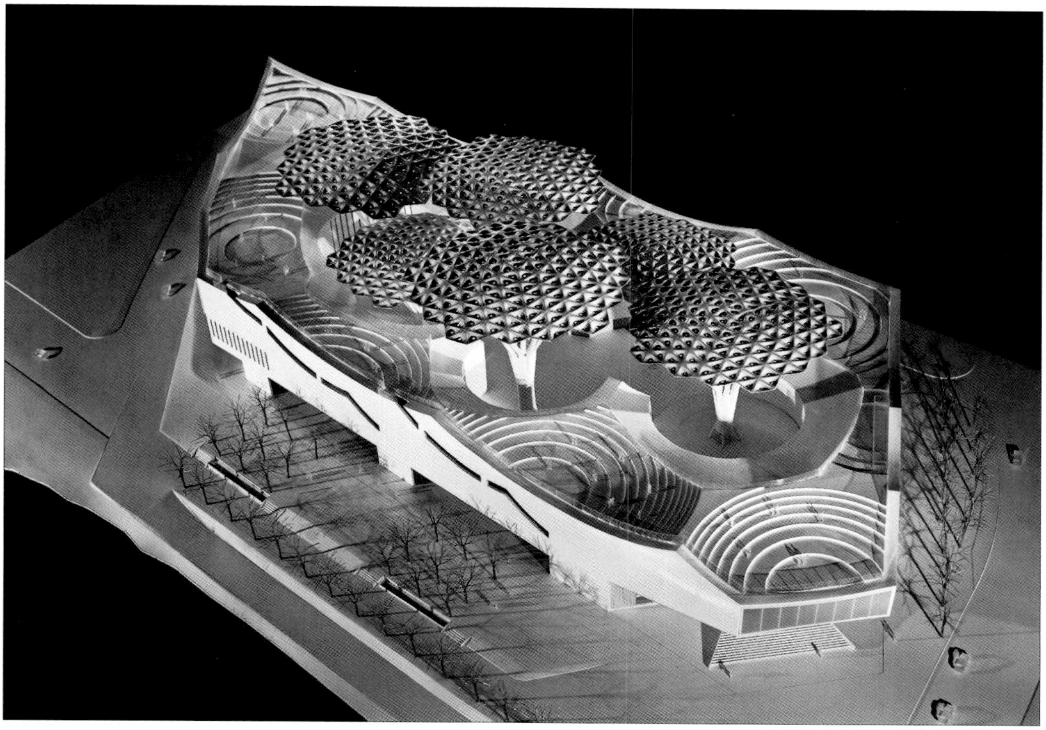

华发艺术馆为艺术和城市景观设计了一种强化体验，在珠海湿热的气候下，技艺、材料和几何被充分调动起来以增强它的热力学性能。

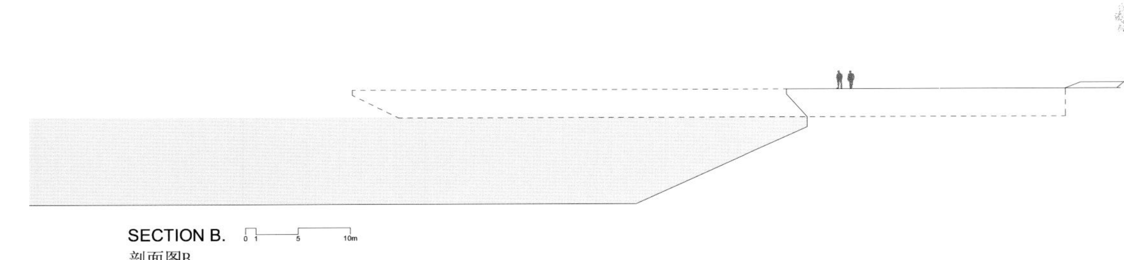

SECTION B.
剖面图B

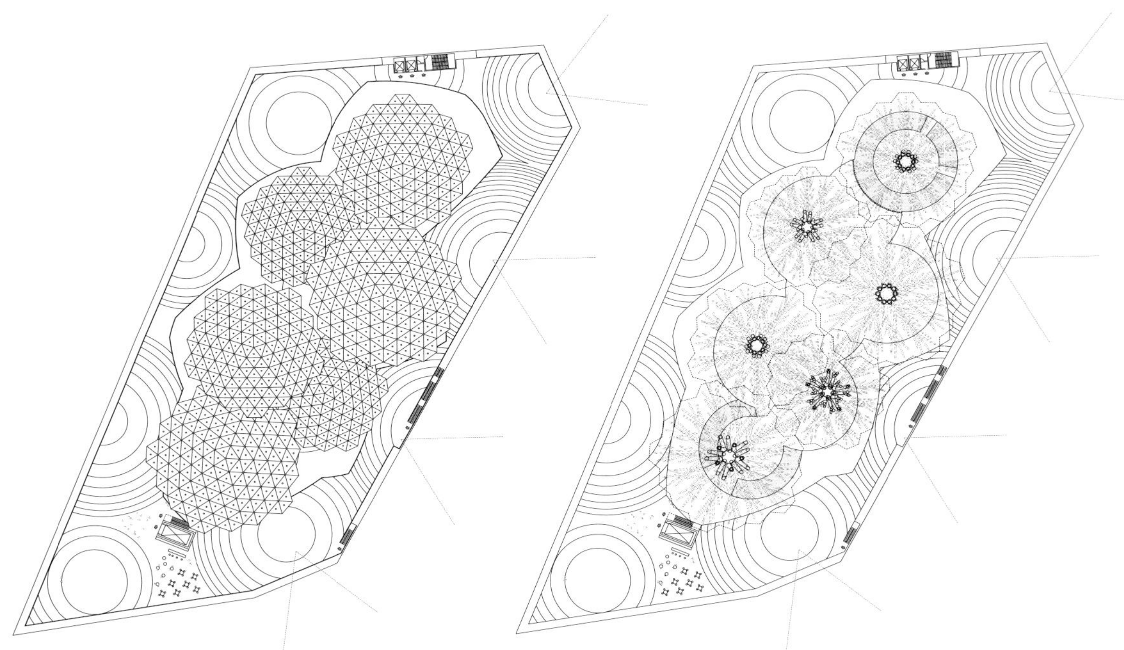

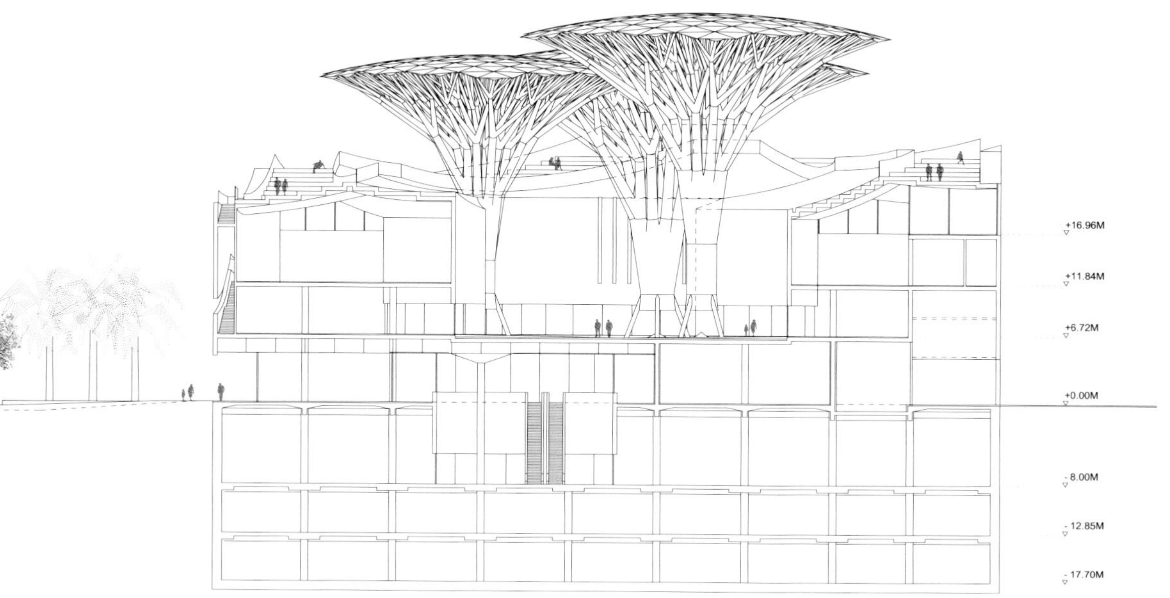
+16.96M
+11.84M
+6.72M
+0.00M
- 8.00M
- 12.85M
- 17.70M

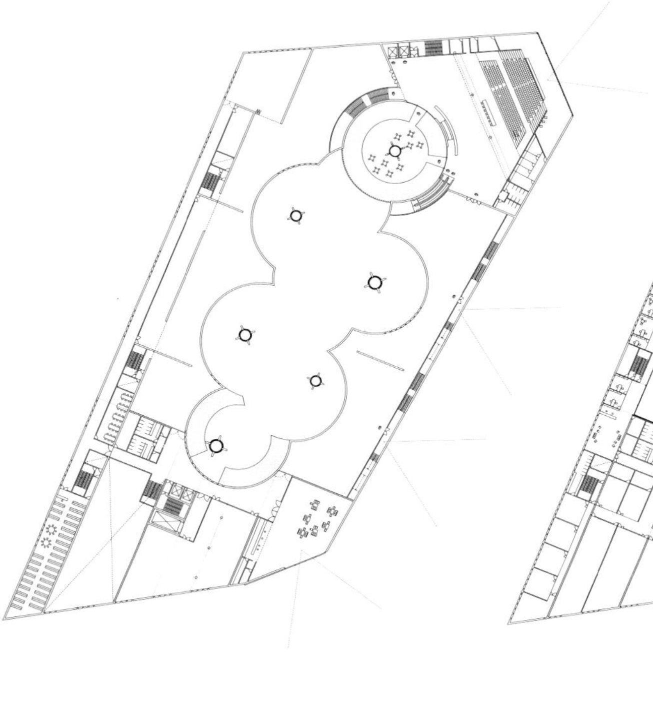

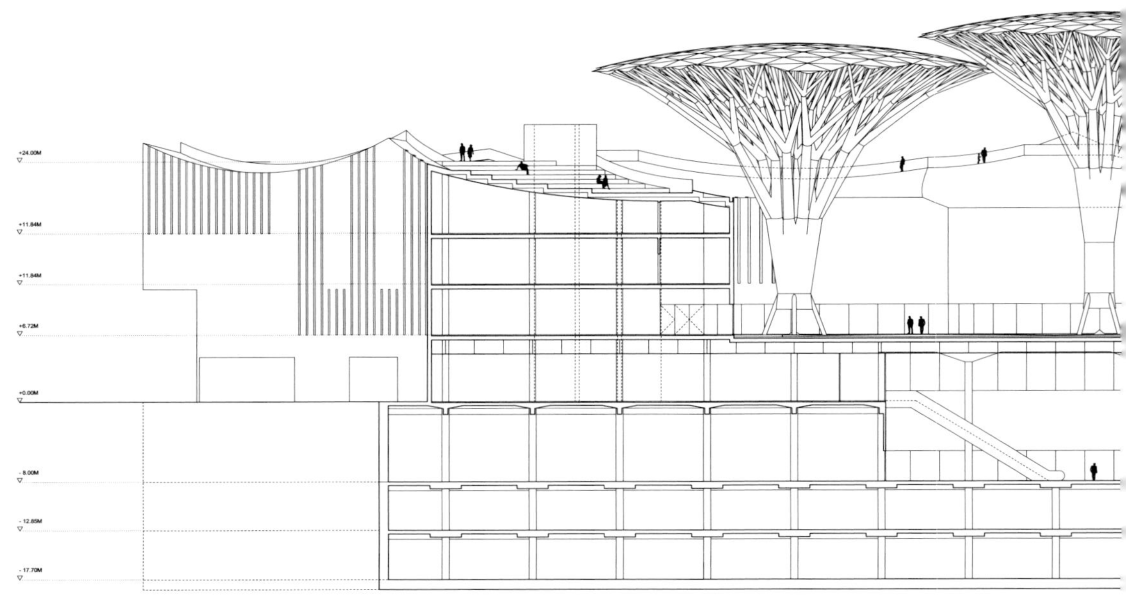
+24.00M
+11.84M
+11.84M
+6.72M
+0.00M
- 8.00M
- 12.85M
- 17.70M

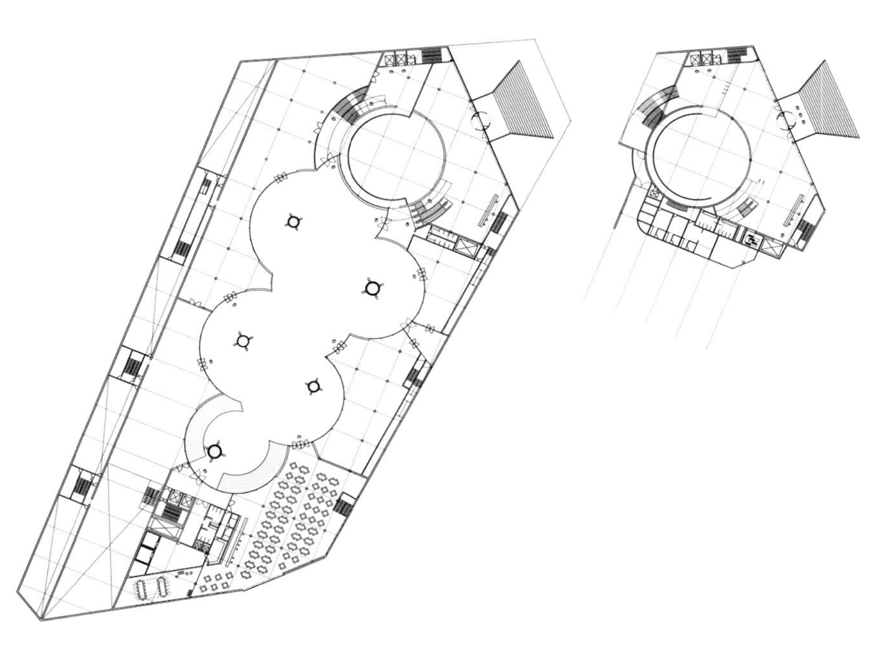

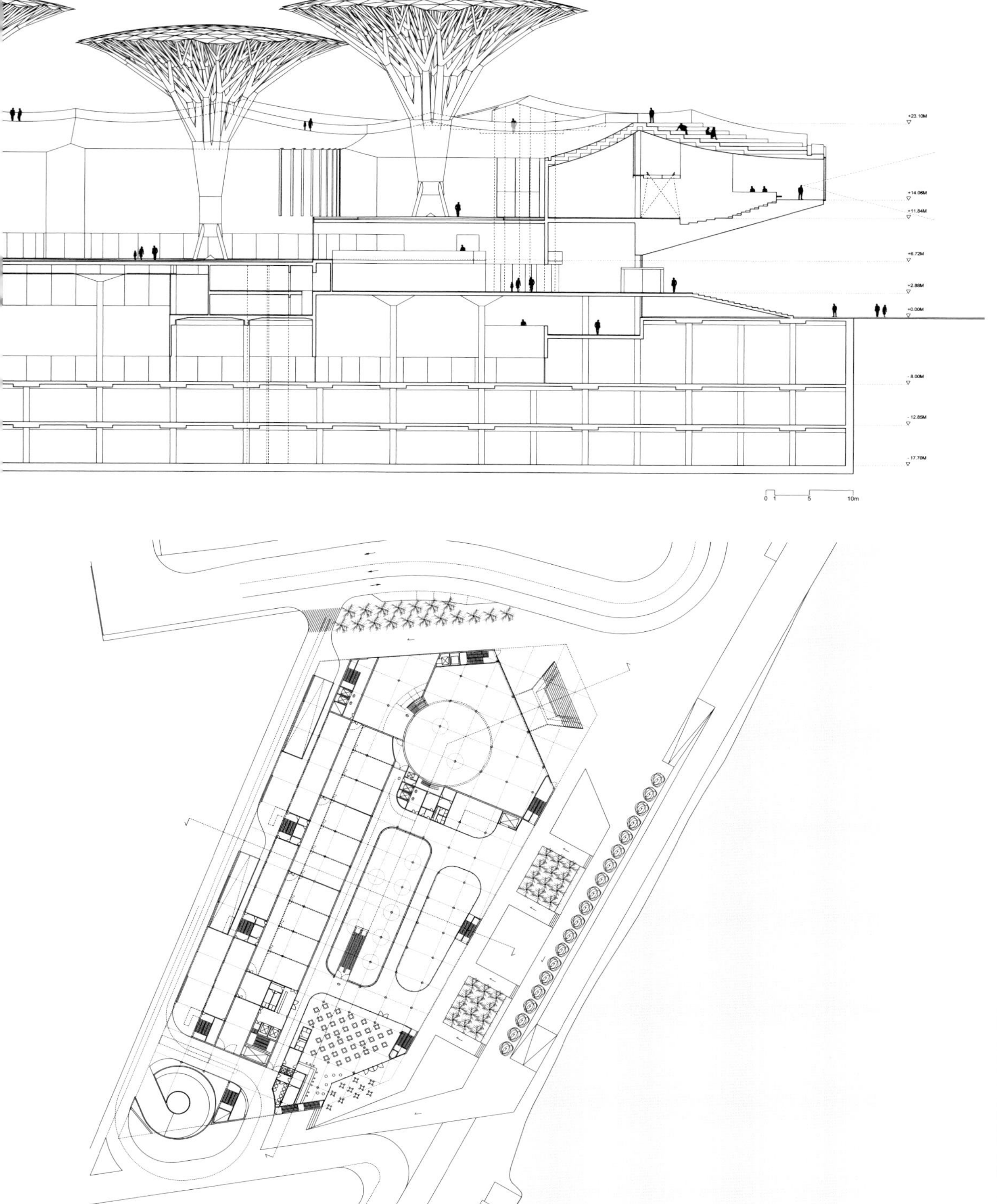

+23.10M
+14.06M
+11.84M
+6.72M
+2.88M
±0.00M
- 8.00M
- 12.85M
- 17.70M
0 1 5 10m

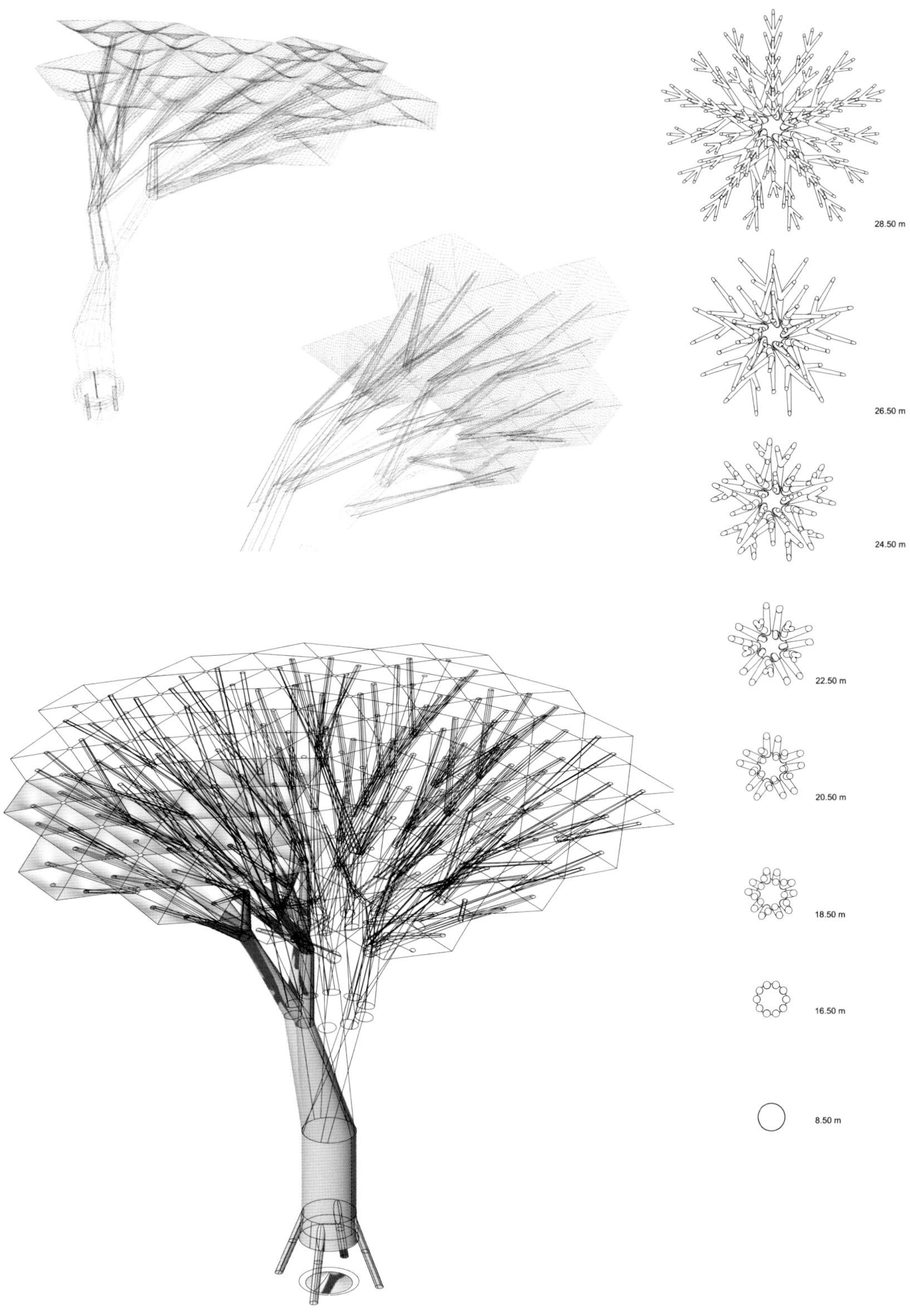
28.50 m
26.50 m
24.50 m
22.50 m
20.50 m
18.50 m
16.50 m
8.50 m

遮阳

树形顶冠抵挡了不舒适的阳光辐射，尤其是在夏天，能形成光照斑驳的通道。

水收集

雨。在季风期间，顶冠把水引向中空的树枝，引向树干，直到庭院以下的储水层。水温常年保持低温，在夏天用来供给庭院。

露水。在晴朗潮湿的夜晚，顶冠表面的温度在大气辐射冷却的技术下，达到了低于结露点的温度。水蒸气以露水的形式在顶冠上凝结，汇成细流，由中空树枝流向树干。每晚每平米以此方法生产的露水能达到半升。

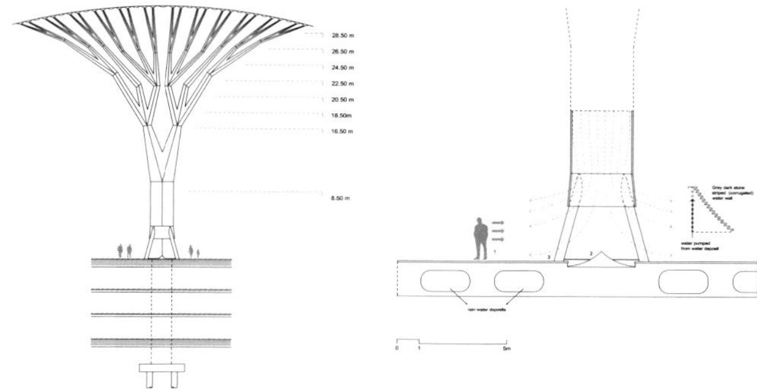

空气流动

风能向下通风。顶冠把夜间东北向的凉爽微风引入树枝，流过树干，直到庭院层，用以给周围的热体量减温。顶冠表面的辐射制冷效应所产生的向下通风提供了一些辅助。

太阳能向上通风。在稍干燥、太阳特别强的情况下，顶冠温度升高，直接加热顶冠上方的空气，降低气压。于是通过树创造出浮力效应的向上通风，加快树干区域空气的流动。

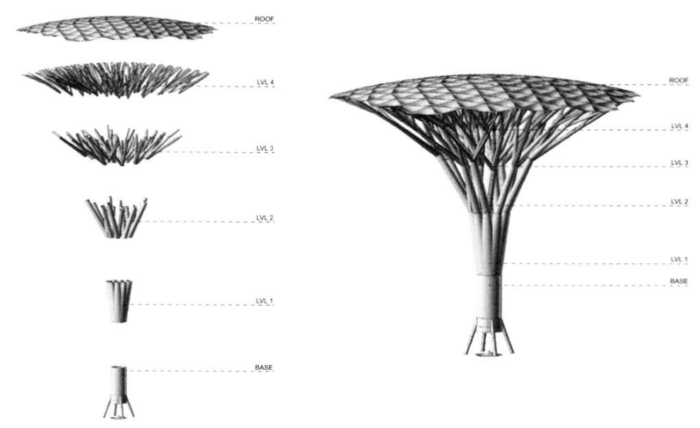

被动式空调

辐射制冷向下通风（夜间）。在晴朗无风的夜晚，顶冠表面通过大气辐射制冷。接触到顶冠表面的空气降温，自然地通过中空的树枝下沉，在树干部分聚集，形成为庭院层降温的气流。

蒸发制冷向上通风（日间）。在一场阵雨后，或是一个露水丰沛的早晨，树枝的表面一定是湿润的。进入白天之后，空气温度上升，这些湿气将开始蒸发，使树枝内的空气变冷，密度变大。随着空气从树枝层下降，在树干层聚集，凉爽的向下通风得以形成。

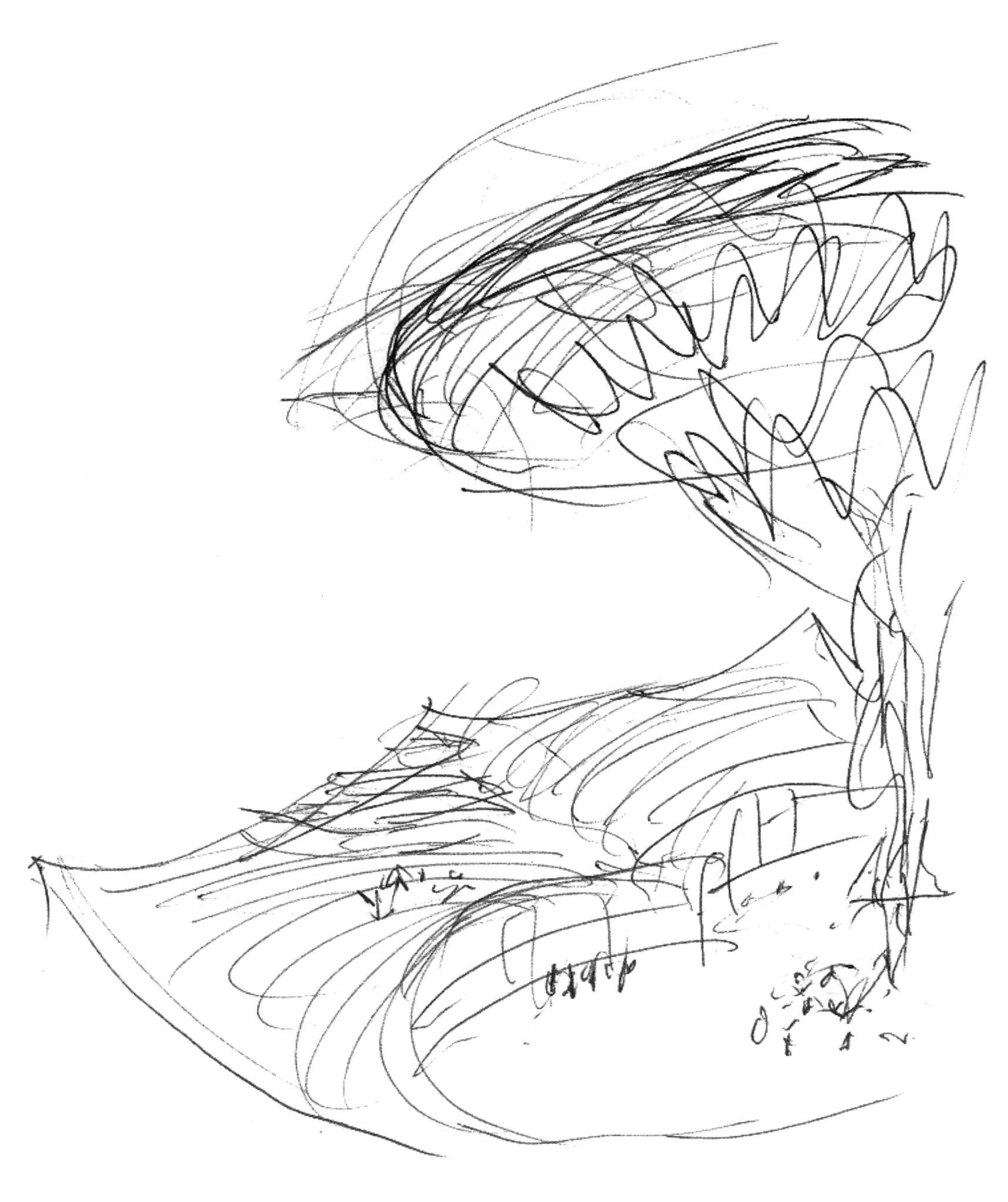

建造怪物

菲利普 · 乌斯布隆

所有的怪物都是人造的。我们在超越自己极限的同时创造了它们。当我们失控的时候它们就出现了。它们像扭曲的镜像那样对我们反戈一击。现代怪物最极致的象征是玛丽 · 雪莱（Mary Shelley）1818年在小说《弗兰肯斯坦》（*Frankenstein*）又名《现代普罗米修斯》（*The Modern Prometheus*）里创造的形象——瑞士自然哲学家维克多 · 弗兰肯斯坦（Victor Frankenstein）。他把死尸的肢体缝合在一起，赋予其生命——最后自己被它毁灭。弗兰肯斯坦站在旧制度与现代的交界，他的故事是工业化的噩梦。直到今天他的怪物仍然没有放过我们。它是一个聚集物，是无可比拟的强大和悲伤，是一个丑陋的拟人，或者是我们尝试将逝去之物转化为机器，以此战胜死亡的愿望。它在文学和电影领域里有诸多后代。多数又出现在20世纪70年代和80年代早期，也就是从资本福利国家向全球化经济的转型时期。在这个时代中我最喜欢的怪物形象是史蒂文 · 斯皮尔伯格（Steven Spielberg）电影《决斗》（*Duel*, 1971）中锈迹斑斑的卡车，塔尔科夫斯基（Tarkovsky）《索拉里斯》（*Solaris*, 1972）里玩弄宇航员潜意识的星球，还有雷德里 · 斯考特（Ridley Scott）《银翼杀手》（*Bladerunner*, 1982）杀了自己的创造者的移情机器人罗伊 · 巴提（Roy Batty）。

当然，怪物的历史追溯到更为久远的年代。人类与非人类的模糊地带，神秘的领域里，它们无处不在。在中世纪的教堂里，怪物盘踞在雕刻的柱头里，藏匿在牧师唱诗班的坐椅下，上至屋顶的尖塔，下至地下室。在它们最激烈的扩张中，这些怪物的存在提醒着基督教徒们异端的存在。“怪物”这个词与拉丁动词monere有关，意思是警告。基督教是胜利方，但是在那些弹拨竖琴的美丽天使之中仍混杂着面容怪异的形象，一只眼的，脚长在头上的，或者有大象一样的鼻子。在圣奥古斯丁（Saint Augustine）写于公元5世纪早期的《上帝之城》（*CityofGod*）十六书第

8章里，怪物不是法外之物，不是堕落的象征，而是法则尚不完整的象征，提醒着我们上帝的所知远甚于我们所能够想象、能够分类的。“没有人能指责他的作为，没有人知道他做了什么。”在童话和神话里怪物隐藏在世界的边缘，等待他们的祈祷，提醒船员永远不要放松对海岸的监视，提醒农民不要踏入他们所有的森林，不要在他们的池塘里捕鱼。

怪物天生是不连贯的。它们是混杂的，模糊了类别，也暗示着分类本身的随意。我们如何清楚地定义和分辨过去与现在、人与兽、男与女、孩童和成人？怪物中没有系统、和谐或者比例之说。没有“正统”的怪物，但是它们也都被美所吸引；怪物可以是危险的，但也具有保护性。“有危险的地方，也会滋长救赎的力量”，弗里德里希·荷尔德林（FriedrichHölderlin）在他1802年的赞歌《帕特莫斯》（*Patmos*）中这样写道。它们保护着古老的教堂，也是孩子最喜欢的睡前故事里的主角。它们让我们相信如果死亡是可逆的，其中还是有欢乐的部分让我们发笑。怪物不是悲剧。

把有关怪兽的比喻运用在阿巴罗斯＋森克维奇的作品里，会构成讨论当代建筑的有趣概念。它特别适用于那些结合了基础建设和住宅功能的项目，比如巴塞罗那州立图书馆，马德里M-40旅馆和休闲中心，巴黎地铁垂直空间，以及城市开发项目——洛格罗尼奥多线联运高铁站、城市公园和住宅塔楼。服务于高速列车的车站在类型上与住宅区和休闲公园碰撞在一起。火车，或者说发动机就像是斯皮尔伯格在《决斗》里油罐卡车那样的怪物——“无轨的发动机”，在阿巴罗斯与森克维奇建筑事务所的项目中，火车穿过一个岩洞般的结构，在那里乘客看起来像是皮拉内西（Piranesi）蚀刻版画中属于18世纪后期的配景人物，遭遇了古代的废墟。从外面看，铺开在整个结构上的公园如同一条苏格兰短裙——已死的自然的片段，它被缝合成一种全新的、装饰性的、花朵状的图案。我想到了雪莱小说第五章开篇的著名段落，当弗兰肯斯坦被自己的作品

吓到时，他说："我如何能形容自己对这场灾难的感情，或者如何描述这位我如此呕心沥血创造的可怜的人？他的四肢协调，我把他的五官安排得那么美。那么美！万能的上帝啊！他的肌肉和血管在黄色的皮肤下一览无余。"

怪物这个概念很丰富，因为这不仅强调阿巴罗斯与森克维奇建筑事务所作品中对杂交的兴趣，还有他们将不同尺度的事物相互关联的倾向或者对内部矛盾的处理。这同样是一个借以将他们在洛格罗尼奥的作品与其他作品区分开来的概念，初看之下会觉得这个项目和OMA对里尔（Euralille，1994）的规划很像。库哈斯这位古典主义者视自己传承了密斯的衣钵，绝不会提到怪物的概念。这个欧洲交通枢纽的重要项目处于高速列车的交汇处，库哈斯在这个项目中想唤起的是"大"的概念。"大"是"壮观"的同义词。从古代，理论学家就用这个概念区分了小的尺度和极大的尺度，人类和非人的界限。但是"壮观"的概念和怪物的区别又在哪里？"壮观"所引发的感觉是受控却有压倒性的一种力量，又保持着审美上的距离感。在库哈斯看来，"大"有同样的性质。在里尔的案例里，工业的原始力量被隐藏在高速列车和资本聚集的掩护下，成为一种可以从远距离被控制和描述的现象。另一方面，阿巴罗斯＋森克维奇的项目放弃了距离，失去了控制，转而提供给我们的是一种镜像。这不仅是对建筑实践不同的态度，同样是20世纪80年代晚期发生的转变。在洛格罗尼奥，我们面对的不是"壮观"，而是怪诞或是怪物。里尔在庆祝的是欧洲的统一和经济的扩张，洛格罗尼奥见证的则是雷曼兄弟公司（Lehman Brothers）在2008年的垮塌和之后南欧发生的经济危机。在阿巴罗斯＋森克维奇的手中，标识性的建筑也包含着镜像。怪物诞生了。我们现在并不能判断它会不会纠缠或者摧毁我们，还是保护我们远离那些更邪恶的东西。但它反映了我们自身的处境。我们全是维克多·弗兰肯斯坦。

作品及项目信息

Xurrent系统/ Xurret System 2004（20-21页）

业主：埃斯科费特（ESCOFET）

建筑：伊纳吉·阿巴罗斯（Iñaki Ábalos），胡安·埃雷罗（Juan Herreros）（阿巴罗斯与埃雷罗（Ábalos&Herreros））

合作：沃特·凡·达埃尔（Wouter Van Daele），玛塔·马莱（Marta Malé），蕾纳塔·森科维奇（Renata Sentkiewicz）

模型：豪尔赫·凯波（Jorge Queipo）

韦尔曼广场及塔楼，西班牙大加那利岛地区拉斯帕耳马斯/Plaza and Tower Woermann, Las Palmas de Gran Canaria, Spain 2001—2005（22-23，108-109页）

业主：费罗瓦地产（Ferrovial Inmobiliaria）

建筑：伊纳吉·阿巴罗斯，胡安·埃雷罗，蕾纳塔·森科维奇（阿巴罗斯与埃雷罗），华金·卡萨列戈（Joaquín Casariego），艾尔莎·格拉（Elsa Guerra）（卡萨列戈-格拉（Casariego-Guerra））

合作：阿尔伯特·厄伦（Albert Oehlen）

合作艺术家：伊雷妮·苏尼加，大卫·索布里诺

结构：奥维奥尔与莫亚（Obiol y Moya）

设备：PGI集团

地质：何塞·曼努埃尔·桑切斯-阿尔西图里（José Manuel Sánchez-Alciturri）

项目经理：Prointec工程公司

阿祖奇卡黑纳雷斯休闲中心，西班牙瓜达拉哈拉/Leisure Center, Azuqueca de Henares, Guadalajara，Spain 2007—2011（25，288-299页）

业主：阿祖奇卡内纳雷斯市政厅（Ayuntamiento de Azuqueca de Henares），卡斯蒂利亚-拉曼恰自治区（Comunidad de Castilla-La Mancha）

建筑：伊纳吉·阿巴罗斯，蕾纳塔·森科维奇（阿巴罗斯+森科维奇）

合作：路易斯·阿尔法罗（Luis Alfaro），安德烈·贝索米（Andrés Besomi），马尔戈·埃塞特（Margaux Eyssette），帕勃罗·德·拉·霍兹（Pablo de la Hoz），玛格丽塔·马丁内斯（Margarita Martínez），亚历杭德罗·瓦尔迪维索（Alejandro Valdivieso）

结构：爱德华多·巴隆（Eduardo Barrón）

设备：CENER/弗洛伦西奥·曼特卡（Florencio Manteca）Manproject/罗赫利奥·莫亚（Rogelio Moya）

工程造价：拉蒙·帕拉迪纳斯（Ramón Paradinas）

景观：伊纳吉·阿巴罗斯，蕾纳塔·森科维奇（阿巴罗斯+森科维奇）

四座能量瞭望台，西班牙拉帕尔马岛/Four Observatories for Energy, Island of La Palma，Spain 2006—2007（46，110页）

建筑：伊纳吉·阿巴罗斯

合作：蕾纳塔·森科维奇，Mª奥西利亚多拉·加尔韦斯（Mª Auxiliadora Gálvez），米格尔·克雷斯勒（Miguel Kreisler），路易斯·奥尔特加（Lluís Ortega）

参与：卡洛斯·贝约尔（Carlos Bayod），叶拉·布里托·赫南德兹（Yeray Brito Hernández），卢卡斯·卡波诺沃（Lucas Camponovo），法布里希·科尔米博耶夫（Fabrice Corminboeuf），卡门·何塞·法哈多·赫南德兹（Carmen Jesús Fajardo Hernández），科尔多·费尔南德斯·加斯特卢（Koldo Fernández Gaztelu），伊娃·费尔南德斯·纳瓦罗（Eva Fernández Navarro），朗达·福尔·纳拉（Rada Fornara），安赫莱斯·吉尔·冈萨雷斯（Ángeles Gil González），奎林·克鲁姆霍尔茨（Quirin Krumbholz），加多尔·卢克·马丁内斯（Gádor Luque Martínez），安德烈·佩雷兹·马丁内斯（Andrés Pérez Martínez），安娜·普谢尼奇卡（Anna Psenicka），安东尼奥·罗查·昆泰尔诺（Antonio Rocha Quintero），大卫·斯卡尔杜（Davide Scardua），阿尔多·特里姆（Aldo Trim）

复合灯/ Double Doodle Lamp 2010（49-51页）

业主：费拉设计（Ferram Design）

建筑：伊纳吉·阿巴罗斯，蕾纳塔·森科维奇

新克鲁肯公园，挪威特隆瑟姆/ New Kroken Park, Tromsø, Noruega 2004（52-63页）

业主：特隆瑟姆市房产（Tromsø Kommune Eiendom）

建筑：蕾纳塔·森科维奇，大卫·弗兰科（David Franco）

合作：马乌戈热塔·恰班（Malgorzata Czaban），安娜·贝伦·弗兰科（Ana Belén Franco），埃伦特·吉尔·雷卡尔德（Arantza Gil Recalde），帕勃罗·马丁内斯·卡德维里亚（Pablo Martínez Capdevilla）

景观：费恩·豪格利（Finn Haugli）

渲染及DVD：帕勃罗·马丁内斯·卡德维里亚

模型：马乌戈热塔·恰班，安娜·贝伦·弗兰科

克里斯蒂娜埃内亚公园，西班牙圣塞瓦斯蒂安/Cristina Enea Park, Donostia – San Sebastián 2003（64-71页）

业主：圣塞瓦斯蒂安市政

建筑：伊纳吉·阿巴罗斯，胡安·埃雷罗，蕾纳塔·森科维奇（阿巴罗斯与埃雷罗）

项目团队：胡安约·冈萨雷斯（Juanjo González）

参与：艾丽西亚·切利达（Alicia Chillida，策展人），海梅·阿巴罗斯（Jaime Ábalos，摄影），路易斯·帕多（Luís Pardo，哲学），雷耶斯·芒福特（Reyes Monfort），马尔加·伊马斯（Marga Imaz，生物学家）

结构：迈克·施莱克（Mike Schlaich）

渲染及DVD：NEOGRAMA

比奥比奥剧院，智利康塞普西翁/Teatro Regional del Biobio, Concepción, Chile 2011 （72-77页）

业主：CNCA，智利政府

建筑：伊纳吉·阿巴罗斯，蕾纳塔·森科维奇（阿巴罗斯+森科维奇），亚历杭德罗·莫拉莱斯（Alejandro Morales），弗朗切斯卡·西富恩斯特（Francisca Cifuentes）（MC2 建筑事务所（MC2 arquitectos asociados）），安德烈·迪朗（Andrés Durán）（D+）

参与：胡安·恩里克斯（Juan Enríquez），罗德里格·列伊罗（Rodrigo Rieiro），何塞·罗德里格斯（José Rodríguez），黛博拉·洛佩兹（Deborah López）

声学及剧院咨询：伊希尼·阿劳（Higini Arau），ARAUACUSTICA

台北演艺中心 2009 （78-83页）

业主：台北市政府

建筑：伊纳吉·阿巴罗斯，蕾纳塔·森科维奇（阿巴罗斯+森科维奇）

本地建筑师：刘培森建筑师事务所

参与：赫尔豪·阿尔瓦雷斯-布伊拉（Jorge Álvarez-Builla，协调），安德烈·贝索米，马尔戈·埃塞特，维克托·加尔松（Victor Garzón），尼希姆·阿格诺埃（Nissim Haguenauer），帕勃罗·德·拉·霍兹（Pablo de la Hoz），伊斯迈尔·马丁（Ismael Martín），阿尔方索·米格尔（Alfonso Miguel），劳拉·托雷斯（Laura Torres）

结构：BOMA（奥古斯蒂·奥维奥尔（Agustí Obiol））/KLC事务所

热力学：CENER（弗洛伦西奥·曼特卡）

设备：前沿工程（Frontier Engineering）/C.C.LEE事务所

剧院咨询：Theateradvises BV, PAT台湾

舞台机械：泰森·克鲁伯西班牙（Thyssen Krupp）（安格尔·佩雷兹经销（Ángel Pérez））

声学：ARAUACUSTICA/伊希尼·阿劳（Higini Arau）

疏散：台湾消防安全咨询

交通：THI咨询公司

渲染：安德烈·贝索米，帕勃罗·德·拉·霍兹，Transference Cosmo模型

模型：Transference Cosmo模型

洛利塔办公楼，西班牙马德里/ Lolita Office Building, Madrid Spain 2006—2009 （84-95页）

业主：西班牙独家地产（Singlehome）

建筑：伊纳吉·阿巴罗斯，蕾纳塔·森科维奇（阿巴罗斯+森科维奇），阿尔方索·米格尔

参与：赫尔豪·阿尔瓦雷斯-布伊拉，伊娃·吉尔（Eva Gil），大卫·黄（David Huang）

结构：爱德华多·巴隆

热力学：艾瓜索尔（Aiguasol）

设备：Ineco 98（拉克尔·拉普拉纳（Raquel Laplana））

工程造价：伊格纳西奥·布拉斯克斯（Ignacio Blázquez）

建造：西班牙独家地产

景观：胡安·冯·克诺布洛赫（Juan Von Knobloch）

室内：安赫莱·贝尔杜（Ángel Verdú，B&V室内）

渲染：大卫·黄

斯皮纳塔楼，西班牙都灵/Spina Tower, Torino Spain 2008 （101页）

业主：弗兰科地产建设（Franco Costruzioni Real Estate）／都灵市政府

建筑：伊纳吉·阿巴罗斯，蕾纳塔·森科维奇（阿巴罗斯+森科维奇），里昂·洛佩兹·德·拉·欧萨（León López de la Osa）

项目团队：阿尔方索·米格尔，帕勃罗·德·拉·霍兹，伊斯迈尔·马丁

热力学：CENER

当代艺术博物馆新馆，美国纽约/ New Museum of Contemporary Art, New York USA 2003 （102-103页）

业主：新博物馆

建筑：伊纳吉·阿巴罗斯，胡安·埃雷罗，蕾纳塔·森科维奇（阿巴罗斯与埃雷罗）

项目团队：伊娃·阿迪德（Eva Ardid），克里斯托弗·布里克曼（Christof Brinkmann,），沃特·凡·达埃尔，米蕾亚·马丁内斯（Mireia Martínez），大卫·索布里诺（David Sobrino）

结构与设备：奥雅纳马德里（ARUP）

渲染：沃特·凡·达埃尔

模型：克里斯托弗·布里克曼，伊娃·阿迪德

拱北边检综合体，珠海 2014 （104-105页）

业主：珠海华发集团

建筑：伊纳吉·阿巴罗斯，蕾纳塔·森科维奇（阿巴罗斯+森科维奇）

项目团队：胡琛琛，提摩西·布伦纳（Timothy Brennan），徐振欢，何塞·马约拉尔·莫拉蒂拉（José Mayoral Moratilla），亚历克斯·提默（Alex Timmer）

热力学：EA建筑

埃尔切棕榈园：瞭望台及修复工程，西班牙埃尔切/ Elche Palm Grove: Observatory and Restoration. Elche Spain 2009 （106-107页）

业主：埃尔切市政府

建筑景观：伊纳吉·阿巴罗斯，蕾纳塔·森科维奇（阿巴罗斯+森科维奇），特蕾莎·加利（Teresa Galí，Agronomía建筑）

项目团队：安德烈·贝索米，马尔戈·埃塞特，尼希姆·阿格

诺埃，伊斯迈尔·马丁
结构：BOMA（奥古斯蒂·奥维奥尔）
热力学：CENER（弗洛伦西奥·曼特卡）
功能：何塞·米格尔·艾里巴斯（José Miguel Iriba）
渲染：安德烈·贝索米

萨格斯，西班牙圣塞瓦斯蒂安/ Sagüés, Donostía-San Sebastián 2003 （112-113页）

业主：圣塞瓦斯蒂安市政（Ayuntamiento de Donostía - San Sebastián）
建筑：伊纳吉·阿巴罗斯，胡安·埃雷罗，蕾纳塔·森科维奇（阿巴罗斯与埃雷罗）
参与：沃特·凡·达埃尔，克拉拉·穆拉多（Clara Murado），罗杰·苏比拉（Roger Subirá）
结构：奥维奥尔与莫亚
景观：HAGINPE
艺术策展：艾丽西亚·切利达

格兰大道电信大楼（科学、艺术与技术中心），西班牙马德里/ Telefónica Gran Vía (Science, Art & Technology Center), Madrid Spain 2010 （140-141页）

业主：电信基金会（Fundación Telefónica）
建筑：伊纳吉·阿巴罗斯，蕾纳塔·森科维奇（阿巴罗斯+森科维奇）
参与：劳拉·托雷斯
项目团队：项目IV-V课程 2008 马德里理工大学建筑学院
研究生课程2010 卡德纳尔埃雷拉大学瓦伦西亚
模型：Mª 伊莎贝拉·维拉·阿夫里尔（Isabel Villar Abril），何塞·费尔南德斯·纳瓦罗（José Hernández Navarro）

省立公共图书馆，西班牙巴塞罗那/ State Public Library, Barcelona Spain 2010（垂直景观 OC） （142-151页）

业主：文化部
建筑：伊纳吉·阿巴罗斯，蕾纳塔·森科维奇（阿巴罗斯+森科维奇）
参与：赫尔豪·阿尔瓦雷斯-布伊拉，维克托·加尔松，伊斯迈尔·马丁，劳拉·托雷斯
结构：BOMA（奥古斯蒂·奥维奥尔，哈维尔·阿吉洛（Xavier Aguiló））
热力学：CENER
设备：JG工程师集团（朱利安·明戈（Julián Mingo））
工程造价：CASOBI（爱德华多·卡萨诺瓦（Eduard Casanovas））
渲染：伊斯迈尔·马丁
模型：阿德里亚·克拉普（Adrià Clapés）

义乌中福广场，义乌 2013— （152-161页）

建筑：伊纳吉·阿巴罗斯，蕾纳塔·森科维奇（阿巴罗斯+森科维奇），李麟学（麟和建筑）
参与：提摩西·布伦纳，胡琛琛，奥西利亚多拉·加尔韦斯，胡安·恩里克斯，胡安·帕勃罗·科拉（Juan Pablo Corral），埃莱娜·巴列霍（Elena Vallejo，阿巴罗斯+森科维奇），尹宏德，周凯峰，徐超（麟和建筑）
热力学：王兵

奥尔菲拉街住宅楼，西班牙马德里/ Residential Building in Calle Orfila, Madrid Spain 2006—2009 （162-173页）

业主：Olabe S.L.
建筑：伊纳吉·阿巴罗斯，蕾纳塔·森科维奇（阿巴罗斯+森科维奇）
参与：维克托·加尔松（协调），埃莱娜·库埃多（Elena Cuerda），胡安·何塞·冈萨雷斯（Juan José González），伊斯迈尔·马丁，路易斯·马坦索（Luis Matanzo），阿尔弗雷多·穆尼奥斯（Alfredo Muñoz）
结构：NB35
设备：佩德罗·布兰科（Pedro Blanco）
造价工程：拉蒙·帕拉迪纳斯
建造：CYR项目与作品

奥斯莫车站，大巴黎计划，法国巴黎/Osmose Station, Grand Paris Project, París France 2010 （174-181，219页）

业主：RATP
建筑与设计：伊纳吉·阿巴罗斯，蕾纳塔·森科维奇（阿巴罗斯+森科维奇），加斯帕·莫里森（Jasper Morrison）设计工作室
参与：马尔戈·埃塞特，尼希姆·阿格诺埃（Nissim Haguenauer，协调），安本俊（Jun Yasumoto）
热力学：花蕊（Étamine）
工程造价：Quadriplus集团
照明：皮耶尔·若贝尔·德·博让（Pierre Jaubert de Beaujen）
平面：汤姆·乌费尔（Tom Uferas，汤姆与莱奥（Tom & Léo））
标识：劳伦斯·吉夏尔（Laurence Guichard，Locomotion）
渲染与动画：路易斯·卡夫雷哈斯（Luis Cabrejas，Neograma）

拉夏贝尔门塔楼，法国巴黎/Tour Porte de la Chapelle, París France 2007 （182-189页）

业主：巴黎市政府
建筑：伊纳吉·阿巴罗斯，蕾纳塔·森科维奇（阿巴罗斯+森科维奇）
合作建筑师：大卫·塞雷罗（David Serero，塞雷罗建筑事务所）

参与：马尔戈·埃塞特（协调）
热力学：CENER（弗洛伦西奥·曼特卡）
功能：何塞·米格尔·艾里巴斯
渲染：路易斯·卡夫雷哈斯（Neograma）
模型：马尔戈·埃塞特

南京综合街区，南京　2012　（188-195页）

业主：浙江雪峰联合房地产开发有限公司
建筑：伊纳吉·阿巴罗斯，蕾纳塔·森科维奇（阿巴罗斯＋森科维奇），李麟学（麟和建筑）
参与：提摩西·布伦纳，胡琛琛，黄笑恺，李晨星，王冰（阿巴罗斯＋森科维奇），周凯峰，徐超（麟和建筑）

社会城邦太阳能塔，西班牙瓦伦西亚/ Solar Tower, Sociópolis, Valencia，Spain　2008—2012　（198-213页）

业主：IVVSA/Ática集团/瓦伦西亚保护租赁集团（Grupo Valenciano del）
建筑：伊纳吉·阿巴罗斯，蕾纳塔·森科维奇（阿巴罗斯＋森科维奇）
参与：阿尔方索·米格尔（协调），劳拉·托雷斯，赫尔豪·阿尔瓦雷斯-布伊拉，维克托·加尔松（Víctor Garzón），帕勃罗·德·拉·霍兹，伊斯迈尔·马丁，路易斯·马坦索，延斯·里希特（Jens Richter），大卫·索布里诺，何塞·罗德里格斯
结构：安东尼·奥尔蒂（Antoni Ortí），何塞·拉蒙·索雷（José Ramón Solé）（BOMA Levante）
设备：帕科·莫拉（Paco Mora），何塞·马丽亚·巴雷达（Jose María Barreda）（ARTIN 项目）
工程造价：恩里克·里那斯（Enrique Llinares）
建造：Secopsa集团
渲染：伊斯迈尔·马丁，路易斯·马坦索，何塞·罗德里格斯
模型：赫苏斯·梅迪纳（Jesús Medina）

西班牙馆室内 – 第14届威尼斯双年展国际建筑展/ Spanish Pavilion - Interior Biennale di Venezia – 14th International Architecture Exhibition　（232-237页）

业主：西班牙外交与合作部，发展部
策展：伊纳吉·阿巴罗斯
助理策展：恩里克·恩卡波（Enrique Encabo），英玛库拉达·E.马卢达（Inmaculada E. Maluenda），路易斯·奥尔特加
设计：阿巴罗斯＋森科维奇, SiO2 Arch
制作：SCP创意与生产
出版：摩西·普恩特（Moisés Puente）
摄影：何塞·维亚（José Hevia）
参与：哈维耶·加西亚·赫曼（Javier García Germán，ETSAM协调），拉斐尔·贝奈特斯（Rafael Beneytez，ETSAM助理），薇奇·阿克昂米（Vicky Achnani），艾米利亚诺·多明戈（Emiliano Domingo），马丽亚·加西亚（María García），孙嘉秋，黛安娜·梅拉（Diana Mera），萨塔希·米拉（Saptarshi Mitra），阿德里安娜·帕勃罗·略纳（Adriana Pablos Llona），亚历杭德罗·桑切斯（Alejandra Sánchez），斯内哈·索纳韦恩（Snehal Sonawane），阿德里安娜·乌韦达（Adrián Úbeda），张亚楠（ETSAM学生）

热力学原型，哈佛大学设计研究生院，美国马萨诸塞州剑桥/Thermodynamic Protoype. GSD Cambridge, MA. USA　2013　（264-275页）

业主：哈佛大学设计研究生院（Harvard University Graduate School of Design）
项目负责人：伊纳吉·阿巴罗斯
GSD导师：萨尔曼·克雷格（Salmaan Craig），黄健翔，基尔·默，马蒂斯·舒勒（Matthias Schuler），蕾纳塔·森科维奇
GSD学生：科林·嘉顿（Collin Gardner），松崎龙（Ryu Matsuzaki），伊丽莎白·罗洛夫（Elizabeth Roloff）
本项目与苏黎世联邦理工学院（ETH）的结构设计专业共同完成。
负责人：约瑟夫·舒瓦茨（Joseph Schwartz），导师：胡安·何塞·卡斯特洛（Juan José Castellón），佩鲁吉·达康托（Pierluigi D ‘ Acunto），东尼·科特尼（Toni Kotnik）

安东尼·塔皮埃斯基金会，西班牙巴塞罗那/ Fundació Antoni Tàpies, Barcelona Spain　2007—2010　（276-297页）

业主：安东尼·塔皮埃斯基金会（Fundació Antoni Tàpies）
建筑：伊纳吉·阿巴罗斯，蕾纳塔·森科维奇（阿巴罗斯＋森科维奇）
参与：维克托·加尔松（协调），艾兹·阿吉雷（Haizea Aguirre），埃莱娜·库埃多，伊斯迈尔·马丁，阿尔方所·米格尔
结构：奥古斯蒂·奥维奥尔，哈维耶·阿瑟西奥（Javier Asensio，BOMA）
设备：AB2，FLUIDSA, PREFIRE
工程造价：爱德华多·卡萨诺瓦（CASOBI）
照明：何塞·马里亚·西维特（Josep Mª Civit）
家具：Mairea
建造：SAPIC
平面设计：马里奥·埃斯科纳西（Mario Eskenazi）

阿尔伯特·厄伦工作室，瑞士布赫勒/ Atelier Albert Oehlen, Bülher, Switzerland　2007—2009　（300-309页）

业主：阿尔伯特·厄伦
建筑：伊纳吉·阿巴罗斯（阿巴罗斯＋森科维奇），帕洛马·拉索·德·拉·维加（Paloma Lasso de la Vega，LeArquitectura）
建造：福雷纳·霍茨堡 AG（Frehner Holzbau AG，安德里亚斯-福雷纳（Andreas Frehner）建筑）

照明：ESTIA（伯纳德·宝拉（Bernard Paule），ing.）

瑞士馆，瑞士盖斯/Swiss Pavilion, Gais, Switzerland 2013　（310-315，319页）

业主：伊纳吉·阿巴罗斯，蕾纳塔·森科维奇（阿巴罗斯＋森科维奇）

参与：提摩西·布伦纳

热力学：萨尔曼·克雷格

伊萨西之家，西班牙吉普斯夸伊扎镇/ Isasi House, Itziar-Deba, Spain 2006—2014　（320-335页）

业主：阿拉贝利（Aranberri）一家

建筑：伊纳吉·阿巴罗斯，蕾纳塔·森科维奇（阿巴罗斯＋森科维奇）

参与：阿尔方所·米格尔，维克托·加尔松，赫尔豪·阿尔瓦雷斯-布伊拉，罗德里格·列伊罗，何塞·罗德里格斯

结构：爱德华多·巴隆

设备：MANPROJECT

工程造价：何塞·玛利亚·罗特塔（José María Roteta）

M-40旅馆和休闲中心，西班牙马德里/ Hotel and Convention Center on the M-40, Madrid Spain 1997（378-391页）

建筑：蕾纳塔·森科维奇（阿巴罗斯＋森科维奇）

项目团队：伊纳吉·阿巴罗斯（协调），大卫·弗兰科·圣塔-克鲁兹（David Franco Santa-Cruz），伊莎贝拉·维乔雷克（Izabella Wieczorek），克里斯滕·基尔斯（Kersten Geers），帕勃罗·马丁内斯·卡德维里亚

高铁站和城市公园，西班牙洛格罗尼奥 /High-speed Train Station, Park and Urban Design, Logroño, Spain 2006—　（392-445页）

业主：LIF 2002 SA，圣地亚哥·米亚雷斯（Santiago Miyares），马里亚·克鲁兹·古铁雷斯（Mª Cruz Gutiérrez）

建筑：伊纳吉·阿巴罗斯，蕾纳塔·森科维奇，阿尔方所·米格尔（阿巴罗斯＋森科维奇）

参与：赫尔豪·阿尔瓦雷斯-布伊拉，叶拉·布里托·赫南德兹，亚伦·福雷斯特（Aaron Forest），维克托·加尔松，帕勃罗·德·拉·霍兹，伊斯迈尔·马丁，劳拉·托雷斯，罗德里格·列伊罗，阿德里安娜·帕勃罗·略纳

项目管理：UTE Ineco-Senter

现场监理：爱德华多·穆尼奥斯（Eduardo Muñoz，Ineco），里卡多·卡斯特容（Ricardo Castejón，TYPSA）

结构与设备：UTE Ineco-Senter

景观：特蕾莎·加利莱扎德（Teresa Galílzard，Agronomía建筑事务所），伊纳吉·阿巴罗斯，蕾纳塔·森科维奇（阿巴罗斯＋森科维奇）

渲染：路易斯·卡夫雷哈斯（Neograma）

承包商：Sacyr

摄影：何塞·维亚

模型：赫尔豪·凯波（Jorge Queipo，模型车间（Taller de Maquetas））

珠海华发艺术馆，珠海 2013—　（446-464页）

业主：珠海华发集团

建筑：伊纳吉·阿巴罗斯，蕾纳塔·森科维奇（阿巴罗斯＋森科维奇），李麟学（麟和建筑）

参与：提摩西·布伦纳，胡琛琛，许伟伦（剑桥），马里亚·奥西利亚多拉·加尔韦斯（María Auxiliadora Gálvez），胡安·恩里克斯，安娜·费尔南德斯（Ana Fernández），埃莱娜·巴列霍，阿尔瓦罗·马汉（Alvaro Maján，马德里），尹宏德，李欢　，倪润尔，刘洁玲，王轶群（上海）

热力学：王冰，萨尔曼·克雷格

渲染及动画：今尚数字

结构：哈尼夫·卡拉（Hanif Kara）

模型：四方其易建筑模型

文献来源

12页 佩平・范罗因（Van Roojen, Pepin）《人类：艺术家和设计师的源泉》（The Human Figure: A Source Book for Artists and Designers），Agile Rabbit Editions, Kuala Lumpur, 2009.

16页 西塞・曼里克（Manrique, César），"Taro de Tahíche, casa museo de César Manrique" [1988], in Gómez Aguilera, Fernando (ed.), César Manrique. La palabra encendida, Publicaciones de la Universidad de León, León, 2005.

21页 克劳德・列维-斯特劳斯（Lévi-Strauss, Claude）《忧郁的热带》（Tristes tropiques），Plon, Paris, 1955 (English version: Tristes Tropiques, Criterion books, New york, 1961, p. 127).

27页 引自 "La belleza termodinámica"，published in 2G, no. 56 (Ábalos+Sentkiewicz), Barcelona, 2010, p. 130.

28-33页 查拉图斯特拉之宅（Zaratustra' s House）引自The Good Life: A Guided Visit to the Houses of Modernity同名章节, Editorial Gustavo Gili, Barcelona, 2000, pp. 13-36.

35-39页 怪诞－身体"Grotesque-Somatic" 首次刊登于Babelia, the culture supplement of El País, Madrid, 8 June 2013.

43页 伊纳吉・阿巴罗斯《有这样一个时刻……》（Hay un momento...）参与者：Bleda y Rosa, Institut de Cultura de la Ciutat d' olot, olot, 2006, pp. 66-67.

44页 胡安・纳瓦罗・巴尔德维（Navarro Baldeweg, Juan），《手中的地平线》"El horizonte en la mano" [2003], in Una caja de resonancia, Pre-Textos, Valencia, 2007, p. 30.
104页 弗里德里希・尼采（Nietzsche, Friedrich）《求者的建筑学》（Architektur der Erkennenden"）(aphorism 280), Die fröhliche Wissenschaft [1882], (English version: "Architecture for those who wish to pursue knowledge"，in The Gay Science, Cambridge University Press, New york, 2008, p. 159).

106页 引自菲利普・乌斯布隆（Philip Ursprung）"Against Naturalism: Ábalos+Senkiewicz and the Beauty of the sustainability"，in 2G, no. 56 (Ábalos+Senkiewicz), Barcelona, 2010, p. 12.

114-129页 《两种图像？》（Two Images?）引自Atlas Pintoresco (vol. 1): El observatorio, Editorial Gustavo Gili, Barcelona, 2005, pp. 7-23.

135-139页 《癫狂之圈》（A Delirious Circle）引自Antonio Palacios. Constructor de Madrid (exhibition catalogue), Editorial La Librería, Madrid, 2001.

214-218页 塞罗・纳杰（Ciro Najle）《后引力古体的几个秘密》（A Few Secrets of the Post-Gravitational Archaic）引自Studio Research Report, Harvard GSD, Cambridge (Mass.), 2013.

238-241页 《源与库：一种类型学（热力学）的原则》（Sources and Sinks, a Typological/ Thermodynamic outline）引自 "Interior. The Achilles Heel of Modernity"，published in Interior (exhibition catalogue of the Spanish Pavilion at La Biennale di Venezia 2014), Arquia, Barcelona, 2014, pp. 13-49.
245-263 《热力学唯物主义计划》（Thermodynamic Materialism. Project）中 "2.4 材料" "2.5 形式" "2.6 时间" "2.7 美" 引自 "Interior. The Achilles Heel of Modernity"，op. cit.

316-318页 查尔斯・瓦尔德海姆（Charles Waldeim）《阿巴罗斯的热力学和性能转向》（Ábalos' s thermodynamic and performance turn）引自 Studio Research Report, op. cit.

343页 弗里德里希・尼采（Friedrich Nietzsche）《格言・1067》（Aphorism 1067）引自Wille zur Macht [1888], (English version: The Will to Power, Vintage books, New york, 1968, pp. 646-647).

350-372页 《高层混合功能原型适用协》（Protocols applied to highrise mixed-use prototypes）引自Studio Research Report, op. cit., 节选自 "Interior. The Achilles Heel of Modernity"，op. cit.

375-377页 《二元性》（Dualisms）写于2015年春季在哈佛大学设计研究生院（GSD）举办的同名展览，此为首次全文出版。

致谢

我们首先要感谢阿巴罗斯与森克维奇建筑事务所的全体同仁，从我们2006年创始以来，是他们孜孜不倦的工作和付出使得这本出版物得以面世。

我们同样感谢格拉汉姆基金会（Graham Foundation），特别是负责人莎拉 · 赫达女士（Sarah Herda），正是基金会的慷慨解囊为这本书的出版提供了经济上的支持，没有他们，就没有这本书的出版。

在哈佛大学设计研究生院的合作之下，英语、西班牙语和中文翻译使本书能以世界上最广泛使用的三种语言面世。使用这些语言的区域对优秀建筑的需求最为迫切，希望这本书能对此有所贡献。

我们在哈佛大学设计研究生院举办的名为“二元性”的展览使我们有机会整理本书最基础的部分，同时让我们接触到学院的资源来帮助本书成形，特别是那些个人的资源。与各种教员、访问学者和设计学院工作人员之间深厚的友谊和密切的交流使我们受益颇多：丹 · 博莱利（Dan Borelli）、萨尔曼 · 克雷格（Salmaan Craig）、黄健翔（Jianxiang Huang）、哈尼夫 · 卡拉（Hanif Kara）、桑弗 · 昆特（Sanford Kwinter）、基尔 · 默（Kiel Moe）、莫森 · 莫斯塔法维（Mohsen Mostafavi），卡洛斯 · 穆落（Carlos Muro）、塞罗 · 纳杰（Ciro Najle）、本杰明 · 博斯基（Benjamin Prosky）、菲利普 · 拉姆（Philippe Rahm）、马蒂斯 · 舒勒（Matthias Schuler）、查尔斯 · 瓦尔德海姆（Charles Waldheim）和埃里克 · 沃克（Enrique Walker），以上是一部分给予我们支持的人们。

近年来在哈佛大学设计研究生院（Harvard GSD）的学术工作得益于巴塞罗那建筑学院（Barcelona Institute of Architecture，BIArch），那里有全欧洲最令人激动的教学项目之一，很可惜的是这个项目无法继续；同样得益于马德里建筑学院（Madrid School of Architecture-ETSAM），她始终是最前沿的公共教育中心之一，感谢该校教职员和学生的辛勤工作和慷慨付出。何塞 · 路易斯 · 马蒂奥（José Luis Mateo），赫豪 · 加西亚 · 德拉卡马拉（Jorge García de la Cámara），奥古斯蒂 · 欧比奥（Agustí Obiol）和整个巴塞罗那建筑学院团队为我们提供了帮助，还有路易斯 · 马尔多纳多（Luis Maldonado）、费德里科 · 索里亚诺（Federico Soriano）、佩德罗 · 乌萨依斯（Pedro Urzaiz）、哈维耶 · 加西亚 · 赫曼（Javier GarcíaGermán）、米格尔 · 克雷西耶（Miguel Kreisler）、安格 · 博雷格（Ángel Borrego）和马德里建筑学院的诸多教师，在过去的30年间我们共同执教，相互学习，这种影响渗透在了书的每一页。

不能忘记我们的业主，他们的信任和托付才有机会让想法和实践走到一起，相互激荡，有机会真正实现本书的标题“建筑热力学与美”。

基于此，我们同样感谢共同执行项目的技术团队。版权页的标注虽然明确，但不足以说明他们对项目的投入，在他们的合作之下，我们的期望在不断提高，知识也不断增加。

从最开始胡安·恩里克斯（Juan Enríquez），然后是赫豪·加西亚·德拉卡马拉（Jorge García de la Cámara），阿尔瓦罗·马哈耶（Álvaro Maján）和梅洛里斯·提林（Marilous Teeling），他们承担了幕后的工作，组织插图与文字，与供稿者和翻译者接洽——所有这些都是一本书成形所必需的。

在莫妮卡·吉利（Mónica Gili）和莫塞伊斯·彭特（Moisés Puente）长期的帮助下，我们有机会借用古斯塔夫·吉利（Gustavo Gili）出版的书中章节。伊莲娜·弗拉德利（Elaine Fradley）的英语译文，摩西·普恩（Moisés Puente）的西班牙语译文和周渐佳的中文译文都是细致而令人称道的工作。

在此特别想感谢那些为本书撰文的作者，他们投入了大量的时间书写我们的作品：斯坦·艾伦，萨尔曼·克雷格，塞罗·纳杰，马蒂斯·舒勒，菲利普·乌斯布隆和查尔斯·瓦尔德海姆。

我们同样感谢允许本书引用绘图的作者们，他们的作品令全书增色，感谢我们在巴塞罗那建筑学院的教学助理和研究助理马蒂尔德·冈萨雷斯（Matilde González）；在马德里建筑学院的胡安·恩里克斯（Juan Enríquez），塞缪·加西亚（Samuel García），玛丽亚·何塞·马科斯（María José Marcos），帕布罗·佩雷兹·拉莫斯（Pablo Pérez Ramos），罗德里格·里耶罗（Rodrigo Rieiro）和路西亚·德尔瓦（Lucía de Valat），以及在哈佛大学设计研究生院的丹尼尔·伊瓦涅斯（Daniel Ibañez），阿尔塔·雅兹塞塔（Arta Yazdanseta），凯利·布赖斯托克（Kaley Blackstock）和何塞·马约拉尔（José Mayoral）。

当然我们不会忘记ACTAR出版社的任何一位从一开始就对此书坚信不疑的成员。从路易斯·奥尔特加（Lluís Ortega）开始，他是这本书当之无愧的缔造者；里卡多·德维斯塔（Ricardo Devesa）以他无比的高效和开放支持工作；还有拉蒙·普拉特（Ramon Prat），我们享受每一次和他的合作，无论是他以编辑身份参与的讨论，还是以一位优秀的平面设计师参与的合作。

最后特别鸣谢何塞·维亚（José Hevia），他对作品的耐心拍摄总能帮助我们更充分地理解它们，不带有任何民粹的色彩或风景如画的妥协，但是有他强烈的个人风格，我们深深地感到他不仅表述了作品的特征，同样捕捉到了我们的性格。

图书在版编目（CIP）数据
建筑热力学与美 / (西) 阿巴罗斯 (Abalos,I.) ,
(波) 森克维奇 (Sentkiewicz,R.) , 西班牙阿巴洛斯与
森克维奇建筑事务所著 ; 周渐佳译. -- 上海 : 同济
大学出版社, 2015.8
ISBN 978-7-5608-5860-9
Ⅰ. ①建… Ⅱ. ①阿… ②森… ③西… ④周… Ⅲ.
①建筑热工－热工学②建筑美学 Ⅳ. ①TU111②TU-80
中国版本图书馆CIP数据核字(2015)第118260号

建筑热力学与美
伊纳吉・阿巴罗斯　蕾娜塔・森克维奇
阿巴罗斯与森克维奇建筑事务所　著

作者
伊纳吉・阿巴罗斯
蕾娜塔・森克维奇
阿巴罗斯与森克维奇建筑事务所

编辑
路易斯・奥尔特加
阿巴罗斯与森克维奇建筑事务所合作编辑
胡安・恩里克斯，赫豪・加西亚・德拉卡马拉
Actar出版合作编辑
拉蒙・普拉特，里卡多・德维斯塔
同济大学出版社　责任编辑
江岱

翻译
伊莲娜・弗拉德利，英语
周渐佳，中文
莫塞伊斯・彭特，西班牙语

编审
伊莲娜・弗拉德利，英语
江岱，中文
萨拉・桑切斯・布恩迪亚，西班牙语

责任校对
徐春莲

平面设计
拉蒙・普拉特
张微

出版
Actar出版社
纽约，2015
同济大学出版社，2015

英文版发行
Actar D Inc.
New York 355 Lexington Avenue, 8th Floor
New York, NY 10017
T +1 212 966 2207
F +1 212 966 2214
salesnewyork@actar-d.com
Barcelona
Roca i Batlle 2
08023 Barcelona
T +34 933 282 183
salesbarcelona@actar-d.com
eurosales@actar-d.com
ISBN English: 978-1-940291-19-2

中文版发行
同济大学出版社www.tongjipress.com.cn
上海市四平路1239号　邮编：200092　电话：021-65985622
全国各地新华书店经销
开　本　787 mm×1092mm　1/16
印　张　30
字　数　752 000
版　次　2015 年 8月 第1 版　2015年8 月 第1 次
　　　印刷在中国印刷装订
印　刷　深圳市建融印刷包装有限公司
ISBN中文版　978-7-5608-5860-9
定　价　360.00元

鸣谢　格拉汉姆基金会基金对本书出版的大力支持

A CIP catalogue record for this book is available from the Library of Congress, Washington D.C., USA.

© Images: Images of the Ábalos+Sentkiewicz buildings by José Hevia unless pages 18-19 by Bleda y Rosa; page 107 by Paolo Roselli; and pages 320-321, 332-333 by Ibon Aranberri. Plans, images, drawings and collages of the projects by Ábalos+Sentkiewicz unless noted. Images of the academic projects, by Iñaki Ábalos, Renata Sentkiewicz and the students show in each page. Rest of the images: Pepin van Roojen, p. 10. Kiel Moe, p. 11T Philippe Rahm, p. 11B. Jianxiang Huang, pp. 12, 13. Luis J. Soltmann - Fundación César Manrique, p. 14. Kimimasa Mayama, European Pressphoto Agency, pp. 16-17. Beth Yarnelle Edwards, pp. 20-21. Jack Fulton, p. 24T. Fundación Alejandro de la Sota, p. 24B. Artists Rights Society, New York and VG Bild-Kunst, Bonn, p. 26. Fundación César Manrique, p. 34. Fondation Le Corbusier, pp. 35, 113, 122, 125. Juan Guzman - Instituto de Investigaciones Estéticas/ UNAM, p. 37. Bleda y Rosa, pp. 38-41. Lee Friedlander - Fraenkel Gallery, San Francisco, p. 112. United States Department of Interior, National Park Service, Frederick Law Olmsted National Historic Site, pp. 123, 127. Fundación Arquitectura COAM, pp. 132, 136-137. Frank Scherschel - Time&Life Pictures/Getty images, p. 348.